全国高等职业学校机械类专业教材

机械设计基础

（第三版）

人力资源社会保障部教材办公室组织编写

中国劳动社会保障出版社

简介

本书主要内容包括：螺纹连接与螺旋传动、带传动与链传动、齿轮传动、蜗杆传动、轮系、轴系零部件、轴承、回转体的平衡、平面连杆机构、凸轮机构、步进运动机构等。

本书由张丽任主编，贾利敏、孙喜兵任副主编，曹振法、赵龙阳、王金明、燕洪钊、彭泽、钱抗抗、孙桂香、吴艳芳、郭郁汀、张晶参加编写，崔兆华任主审。

图书在版编目（CIP）数据

机械设计基础/人力资源社会保障部教材办公室组织编写. -- 3版. -- 北京：中国劳动社会保障出版社，2021

全国高等职业学校机械类专业教材

ISBN 978-7-5167-1802-5

Ⅰ.①机… Ⅱ.①人… Ⅲ.①机械设计-高等职业教育-教材 Ⅳ.①TH122

中国版本图书馆 CIP 数据核字（2021）第 096627 号

中国劳动社会保障出版社出版发行

（北京市惠新东街 1 号　邮政编码：100029）

*

北京市艺辉印刷有限公司印刷装订　新华书店经销

787 毫米×1092 毫米　16 开本　15.5 印张　368 千字

2021 年 12 月第 3 版　2024 年 1 月第 4 次印刷

定价：43.00 元

营销中心电话：400-606-6496

出版社网址：http://www.class.com.cn

http://jg.class.com.cn

前言

PREFACE

为了更好地适应全国高等职业学校机械类专业的教学要求，全面提升教学质量，人力资源社会保障部教材办公室组织有关学校的一线教师和行业、企业专家，在充分调研企业生产和学校教学情况、广泛听取教师对教材使用反馈意见的基础上，对全国高等职业学校机械类专业教材进行了修订。

本次教材修订工作的重点主要体现在以下几个方面：

第一，合理更新教材内容。

根据机械类专业毕业生所从事岗位的实际需要和教学实际情况的变化，合理确定学生应具备的能力与知识结构，对部分教材内容及其深度、难度做了适当调整，对部分学习任务进行了优化；根据相关专业领域的最新发展，在教材中充实新知识、新技术、新设备、新材料等方面的内容，体现教材的先进性；采用最新国家技术标准，使教材更加科学和规范。

第二，精心设计教材形式。

在教材内容的呈现形式上，尽可能使用图片、实物照片和表格等形式将知识点生动地展示出来，力求让学生更直观地理解和掌握所学内容。针对不同的知识点，设计了许多贴近实际的互动栏目，在激发学生学习兴趣和自主学习积极性的同时，使教材“易教易学，易懂易用”。在教材插图的制作中采用了立体造型技术，同时部分教材在印刷工艺上采用了四色印刷，增强了教材的表现力。

第三，引入“互联网+”技术，进一步做好教学服务工作。

在《机床夹具（第二版）》《金属切削原理与刀具（第二版）》教材中使用了增强现实（AR）技术。学生在移动终端上安装 App，扫描教材中带有 AR 图标的页面，可以对呈现的立体模型进行缩放、旋转、剖切等操作，以及观察模型的运动和拆分动画，便于更直观、细致地探究机构的内部结构和工作原理，还可以浏览相关视频、图片、文本等拓展资料。在部分教材中使用了二维码技术，针对教材中的教学重点和难点制作了动画、视频、微课等多媒体资源，学生使用移动终端扫描二维码即可在线观看相应内容。

本套教材配有习题册，另外，还配有方便教师上课使用的电子课件，电子课件和习题册答案可通过中国技工教育网（http://jg.class.com.cn）下载。

本次教材的修订工作得到了河北、江苏、浙江、山东、河南等省人力资源社会保障厅及有关学校的大力支持，在此我们表示诚挚的谢意。

人力资源社会保障部教材办公室

2021 年 8 月

目 录
CONTENTS

绪　　论

机械是减轻或替代体力劳动、提高生产效率的重要辅助工具，是人类在长期的生产实践中不断地创造与发展起来的。在当今，机械设计水平和机械现代化程度已成为衡量一个国家工业发展水平的重要标志。

生活中机械为人们做各种各样的工作。从小小的螺钉和齿轮，到计算机控制的机械设备，机械（见图 0-1）在现代化建设中有着重要的作用。

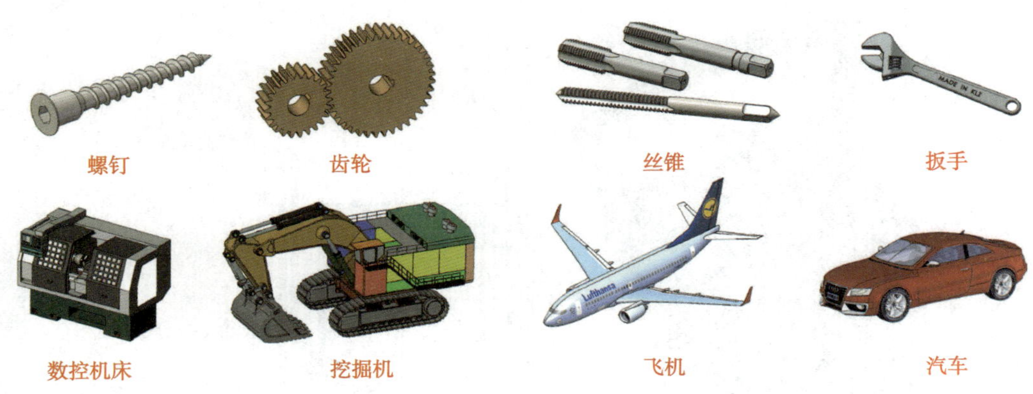

图 0-1　机械

机械通常分为两类：一类是可以使物体运动速度加快的，被称为加速机械，如自行车、汽车、飞机等；另一类是使人们能够对物体施加更大的力的机械，被称为加力机械，如楔子、螺钉、丝锥、扳手、机床和挖掘机等。

一、机器、机构、零件与构件

1. 机器与机构

机器是人们根据使用要求而设计的一种执行机械运动的装置，它用来变换或传递能量、物料与信息，以代替或减轻人类的体力劳动和脑力劳动。常见机器的类型及应用举例见表 0-1。

表 0-1　常见机器的类型及应用举例

类型	特　点	应用举例
动力机器	用于实现其他形式的能量与机械能之间的转换	电动机、内燃机等
工作机器	用来做机械功或搬运物品	机床、起重机、运输车辆等
信息机器	用来获取或变换信息	计算机、手机等

机构是具有确定相对运动的构件的组合，是用来传递运动和动力的构件系统。图 0-2 所示汽油机中包含的机构有曲柄滑块机构、齿轮机构、带传动机构和凸轮机构等。

如果不考虑做功或实现能量转换，只从结构和运动的观点来看，机构和机器之间是没有区别的。因此，为了简化叙述，有时也用“机械”一词作为机构和机器的总称。

2. 机器的组成

如图 0-3 所示家用洗衣机是多件实物的组合体，它由波轮、电动机、带、减速器、控制器等组成，用以实现人们所预期的工作要求和动作。

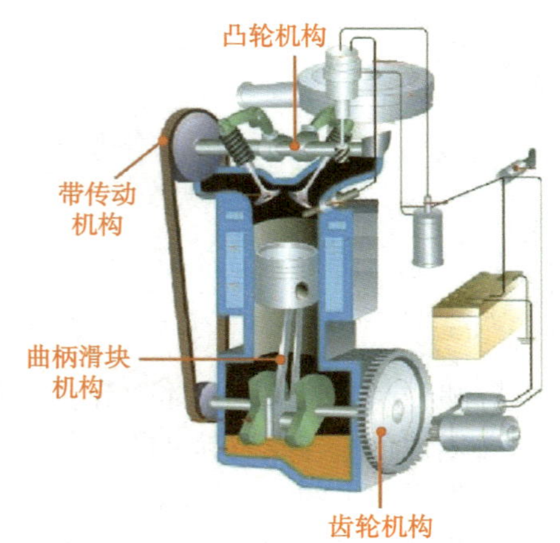

图 0-2　汽油机的组成

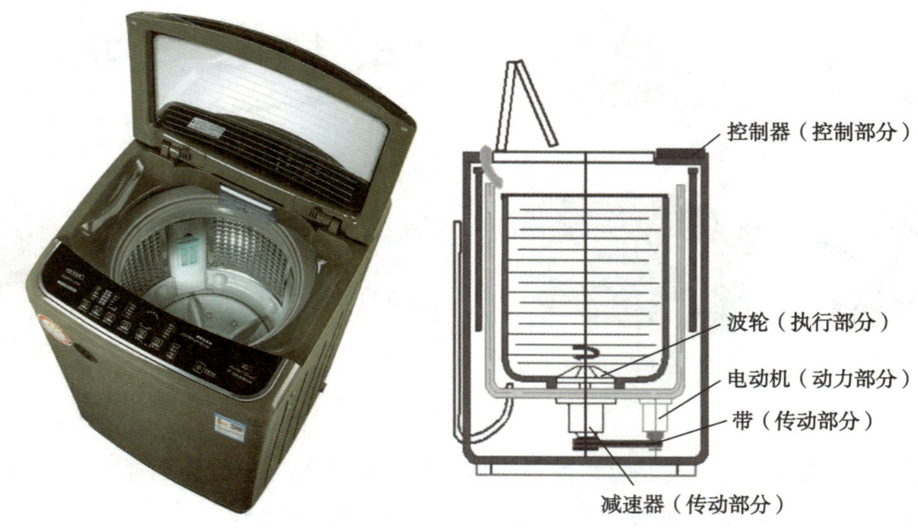

图 0-3　家用洗衣机

从图 0-3 中可以看出，电动机产生的动力经带传动和减速器传递后，带动波轮旋转，整个洗衣过程由控制器进行控制。一般而言，机器的组成通常包括动力部分、传动部分、执行部分和控制部分，各组成部分的作用及应用举例见表 0-2。

表 0-2　　机器各组成部分的作用及应用举例

组成部分	作　用	应用举例
动力部分	把其他类型的能量转换为机械能，以驱动机器各部件运动	电动机、内燃机、蒸汽机和空气压缩机等
传动部分	将原动机的运动和动力传递给执行部分	金属切削机床中的带传动、螺旋传动、齿轮传动、连杆机构等
执行部分	直接完成机器的工作任务，处于整个传动装置的终端	金属切削机床中的主轴、滑板等
控制部分	显示和反映机器的运行位置和状态，控制机器正常运行和工作	机电一体化产品（数控机床、机器人）中的控制装置等

3. 零件与构件

零件是机器及各种设备的基本组成单元，如图 0-4 所示的内燃机连杆体上的螺母、螺栓、轴套等。有时也将用简单方式连成的单元件称为零件，如轴承等。

机构是由许多具有确定相对运动的构件组成的，构件是机构中的运动单元体，如图 0-5 所示的内燃机曲柄滑块机构中的曲柄、连杆、滑块、机架等。

零件与构件的区别在于零件是制造单元，构件是运动单元。构件可以是一个独立的零件，也可以由若干零件组成。

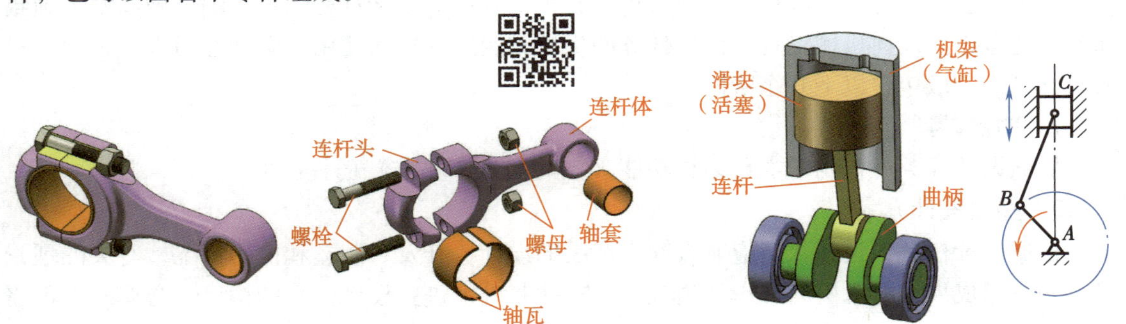

图 0-4　内燃机连杆体　　　　图 0-5　内燃机曲柄滑块机构

机器、机构、构件、零件之间的关系如下：

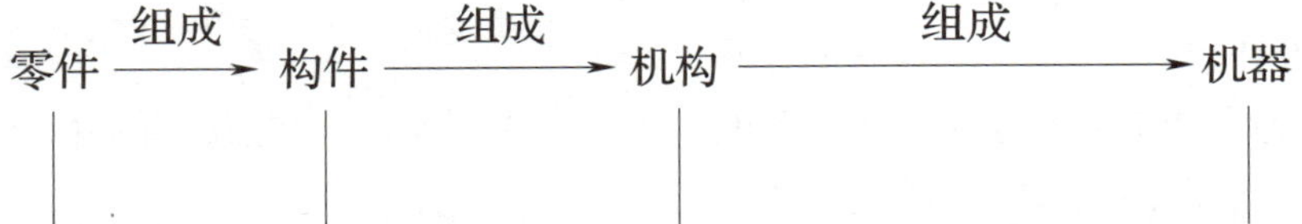

（制造单元）（运动单元）（传递、转变运动形式）（利用机械能做功或实现能量转换）

机械

二、机械传动的分类

用来传递运动和动力的机械装置称为机械传动装置。按传递运动和动力的方法不同，机械传动一般分类如下：

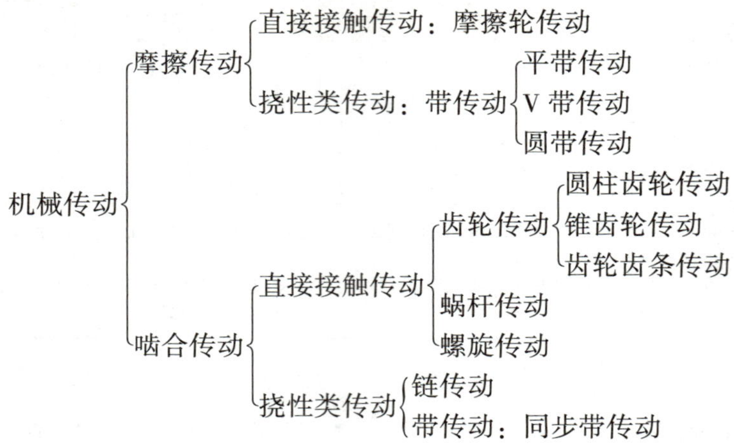

上述机械传动方式在本书中都有涉及。

三、机械设计的一般过程

机械产品的功能、成本等很大程度上取决于设计工作的优劣。因此，无论是设计新产品还是对现有设备进行技术改造，设计人员都必须认真地对设计过程的每个细节做周密、细致和深入的考虑。任何机械设备从设计任务的提出到制成并投入使用都必须经历设计过程。机械设计过程一般包含以下几个阶段。

1. 明确设计任务

机械设计任务通常是为实现某种功能（如满足生产要求）而提出的。

2. 提出设计方案

根据设计任务，设计人员应调查同类产品的设计、开发、制造和使用情况，有关的理论研究和应用成果，技术资料和市场情况等，在此基础上进行设计方案的构思，必要时，可将几个构思方案进行平行设计，从中选取最佳方案。

3. 进行初步设计

按所提出的设计方案，进行运动、动力分析和强度计算，以确定机构和零件的主要参数和尺寸。

4. 进行技术设计

根据初步设计确定的主要参数和尺寸，考虑生产、材料、加工、装配、有关标准和规范等方面因素，绘制总装配图和编制技术文件。

5. 试制、鉴定

通过样机试制，从技术上、经济上做出全面评价。

6. 提供设计方案

经评价确认设计的技术价值和经济价值均优时，即可向承制部门提供设计方案。

必须指出，以上设计过程的各个阶段并不是截然分开的，而常常是相互联系、相互影响和相互制约的。因此，设计过程各阶段往往需要交叉进行，有时要经过多次反复，才能提供一个良好的设计方案。

四、课程概述

1. 课程性质

本课程是一门培养机械类及工程技术类专业学生具有一定机械设计能力的专业基础课，为学习专业技术课和培养专业岗位能力服务。

2. 课程内容

本课程的主要内容包括机械传动、机械零件、常用机构、轴系零部件等方面的基础知识，以及对常用机构和零件的运动设计、强度设计和结构设计的研究等。

3. 课程任务

（1）掌握机构的结构、运动特性和机械动力学的基本知识，初步具有分析和设计基本机构的能力，并对机械运动方案的确定有所了解。

（2）熟悉常用机构和通用机械零件的工作原理、特点和应用，掌握设计计算的基本知识，并具有初步确定设计机械传动装置和简单机械方案的能力。

（3）掌握常见机构的运动规律及传动设计的基本理论，能进行强度计算与校核；掌握通用零部件的选用和基本设计方法，初步具有设计简单机械传动装置的能力。

（4）具有使用、维护机械传动装置的能力。

（5）具有运用标准、规范、手册、图册等有关技术资料的能力。

（6）培养学生分析问题和解决问题的能力；培养学生的工程实践能力和创新意识，形成良好的学习能力；使学生养成爱岗敬业的工作作风和良好的职业道德。

练习题

1. 什么是机器？什么是机构？它们之间的异同点是什么？
2. 机器是由哪些部分组成的？
3. 说明机器、机构、零件、构件之间的关系。
4. 按传递运动和动力的方法不同，机械传动一般可以分为哪几类？
5. 机械设计过程一般有哪几个阶段？

模块一

螺纹连接与螺旋传动

如图 1-1a 所示的构件是用螺栓 1 和螺母 2 连接的。带有螺纹结构的螺栓 1 和螺母 2 形成螺纹副，起到紧固连接的作用，这种连接方法称为螺纹连接。如图 1-1b 所示的台虎钳，右旋单线螺杆 6 与螺母 7 组成螺旋副，螺杆 6 与活动钳身 4 组成转动副；螺母 7 与固定钳身 3 固连。当螺杆按图示方向转动时，螺杆连同活动钳身向右移动，与固定钳身配合实现对工件的夹紧；当螺杆反向转动时，活动钳身随螺杆左移，松开工件。这种利用螺旋副来传递运动和动力的机械传动方式称为螺旋传动。本模块主要介绍螺纹连接及螺纹连接件的基础知识，强度计算及选用方法，以及螺旋传动的基础知识和在工作实际中的应用。

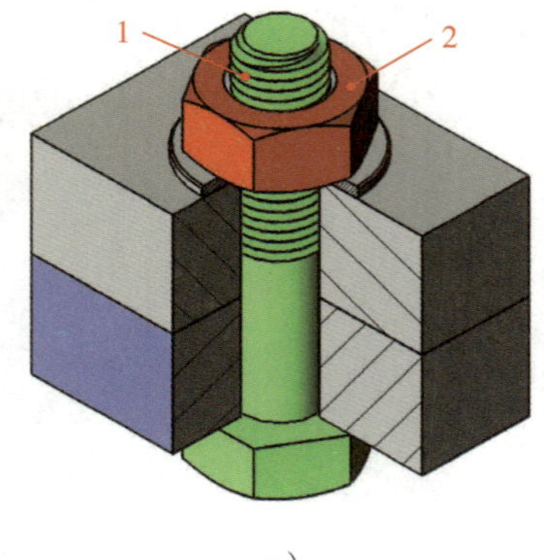

a）

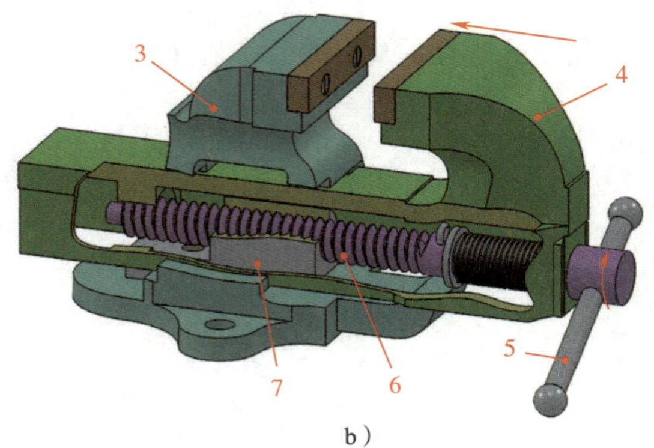

b）

图 1-1　螺纹连接与螺旋传动实例

a）螺栓连接　b）台虎钳装配图

1—螺栓　2、7—螺母　3—固定钳身　4—活动钳身　5—手柄　6—螺杆

课题一 螺纹连接

学习目标

◎ 了解螺纹的种类、普通螺纹的主要参数及应用。
◎ 了解螺纹连接件的类型和螺纹连接的类型。
◎ 掌握螺纹连接的预紧与防松方法。
◎ 能够根据工作条件，校检螺栓连接强度。

任务引入

如图 1-2 所示为钢制凸缘联轴器，用均布在直径为 $D=250$ mm 圆周上的 z 个螺栓将两半凸缘联轴器紧固在一起，凸缘厚度均为 $b=30$ mm。该螺栓连接的强度是否足够?

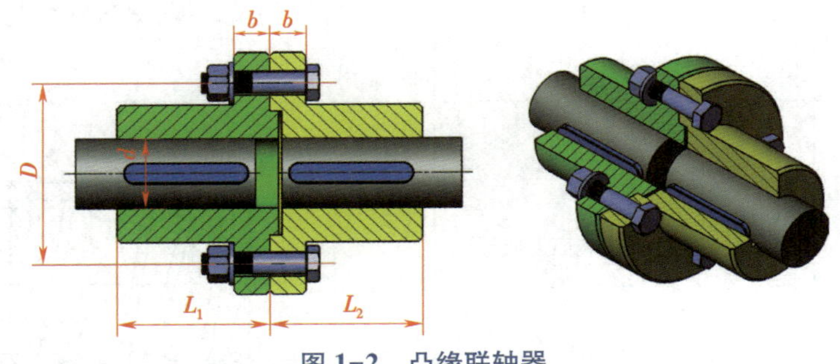

图 1-2 凸缘联轴器

任务分析

凸缘联轴器是把两个带有凸缘的半联轴器用普通平键分别与两轴连接，然后用螺栓把两个半联轴器连成一体，以传递运动和转矩。

螺栓连接属于螺纹连接的一种类型，应用在凸缘联轴器中的螺栓要考虑其连接的可靠性（即强度）。螺栓连接的可靠性通常与螺栓的材料和尺寸有关。

本任务通过对螺纹连接的类型、特点、应用、几何参数等的学习，掌握螺纹连接件的选材和强度计算问题。

相关知识

一、螺纹的种类

螺纹在工程机械中应用非常广泛，如图 1-3 所示为外螺纹和内螺纹图。

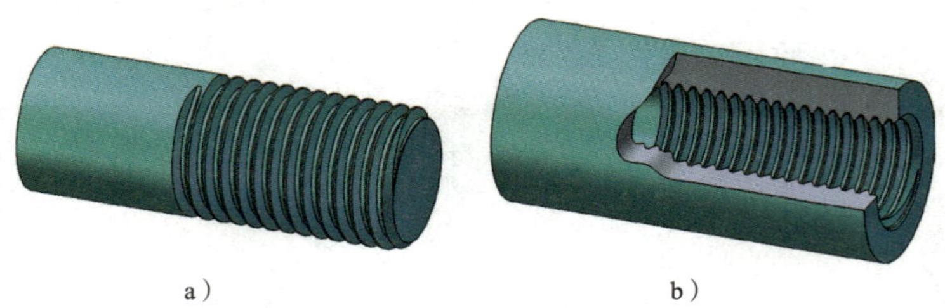

a）　　b）

图 1-3　螺纹

a）外螺纹　b）内螺纹

按不同的分类方式可将螺纹分为不同的种类，具体见表 1-1。

表 1-1　螺纹的种类

分类方式	类型	定义或说明	图示或图例
形成表面	外螺纹	在圆柱或圆锥外表面上所形成的螺纹	P　α　d　d_2　d_1　φ　牙顶　牙底
	内螺纹	在圆柱或圆锥内表面上所形成的螺纹	牙顶　牙底　D_1　D_2　D
	圆柱螺纹	在圆柱表面上所形成的螺纹	60°
	圆锥螺纹	在圆锥表面上所形成的螺纹	55°

续表

分类方式	类型	定义或说明	图示或图例
旋向	右旋螺纹	顺时针旋转时旋入的螺纹，螺旋线是右高左低	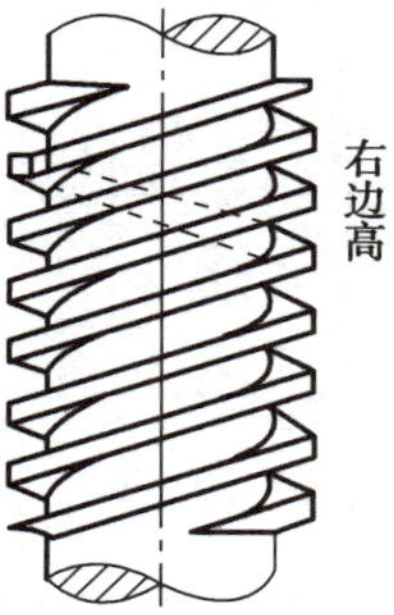 右边高
	左旋螺纹	逆时针旋转时旋入的螺纹，螺旋线是左高右低	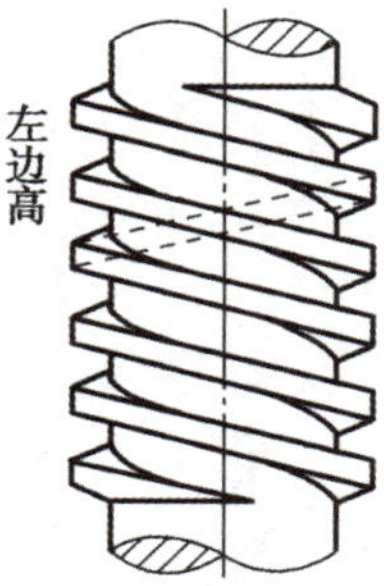 左边高
螺旋线数目	单线螺纹	只有一个起始点的螺纹，单线螺纹的螺距 P 与多线螺纹的导程 P_h 是对应的	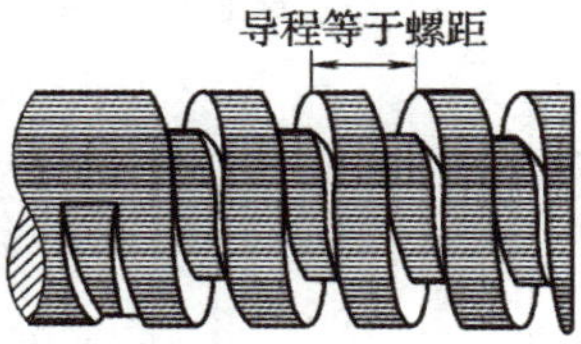 导程等于螺距
	多线螺纹	具有两个或两个以上起始点的螺纹，多线螺纹的导程与螺距之间存在如下关系：$P_h=nP$	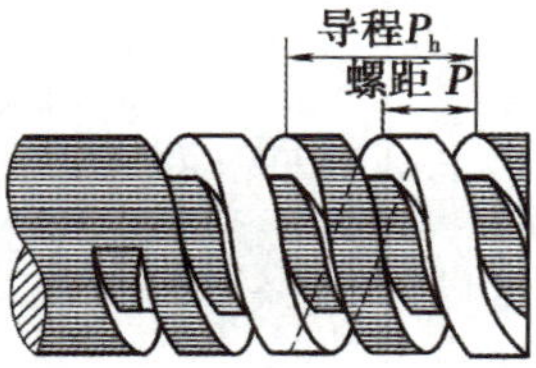 导程P_h 螺距 P
牙型截面形状	三角形螺纹	螺纹牙型为三角形	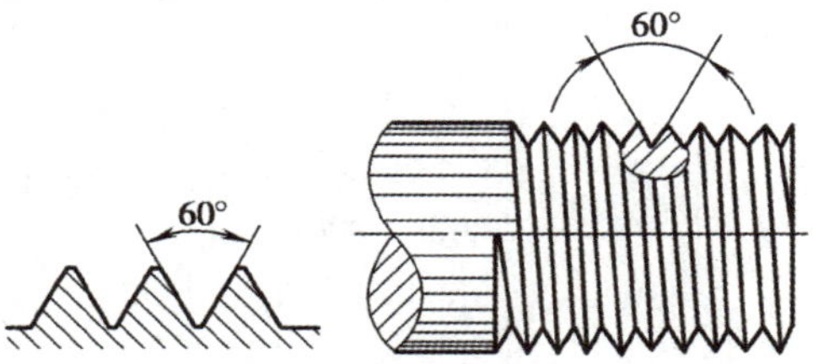 60° 60°
	梯形螺纹	螺纹牙型为等腰梯形	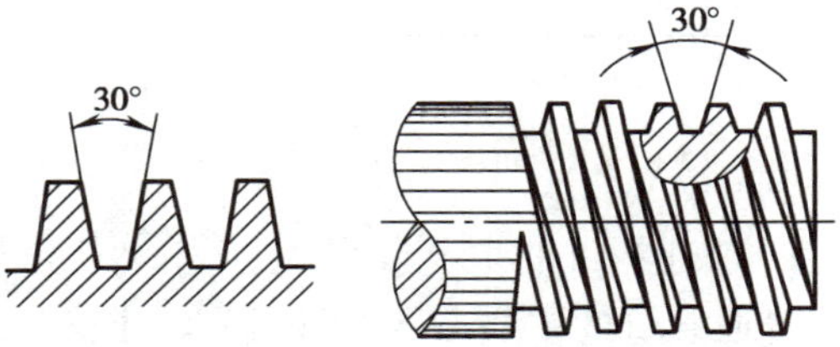 30° 30°

续表

分类方式	类型	定义或说明	图示或图例
牙型截面形状	矩形螺纹	螺纹牙型为矩形（方形）	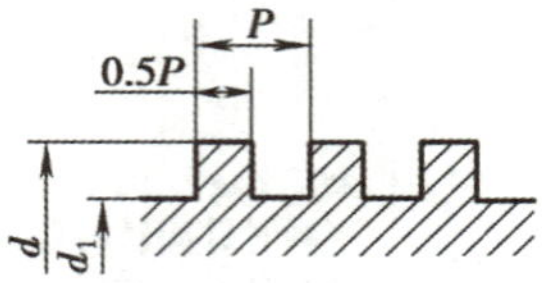
	锯齿形螺纹	螺纹牙型为锯齿形	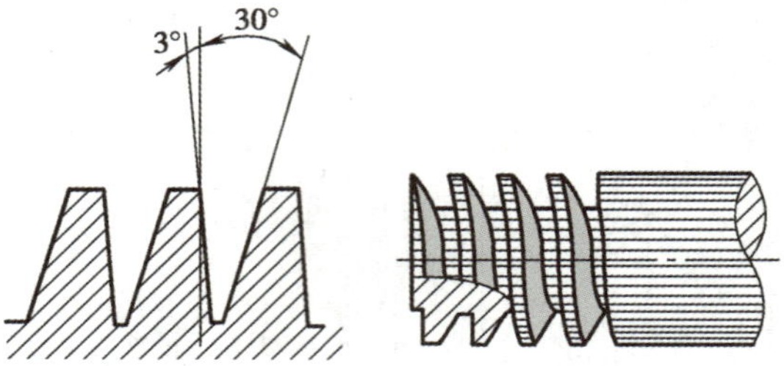
用途	连接螺纹（大多为三角形螺纹）：普通螺纹	最常用的连接螺纹，用于细小的精密或薄壁零件	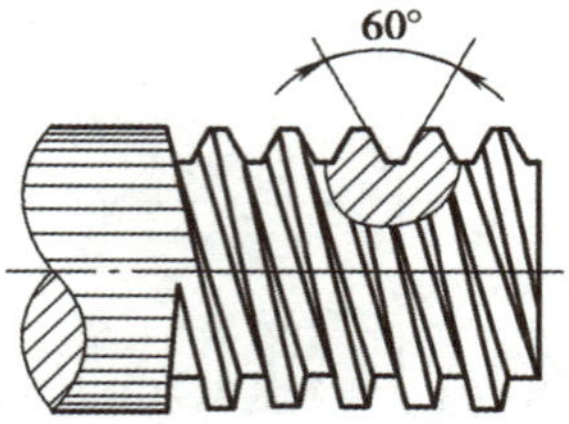
	连接螺纹（大多为三角形螺纹）：管螺纹	用在水管、油管、气管等薄壁管子上，用于管路的连接	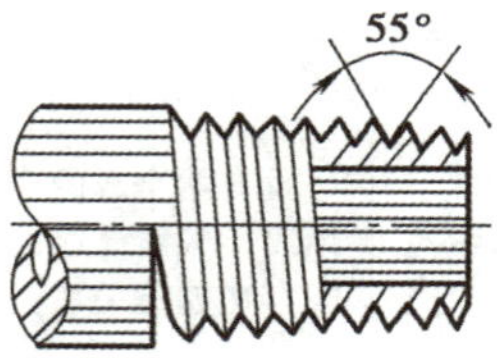
	传动螺纹	起传动作用，传递运动和动力，大多为梯形螺纹	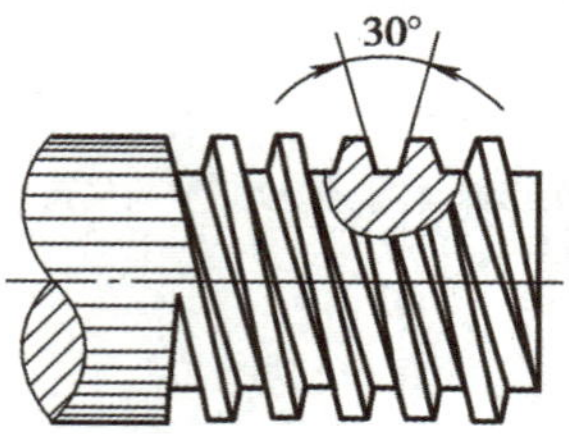

二、普通螺纹的主要参数及应用

1. 普通螺纹的主要参数

普通螺纹的主要参数及其代号、定义见表 1-2 和图 1-4。

表 1-2　　普通螺纹的主要参数及其代号、定义

主要参数	代号		定　义
	内螺纹	外螺纹	
牙型角	$\alpha=60°$		在螺纹牙型上，相邻两牙侧间的夹角
牙型高度	h_1		从一个螺纹牙体的牙顶到其牙底间的径向距离
螺纹大径（公称直径）	D	d	与外螺纹牙顶或内螺纹牙底相切的假想圆柱的直径，它是代表螺纹尺寸的直径
螺纹小径	D_1	d_1	与外螺纹牙底或内螺纹牙顶相切的假想圆柱的直径
螺纹中径	D_2	d_2	在轴向剖面内牙厚与牙槽宽相等处的假想圆柱的直径
螺距	P		相邻两牙体上的对应牙侧与中径线相交两点间的轴向距离
导程	P_h		同一条螺旋线上的相邻两牙在中径圆柱的母线上对应两点间的轴向距离
升角	φ		在中径圆柱上螺旋线的切线与垂直于螺纹轴线平面间的夹角

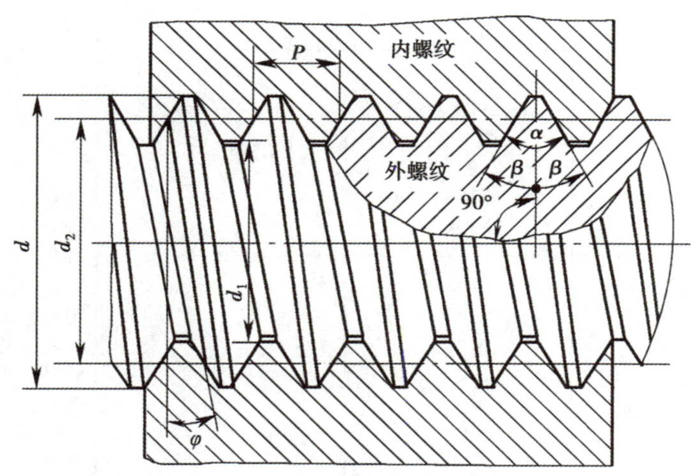

图 1-4　螺纹的基本参数

2. 普通螺纹的应用

普通螺纹的牙型为等边三角形，牙型角为 60°，螺纹副摩擦力大、自锁性能好，螺纹牙根部较厚、牙根强度高，广泛应用于各种紧固连接。

三、螺纹代号与标记

工程实际中应用的螺纹很多，其代号与标记见表 1-3。

表 1-3　　螺纹代号与标记

<table>
<tr><th colspan="4">螺纹类型</th><th>特征代号</th><th>标记示例及说明</th><th>螺旋副标记示例</th><th>备注</th></tr>
<tr><td rowspan="7">连接螺纹</td><td rowspan="2">普通螺纹</td><td colspan="2">粗牙</td><td rowspan="2">M</td><td>M24—6g—L—LH
M—普通螺纹
24—公称直径（mm，下同）
6g—中径和顶径公差带代号
L—长旋合长度，也可用实际尺寸标注
LH—左旋</td><td>M20—6H/6g—LH
6H—内螺纹公差带代号
6g—外螺纹公差带代号</td><td rowspan="2">1. 粗牙普通螺纹不标螺距，而细牙则需标注
2. 右旋不标注旋向代号，左旋用 LH 表示
3. 旋合长度有长旋合长度 L、中等旋合长度 N 和短旋合长度 S 三种，中等旋合长度 N 不标注
4. 公差带代号中，前者为中径公差带代号，后者为顶径公差带代号，两者相同时只标注一个即可
5. 螺纹副的公差带代号中，前者为内螺纹公差带代号，后者为外螺纹公差带代号，中间用“/”隔开
6. 普通螺纹的牙型为等边三角形（牙型角为 60°）
7. 细牙和粗牙的区别是在大径相同的条件下，细牙螺纹比粗牙螺纹的螺距小。同一公称直径的普通螺纹可以有多种螺距，其中螺距最大的称为粗牙螺纹，其余都称为细牙螺纹</td></tr>
<tr><td colspan="2">细牙</td><td>M24×1—6H7H
M—普通螺纹
24—公称直径
1—螺距
6H—中径公差带代号
7H—顶径公差带代号</td><td>M20×2—6H/5g6g—LH
6H—内螺纹公差带代号
5g6g—外螺纹公差带代号</td></tr>
<tr><td rowspan="5">管螺纹</td><td colspan="2">55°非密封管螺纹</td><td>G</td><td>G1A
G—55°非密封管螺纹
1—尺寸代号
A—外螺纹公差等级代号</td><td>G1/G½A</td><td rowspan="5">1. 尺寸代号：不再称公称直径，也不是螺纹本身的任何直径尺寸，只是无单位的代号
2. 右旋不标注旋向代号，左旋标注“LH”
3. 非密封管螺纹公差等级代号，外螺纹分 A、B 级，内螺纹不标记
4. 内、外螺纹装配时，内、外螺纹用斜线分开，左边为内螺纹，右边为外螺纹
5. 管螺纹的牙型为等腰三角形（牙型角为 55°），螺纹以英寸为单位，并以 25.4 mm 螺纹长度中的螺纹牙数表示螺纹的螺距。管螺纹多用于管件和薄壁零件的连接，其螺距与牙型均较小</td></tr>
<tr><td rowspan="4">密封管螺纹</td><td>圆锥内螺纹</td><td>Rc</td><td rowspan="4">Rc11/2LH
Rc—圆锥内螺纹，属于 55°密封管螺纹
11/2—尺寸代号
LH—左旋</td><td rowspan="4">Rc/$R_2$3/4</td></tr>
<tr><td>圆柱内螺纹</td><td>Rp</td></tr>
<tr><td>与圆柱内螺纹配合的圆锥外螺纹</td><td>R_1</td></tr>
<tr><td>与圆锥内螺纹配合的圆锥外螺纹</td><td>R_2</td></tr>
</table>

续表

螺纹类型		特征代号	标记示例及说明	螺旋副标记示例	备注
传动螺纹	梯形螺纹	Tr	Tr36×12（P6）—7H Tr—梯形螺纹 36—公称直径 12—导程 P6—螺距为 6 mm（双线） 7H—内螺纹中径公差带代号	Tr36×6—7H/7e 7H—内螺纹的中径公差带代号 7e—外螺纹的中径公差带代号	1. 单线螺纹只标注螺距，多线螺纹同时标注导程和螺距 2. 右旋不标注代号，左旋标注“LH” 3. 旋合长度只有长旋合长度 L 和中等旋合长度 N 两种，中等旋合长度 N 不标注 4. 只标注中径公差带代号
	矩形螺纹	—	矩形 40×8 40—公称直径 8—螺距	—	
	锯齿形螺纹	B	B40×7—7A B—锯齿形螺纹 40—公称直径 7—螺距 7A—中径公差带代号	B40×7—7A/7c	

四、螺纹连接件

1. 螺纹连接

利用螺纹连接件构成的可拆卸的固定连接称为螺纹连接。螺纹连接结构简单、紧固可靠、装拆迅速方便、生产率高、成本低，因而得到了广泛应用。

2. 螺纹连接件

常用的螺纹连接件有螺栓、双头螺柱、螺钉、紧定螺钉、螺母和垫圈等，如图 1-5 所示。这些零件的结构和尺寸大多已标准化，标准的螺纹连接件都有规定的标记，标记的内容有名称、标准编号、螺纹规格×公称尺寸，可以从有关手册中查得。

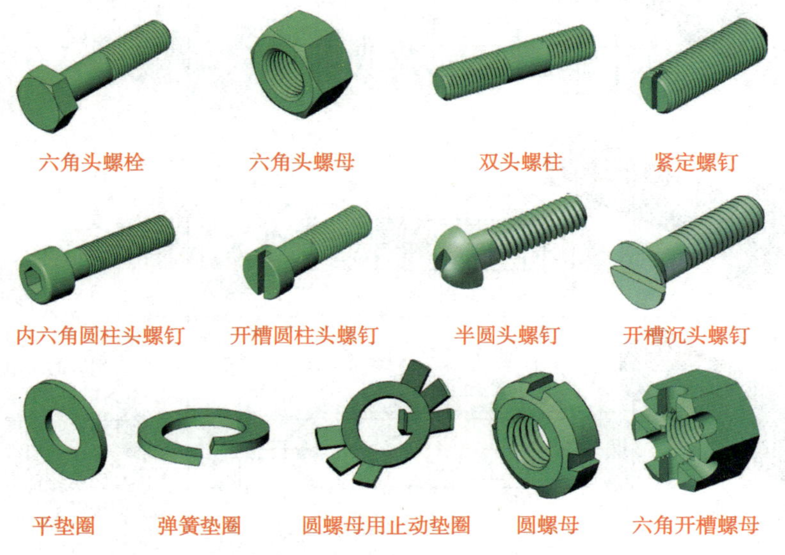

图 1-5 常用螺纹连接件

常用螺纹连接件的结构、形状及应用见表 1-4。

表 1-4　　常用螺纹连接件的结构、形状及应用

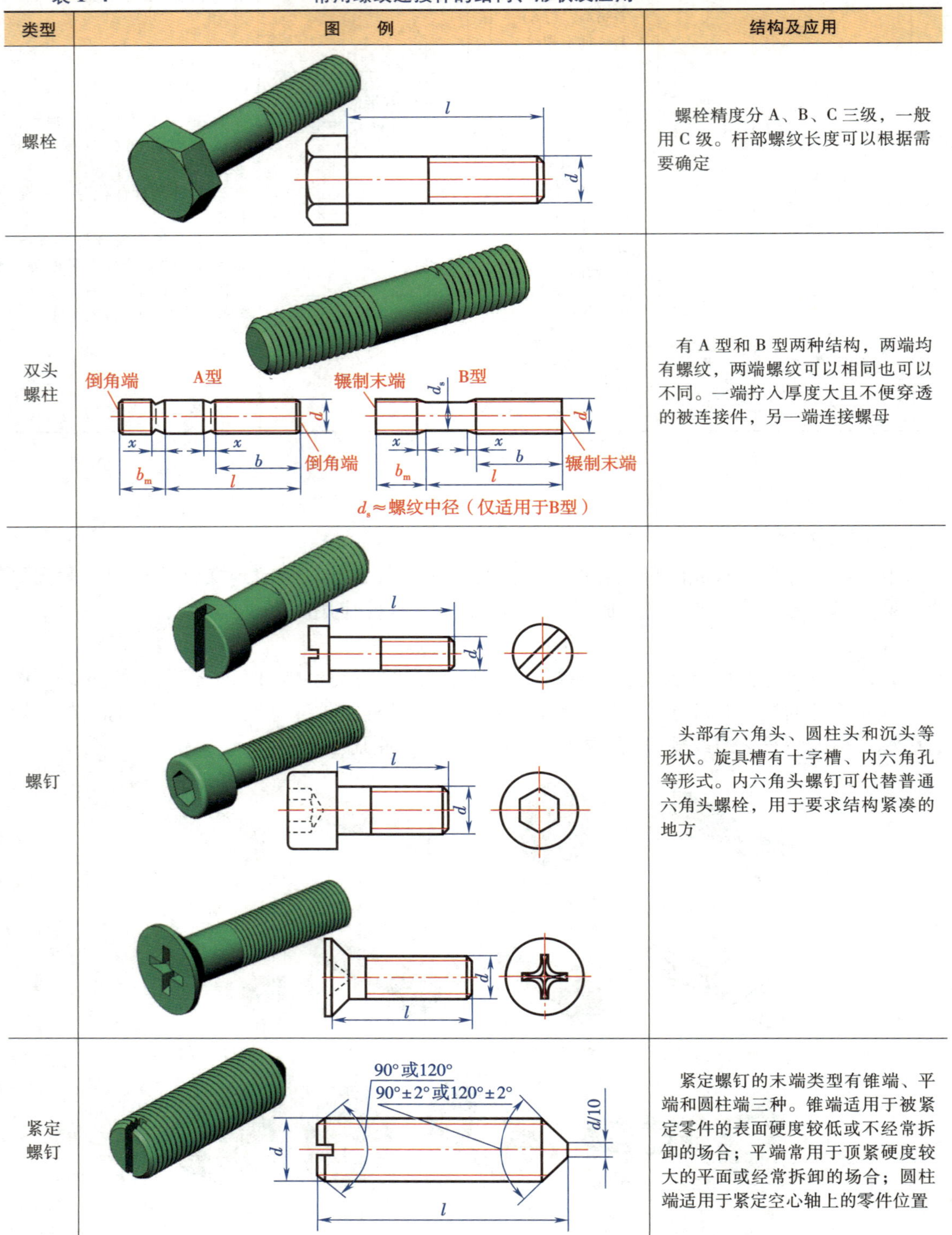

类型	图　例	结构及应用
螺栓		螺栓精度分 A、B、C 三级，一般用 C 级。杆部螺纹长度可以根据需要确定
双头螺柱		有 A 型和 B 型两种结构，两端均有螺纹，两端螺纹可以相同也可以不同。一端拧入厚度大且不便穿透的被连接件，另一端连接螺母
螺钉		头部有六角头、圆柱头和沉头等形状。旋具槽有十字槽、内六角孔等形式。内六角头螺钉可代替普通六角头螺栓，用于要求结构紧凑的地方
紧定螺钉		紧定螺钉的末端类型有锥端、平端和圆柱端三种。锥端适用于被紧定零件的表面硬度较低或不经常拆卸的场合；平端常用于顶紧硬度较大的平面或经常拆卸的场合；圆柱端适用于紧定空心轴上的零件位置

续表

类型	图例	结构及应用
六角螺母		螺母的精度和螺栓相同，分为 A、B、C 三级，分别与相同级别的螺栓配用。根据螺母的厚度不同可将其分为标准螺母和薄螺母两种，薄螺母常用于受剪切力的螺栓或空间尺寸受限制的场合
圆螺母及止退垫圈	圆螺母　止退垫圈	圆螺母常与止退垫圈配合使用，装配时将垫圈内舌插入轴上的槽内，外翅翻边嵌入圆螺母相应槽内，螺母即被锁紧。常用于滚动轴承的轴向固定
垫圈	平垫圈　弹簧垫圈	垫圈是螺纹连接中不可缺少的附件，放置在螺母与被连接件之间，起保护支撑表面的作用

3. 螺纹连接件的材料

适合制造螺纹连接件的材料品种很多，常用材料有碳钢、合金钢、铜、聚氯乙烯（PVC）等。对于承受冲击、振动或交变载荷的螺纹连接件，可采用低合金钢、合金钢制造，如 15Cr、40Cr、30CrMnSi 等。对于特殊用途（如防锈蚀、防磁、导电或耐高温等）的螺纹连接件，可采用特种钢或铜合金、铝合金等制造，并经表面处理（如氧化、镀锌钝化、磷化、镀镉等）。聚氯乙烯（PVC）管材以其安装方便、工艺简单、维护费用低、适用复杂条件性强、施工速度快、使用寿命长等优点，已经成为目前应用广泛的螺纹连接材料。

五、螺纹连接的基本类型

螺纹连接的基本类型有螺栓连接、双头螺柱连接、螺钉连接和紧定螺钉连接等，见表 1–5。

表 1–5　螺纹连接的基本类型、结构、特点及应用

类型	结构	特点	应用
螺栓连接		结构简单、装拆方便、连接可靠、生产率高、成本低廉、应用广泛。装配时，先将螺栓插入两个被连接零件的通孔，再放上垫圈，拧紧螺母，即完成螺栓连接	主要用于被连接件不太厚、便于穿孔、经常拆卸的场合。通孔的直径略大于螺栓的公称直径，一般为 $1.1d$

续表

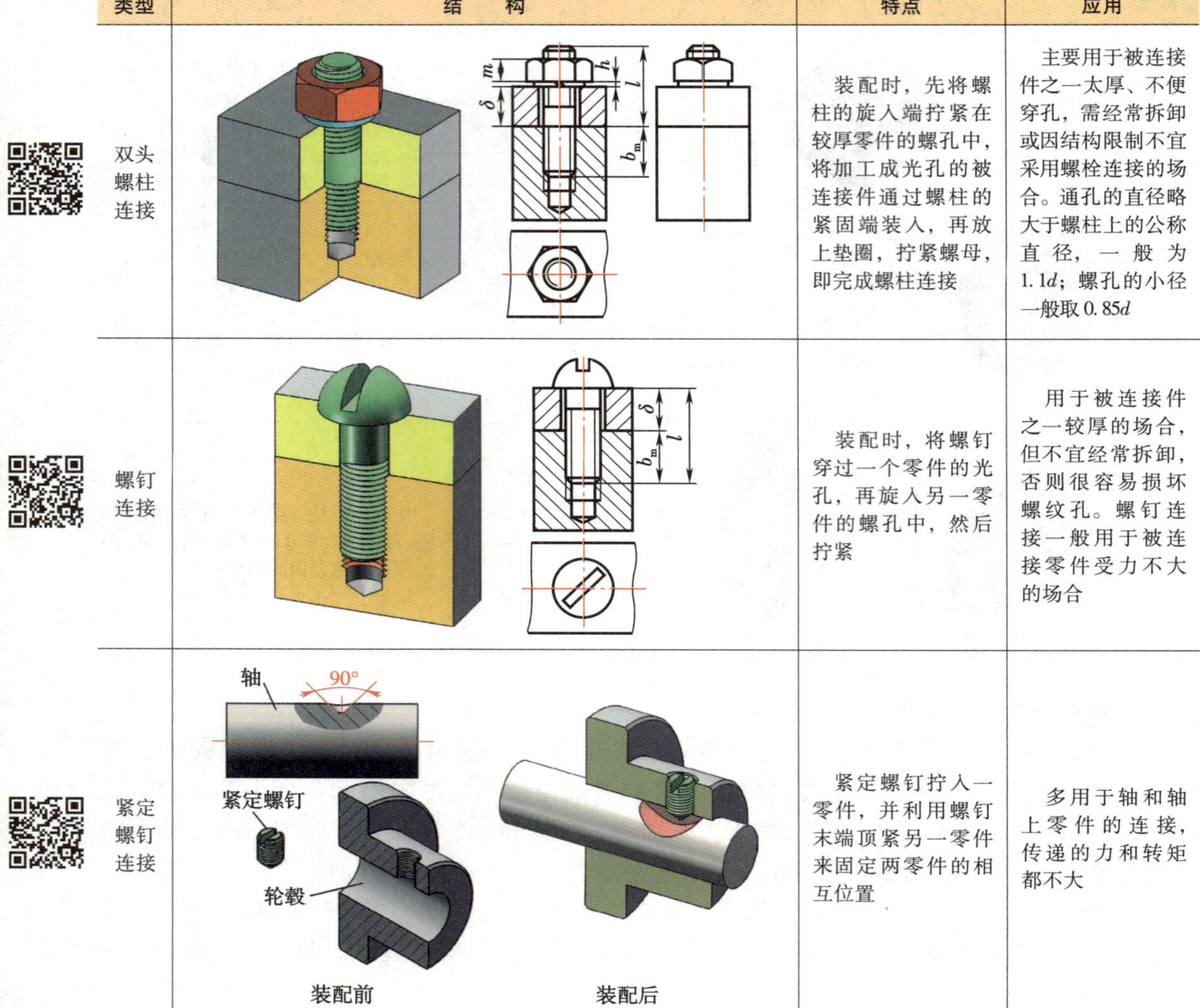

类型	结　　构	特点	应用
双头螺柱连接		装配时，先将螺柱的旋入端拧紧在较厚零件的螺孔中，将加工成光孔的被连接件通过螺柱的紧固端装入，再放上垫圈，拧紧螺母，即完成螺柱连接	主要用于被连接件之一太厚、不便穿孔，需经常拆卸或因结构限制不宜采用螺栓连接的场合。通孔的直径略大于螺柱上的公称直径，一般为 1.1d；螺孔的小径一般取 0.85d
螺钉连接		装配时，将螺钉穿过一个零件的光孔，再旋入另一零件的螺孔中，然后拧紧	用于被连接件之一较厚的场合，但不宜经常拆卸，否则很容易损坏螺纹孔。螺钉连接一般用于被连接零件受力不大的场合
紧定螺钉连接	装配前　装配后	紧定螺钉拧入一零件，并利用螺钉末端顶紧另一零件来固定两零件的相互位置	多用于轴和轴上零件的连接，传递的力和转矩都不大

六、螺纹连接的预紧与防松

1. 螺纹连接的预紧

螺纹连接预紧的目的：增加连接的可靠性和紧密性，防止受载后被连接件出现缝隙和相对滑动，适当选取较大预紧力可提高连接件的疲劳强度。

2. 螺纹连接的防松

螺纹连接防松的实质就是防止螺纹副的相对转动。

（1）防松的必要性

1）在冲击、振动和变载荷作用下，螺纹之间的摩擦力可能突然消失而影响正常工作。

2）在高温或温度变化较大时，螺栓与被连接件因温度不同而存在变形差异或材料的蠕变，也可能导致连接的松脱。

（2）螺纹连接的防松措施及方法

螺纹连接后，可以根据具体情况，选用合理的防松措施及方法（见表 1-6）。

表 1-6　　螺纹连接的防松措施及方法

防松措施	方法	结构形式	特点及应用
增大摩擦力防松	弹簧垫圈	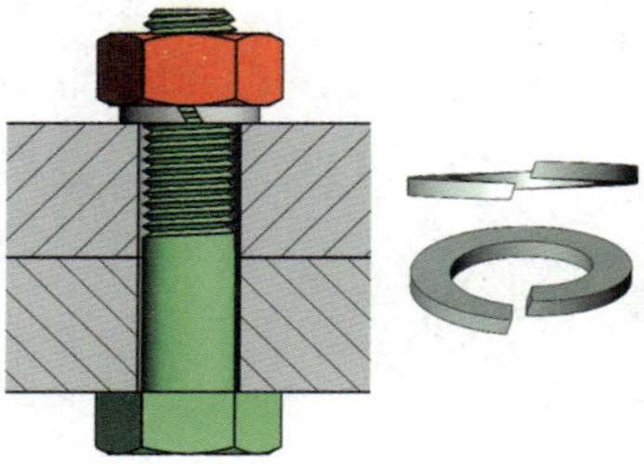	螺母拧紧后，靠垫圈压平而产生的弹性反力使旋合螺纹间压紧。同时垫圈斜口的尖端抵住螺母与被连接件间的支撑面也有防滑作用。其结构简单，使用方便。但由于垫圈的弹力不均，在冲击振动的工作条件下，其防松效果差，一般用于不太重要的连接
	双螺母	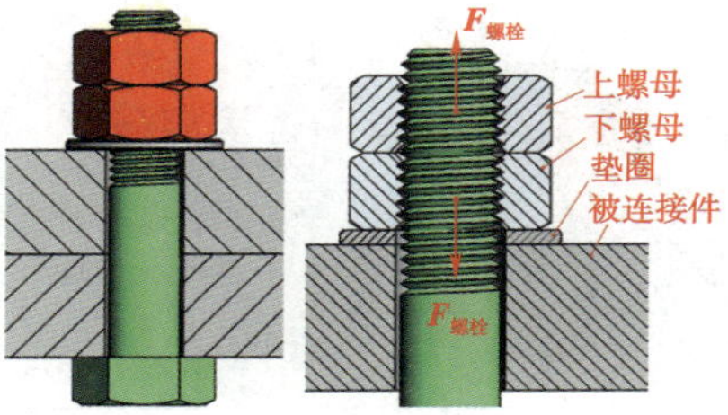 $F_{螺栓}$ 上螺母 下螺母 垫圈 被连接件 $F_{螺栓}$	两螺母对顶拧紧后，使旋合螺纹间始终受到附加压力和摩擦力的作用。当工作载荷变化时，该摩擦力仍然存在。旋合螺纹间的接触情况如左图所示。下螺母螺纹牙受力较小，其厚度尺寸可小些，但为了防止装错，两螺母高度最好相等。其结构简单，适用于平稳、低速和重载等固定装置上的连接
利用机械方法防松	槽形螺母和开口销	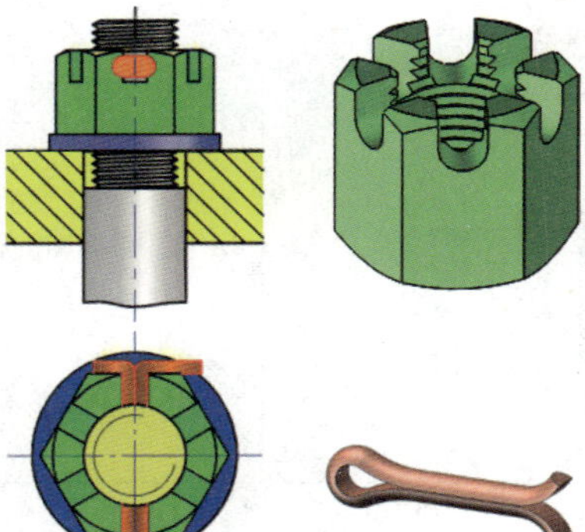	六角开槽螺母拧紧后将开口销穿入螺栓尾部小孔和螺母的槽内，并将开口销尾部掰开与螺母侧面贴紧。也可以用普通螺母代替六角开槽螺母，但需拧紧后配钻销孔。其适用于较大冲击、振动的高速机械中运动部件的连接
	止动垫圈	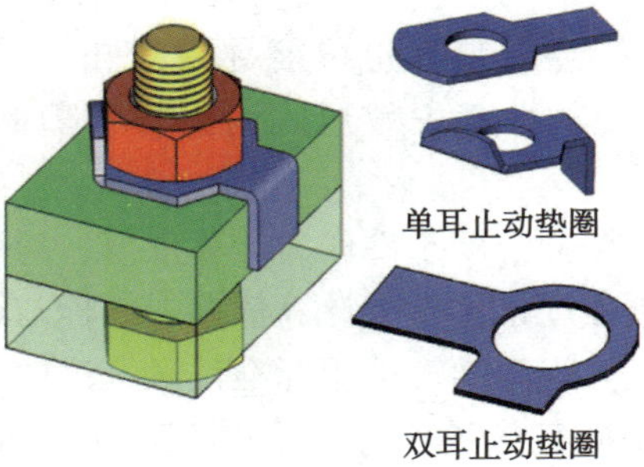 单耳止动垫圈 双耳止动垫圈	螺母拧紧后，将单耳或双耳止动垫圈分别向螺母和被连接件的侧面折弯贴紧，即可将螺母锁住。若两个螺栓需要双联锁紧时，可采用双联止动垫圈，使两个螺母相互制动。其结构简单，使用方便，防松可靠，多用于受力较大的场合

续表

防松措施	方法	结构形式	特点及应用
利用机械方法防松	串金属丝	正确 错误	用低碳钢丝穿入各螺钉头部的孔内，将螺钉串连起来，使其相互制动。使用时必须注意钢丝的穿入方向。其防松可靠，但拆卸不便，适用于螺钉组连接
破坏螺纹副运动关系防松	点焊和冲点		螺母拧紧后，在螺栓末段与螺线的旋合缝处焊接或冲点来防松。其防松可靠，但拆卸后连接不能重复使用，适用于装配后不再拆开的场合
	黏结防松	涂黏结剂	在旋合螺纹间涂上黏结剂，使螺纹副紧密胶合。其防松可靠，且有密封作用，适用于不需拆卸的特殊连接

七、螺栓连接的强度计算

螺栓连接中的单个螺栓受力分为受轴向拉力和横向剪切力两种：前者的失效形式多为螺纹部分的塑性变形或断裂，如果连接经常装拆也可能导致滑扣；对于后者，螺栓在接合面处受剪切力，并与被连接孔相互挤压，其失效形式为螺杆被剪断，螺杆或孔壁被压溃等。

根据上述分析，对受拉螺栓主要以拉伸强度条件作为计算依据；对受剪螺栓则是以螺栓的剪切强度条件、螺栓杆或孔壁的挤压强度条件作为计算依据。螺栓与螺母的螺纹牙及其他各部分尺寸是根据等强度原则及使用经验规定的。采用标准件时，这些部分都不需要进行强度计算。所以，螺栓连接的计算主要是确定螺纹小径 d_1，然后按照标准选定螺纹公称直径（大径）d，以及螺母和垫圈等连接零件的尺寸。

1. 受拉螺栓连接

(1) 松螺栓连接强度计算

如图 1-6 所示，松螺栓连接在工作时只承受轴向工作载荷 **F**，其强度校核与设计计算公式分别为：

$$\sigma=\frac{F}{\frac{\pi}{4}d_1^2}\leqslant[\sigma] \tag{1-1}$$

$$d_1\geqslant\sqrt{\frac{4F}{\pi[\sigma]}} \tag{1-2}$$

式中 σ——螺栓的工作应力，MPa；

F——轴向工作载荷，N；

d_1——螺栓小径，mm；

$[\sigma]$——螺栓的许用拉应力，MPa。

(2) 紧螺栓连接强度计算

1) 只受预紧力作用的紧螺栓连接。如图 1-7 所示，在横向工作载荷 $\boldsymbol{F}_s$ 的作用下，被连接件的接合面间有相对滑移趋势。为防止滑移，由预紧力 $\boldsymbol{F}'$ 所产生的摩擦力应大于或等于横向工作载荷 $\boldsymbol{F}_s$，即：

$$F'fm\geqslant F_s$$

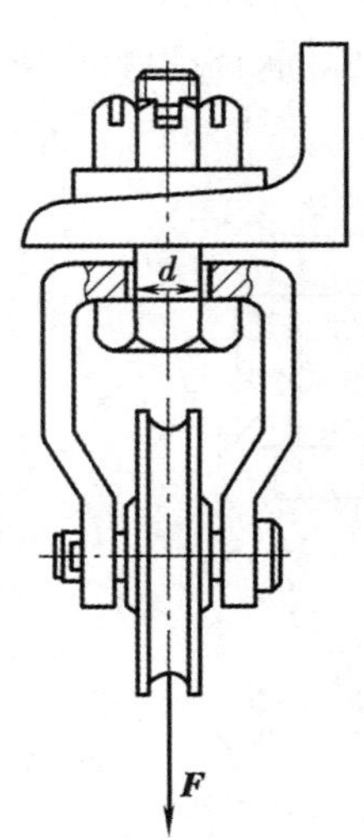

图 1-6 起重滑轮的松螺栓连接

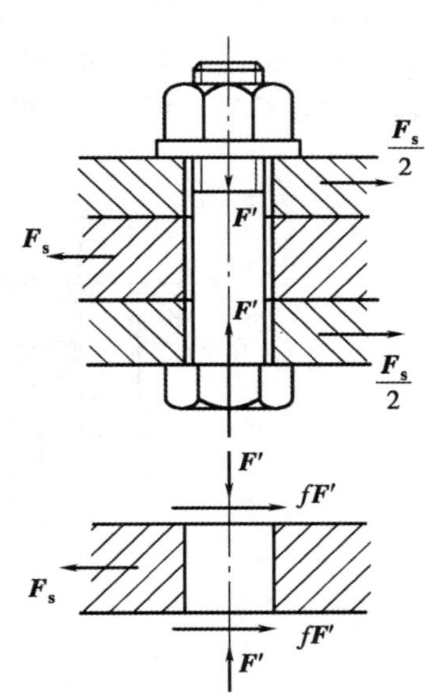

图 1-7 只受预紧力的紧螺栓连接

引入可靠性系数 K_f，整理得：

$$F'=\frac{K_fF_s}{fm} \tag{1-3}$$

式中 F'——螺栓所受轴向预紧力，N；

K_f——可靠性系数，取 $K_f=1.1\sim1.3$；

F_s——螺栓连接所受横向工作载荷，N；

f——接合面间的摩擦因数，对于干燥的钢件表面取 $f=0.1\sim0.16$，其他条件下的摩擦因数可从有关手册中查取；

m——接合面的数目。

紧螺栓连接在承受工作载荷之前必须预紧，因此，螺栓一方面受拉，另一方面因螺纹副中摩擦阻力矩的作用而受扭，故在危险截面上既有拉应力，又有受扭矩而产生的剪应力。螺栓常用塑性材料，其螺栓部分的强度仍按拉伸强度公式计算，考虑到扭转剪应力的影响，把螺栓所受的轴向拉应力增加30%，即变为1.3倍，因此，螺栓的强度条件和设计计算公式可简化为：

$$\sigma=\frac{1.3F'}{\pi d_1^2/4}\leqslant[\sigma] \tag{1-4}$$

$$d_1\geqslant\sqrt{\frac{5.2F'}{\pi[\sigma]}} \tag{1-5}$$

式中各符号的含义同前。

2）受预紧力和轴向工作载荷的螺栓连接。如图1-8所示为汽缸盖螺栓连接，即承受轴向外载荷的紧螺栓连接，其受力分析如图1-9所示。未拧紧时，螺栓与被连接件均不受力。拧紧后，螺栓受预紧力 $\boldsymbol{F}'$，而被连接件则受预紧压力 $\boldsymbol{F}'$ 的作用，且产生压缩变形 δ_1。当汽缸内通入气体后，螺栓又受到轴向外载荷 $\boldsymbol{F}$ 的作用，由于螺栓中总拉力由 $\boldsymbol{F}'$ 增至 $\boldsymbol{F}_\Sigma$，螺栓比预紧状态时增加伸长变形 δ_2，被连接件则要回弹变形 δ_2。由于被连接件压缩变形量减小，故其所受压力将减小，不是原来的预紧力 $\boldsymbol{F}'$ 了，而变成减小后的剩余预紧力 $\boldsymbol{F}''$，由此可知，螺栓受到轴向载荷 $\boldsymbol{F}$ 后，螺栓所受的总拉力 $\boldsymbol{F}_\Sigma$ 为工作拉力 $\boldsymbol{F}$ 与剩余预紧力 $\boldsymbol{F}''$ 之和，即：

$$F_\Sigma=F+F'' \tag{1-6}$$

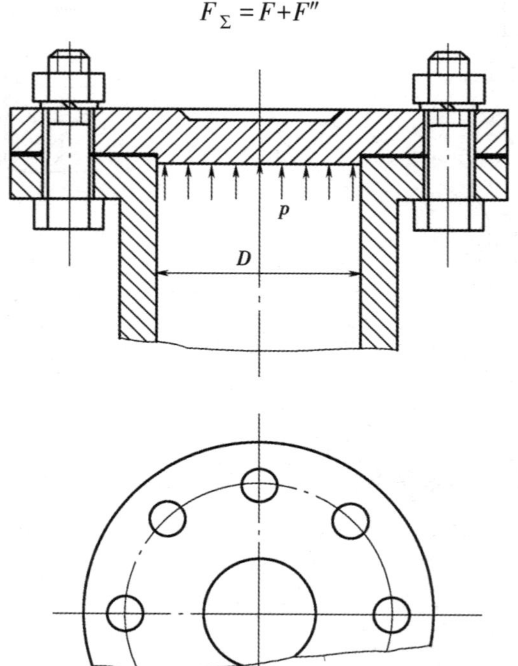

图1-8 汽缸盖螺栓连接

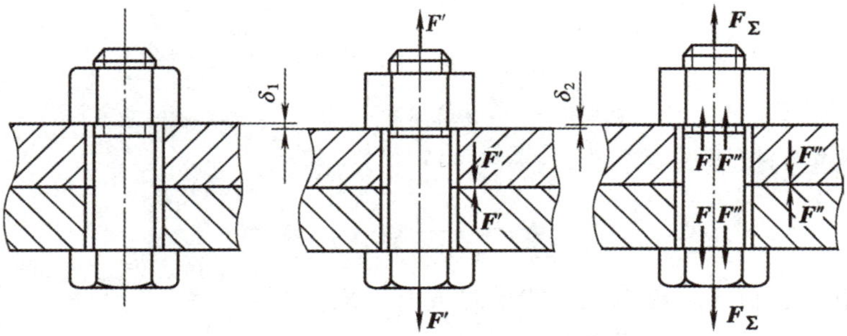

图 1-9 螺栓与被连接件的受力与变形

剩余预紧力 **F″** 的推荐值可参照表 1-7 选取。

表 1-7 剩余预紧力 F″的推荐值

连接性质		剩余预紧力 F″的推荐值
紧固连接	F 无变化	(0.2~0.6)F
	F 有变化	(0.6~1.0)F
紧密连接		(1.5~1.8)F
地脚螺栓连接		≥F

螺栓的强度校核与设计计算公式分别为：

$$\sigma=\frac{1.3F_{\Sigma}}{\pi d_1^2/4}\leqslant[\sigma] \tag{1-7}$$

$$d_1\geqslant\sqrt{\frac{5.2F_{\Sigma}}{\pi[\sigma]}} \tag{1-8}$$

压力容器中的螺栓连接，除满足上式外，还要有适当的螺栓间距 t_0。t_0 太大会影响连接的紧密性，通常取 $3d\leqslant t_0\leqslant 7d$。

2. 受剪螺栓连接

图 1-10 所示为铰制孔用螺栓连接（受剪螺栓连接），工作时螺栓在被连接件间的接合面处受剪切力，螺栓杆与被连接件的孔壁受挤压，因此应分别按剪切和挤压强度计算。这类连接的预紧力不大，计算时可忽略不计。

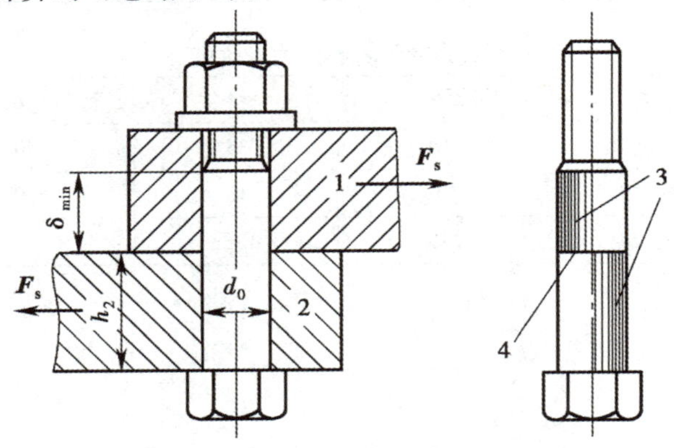

图 1-10 受剪螺栓连接

1、2—被连接件 3—螺杆受压面 4—受剪面

螺栓的剪切强度条件为：

$$\tau=\frac{F_s}{\pi d_0^2/4}\leqslant[\tau] \tag{1-9}$$

螺栓杆与孔壁的挤压强度条件为：

$$\sigma_P=\frac{F_s}{d_0\delta_{min}}\leqslant[\sigma_P] \tag{1-10}$$

式中 F_s——单个铰制孔用螺栓所受的横向载荷，N；

d_0——铰制孔用螺栓剪切面直径，mm；

δ_{min}——螺栓杆与孔壁挤压面的最小高度，mm；

$[\tau]$——螺栓许用剪应力，MPa；

$[\sigma_P]$——螺栓或被连接件的许用挤压应力，MPa。

一般机械用螺栓连接在静载荷下的许用应力与安全系数见表 1-8，材料不同时取最弱的。计算中用到的抗拉强度和屈服强度可查找有关资料，表 1-9 中仅列出常用的几种。

表 1-8　一般机械用螺栓连接在静载荷下的许用应力与安全系数

类型	许用应力	相关因素			安全系数
受拉螺栓连接	许用拉应力 $[\sigma]=\frac{R_{eL}}{S_S}$	松连接			$S_S=1.2\sim1.7$
		紧连接	控制预紧力	扭力扳手或定力扳手	$S_S=1.6\sim2$
				测量螺栓伸长量	$S_S=1.3\sim1.5$
			不控制预紧力	碳素钢	$S_S=1.3\sim4$
				合金钢	$S_S=2.5\sim5$
受剪螺栓连接	许用剪应力 $[\tau]=\frac{R_{eL}}{S_S}$	紧连接	螺栓材料	钢	$S_S=2.5$
	许用挤压应力 $[\sigma_p]=\frac{\sigma_{lim}}{S_P}$		螺栓或孔壁材料	钢 $\sigma_{lim}=R_{eL}$	$S_P=1\sim1.25$
				铸铁 $\sigma_{lim}=R_m$	$S_P=2\sim2.5$

表 1-9　部分常用材料的力学性能　MPa

材料	抗拉强度 R_m	屈服强度 R_{eL}	材料	抗拉强度 R_m	屈服强度 R_{eL}
10	340~420	210	35	540	320
Q215	340~420	220	45	610	360
Q235	410~470	240	40Cr	750~1 000	650~900

任务实施

1. 设计螺栓直径

假设联轴器需要传递的转矩 $T=10^6$ N · mm，接合面间摩擦因数 $f=0.15$，可靠性系数

$K_f=1.2$，采用 6 个普通螺栓连接，选择螺栓材料并计算螺栓所需直径。

（1）求螺栓所受预紧力

该连接属于只受预紧力作用的紧螺栓连接，每个螺栓所受横向工作载荷 $F_s=\frac{2T}{Dz}$，由式（1-3）得：

$$F'=\frac{K_f F_s}{fm}=\frac{2K_f T}{fmDz}=\frac{2\times1.2\times10^6}{0.15\times1\times250\times6}\text{ N}\approx10\ 667\text{ N}$$

（2）选择螺栓材料，确定许用应力

查表 1-9，选 Q235，其 $R_m=410$ MPa，$R_{eL}=240$ MPa。由表 1-8，当不控制预紧力时，对碳素钢取 $S_S=4$（为了安全起见，安全系数取大值），所以 $[\sigma]=\frac{R_{eL}}{S_S}=\frac{240}{4}$ MPa $=60$ MPa。

（3）计算螺栓直径

由式（1-5）得：

$$d_1\geqslant\sqrt{\frac{5.2F'}{\pi[\sigma]}}=\sqrt{\frac{5.2\times10\ 667}{3.14\times60}}\text{ mm}\approx17.159\text{ mm}$$

查找普通螺纹基本尺寸表，取 $d=20$ mm，$d_1=17.159$ mm，$P=2.5$ mm。

2. 校核螺栓连接强度

若采用与上述螺栓相同公称直径的 3 个铰制孔用螺栓连接，试校核螺栓连接强度是否足够。

（1）求每个螺栓所受横向载荷

$$F_s=\frac{2T}{Dz}=\frac{2\times10^6}{250\times3}\text{ N}\approx2\ 667\text{ N}$$

（2）选择螺栓材料，确定许用应力

查表 1-9，仍选 Q235，其 $R_m=410$ MPa，$R_{eL}=240$ MPa。由表 1-8 查得，$S_S=2.5$，$S_P=1.25$，则：

$$[\tau]=\frac{\sigma_s}{S_S}=\frac{240}{2.5}\text{ MPa}=96\text{ MPa}$$

$$[\sigma_P]=\frac{\sigma_s}{S_P}=\frac{240}{1.25}\text{ MPa}=192\text{ MPa}$$

（3）校核螺栓强度

对 M20 的铰制孔用螺栓，由标准中查得 $d_1=21$ mm，$\delta_{min}=23$ mm。则：

$$\tau=\frac{F_s}{\pi d_1^2/4}=\frac{2\ 667\times4}{3.14\times21^2}\text{ MPa}\approx7.7\text{ MPa}<[\tau]$$

$$\sigma_P=\frac{F_s}{d_1\delta_{min}}=\frac{2\ 667}{21\times23}\text{ MPa}\approx5.5\text{ MPa}<[\sigma_P]$$

因此，铰制孔用螺栓强度足够。

1. 螺纹的分类方法有哪些？螺纹可分为哪几种？

2. 试述普通螺纹的大径、中径、小径和螺距的含义，画出普通螺纹的基本牙型，并在图上标注出上述参数。

3. 普通螺纹的公称直径是指哪个直径？代号为什么？牙型角为多少？

4. 按用途不同，螺纹可分为哪两类？分别采用什么牙型？

5. 解释下列螺纹或螺纹副标记的含义：

（1）M30×2—6H　　（2）M24×1. 5—5g6g

（3）Tr45×12(P6)—7e—L　　（4）M40×2—6H/6g—LH

（5）Tr50×14(P7)—7H/7e　　（6）Rc1/4

（7）G3/4/G3/4A

6. 螺纹连接的四种基本类型在结构上和应用上各有什么特点？

7. 题图 1-1 所示的某凸缘联轴器用 6 个普通螺栓连接，不控制预紧力。已知螺栓中心圆直径 $D=115$ mm，联轴器传递的转矩 $T=3\times10^5$ N · mm。试确定螺栓的直径。

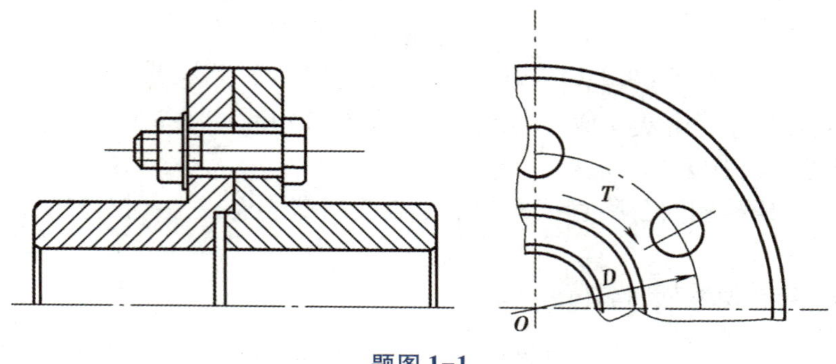

题图 1-1

课题二 螺旋传动

学习目标

◎ 了解普通螺旋传动及差动螺纹传动的基本知识。

◎ 能够根据工作条件，进行差动螺旋传动的相关计算。

任务引入

如图 1-11 所示是应用在微调镗刀上的差动螺旋传动实例。螺杆 1 在Ⅰ和Ⅱ两处均为右旋螺纹，刀套 3 固定在镗杆 2 上，镗刀 4 在刀套中不能回转，只能直线移动，当螺杆回转时，可使镗刀微量移动，从而保证加工的准确性。那么镗刀移动的微调量应如何计算？

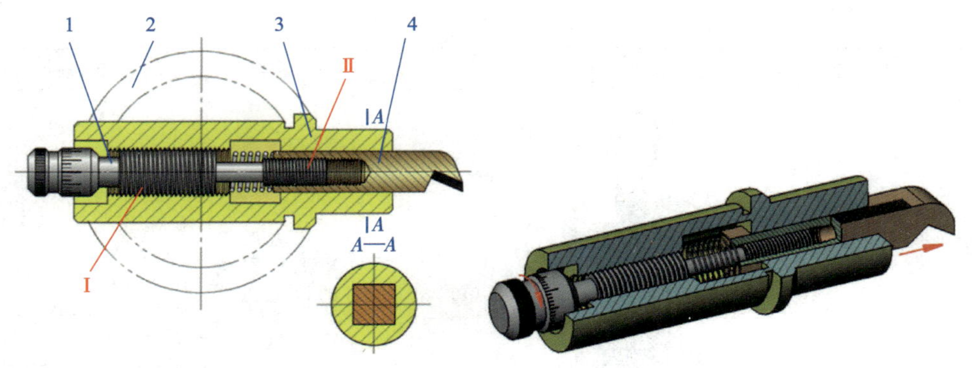

图 1-11　差动螺旋传动的微调镗刀

1—螺杆　2—镗杆　3—刀套　4—镗刀

任务分析

差动螺旋传动式微调镗刀是精密孔加工的重要刀具之一，微调精度高，可自动消除螺纹间隙，从而保证加工的准确性。它正是应用了差动螺旋传动的特点。

差动螺旋传动是螺旋传动的形式之一，可以方便地实现微量调节。差动螺旋传动的微调量与螺旋传动的移动距离和移动方向有关。

本任务通过对螺旋传动类型、应用形式、位移量等的学习，掌握差动螺旋传动的旋向及位移量的计算方法。

相关知识

由螺杆和螺母组成的简单螺旋副传动又称为普通螺旋传动。螺旋传动具有结构简单，工作连续、平稳，承载能力大，传动精度高等优点，因此广泛应用于各种机械和仪器中。

一、普通螺旋传动

1. 普通螺旋传动的应用形式

普通螺旋传动的应用形式见表 1-10。

表 1-10　螺旋传动的应用形式

应用形式	图　例	应用实例	工作原理
螺母固定，螺杆旋转并移动	1　2　5　4　3 1—活动钳身　2—固定钳身 3—螺母　4—螺杆　5—手柄	台虎钳	右旋单线螺杆 4 与螺母 3 组成螺旋副，螺杆 4 与活动钳身 1 组成转动副，螺母 3 与固定钳身 2 固连 当螺杆按图示方向转动时，螺杆连同活动钳身向右移动，与固定钳身配合实现对工件的夹紧；当螺杆反向转动时，活动钳身随螺杆左移，松开工件

续表

应用形式	图　例	应用实例	工作原理
螺母轴向固定但可旋转，螺杆轴向移动	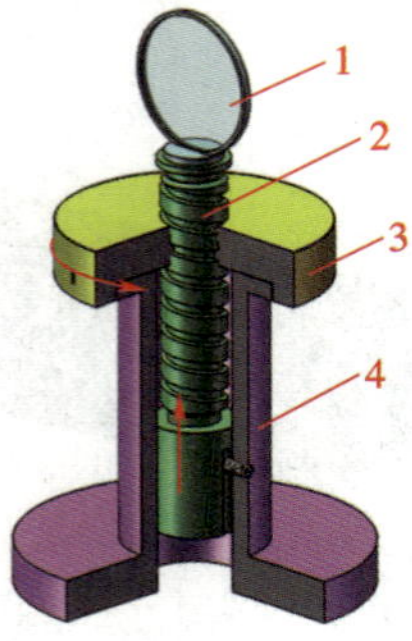 1—观察镜　2—螺杆　3—螺母　4—机架	应力试验机上观察镜的螺旋调整装置	螺杆2、螺母3组成左旋螺纹副，螺母3与机架4固定在一起。当螺母3按图示方向回转时，螺杆带动观察镜1向上移动；螺母3反向回转时，螺杆带动观察镜向下移动
螺杆固定，螺母旋转并移动	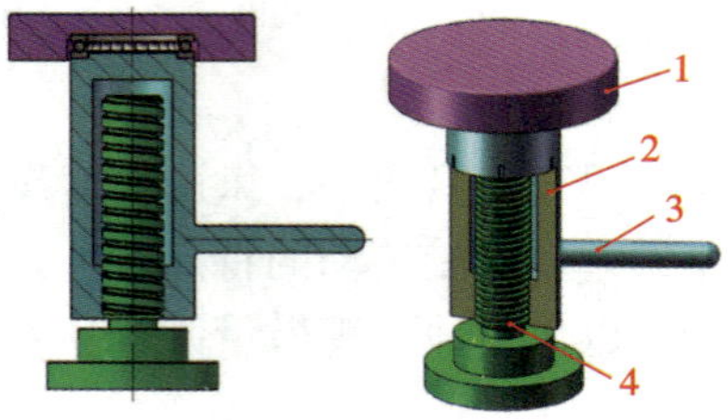 1—托盘　2—螺母　3—手柄　4—螺杆	螺旋千斤顶	螺杆4连接于底座上固定不动，转动手柄3使螺母2回转并做上升或下降的直线移动，从而举起或放下托盘1
螺杆轴向固定但可旋转，螺母移动	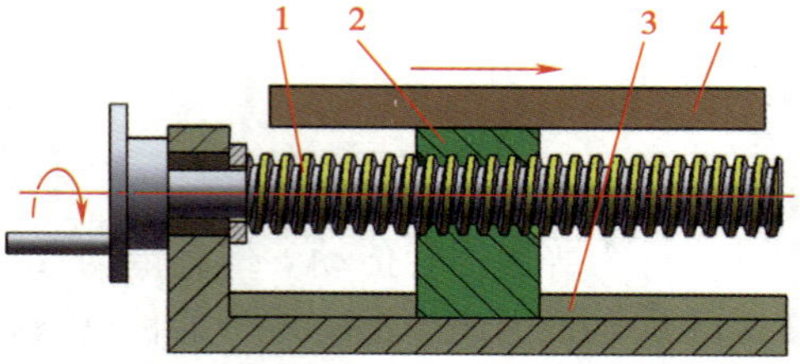 1—螺杆　2—螺母　3—机架　4—工作台	机床滑板的移动机构	螺杆1与机架3组成转动副，螺母2与螺杆以左旋螺纹配合并与工作台4连接。当转动手轮使螺杆按图示方向回转时，螺母带动工作台沿机架的导轨向右做直线移动

2. 直线移动方向的判定

普通螺旋传动时，从动件做直线移动的方向不仅与螺纹的回转方向有关，还与螺纹的旋向有关，其判断步骤如下：

（1）右旋螺纹用右手，左旋螺纹用左手。手握空拳，四指的指向与螺杆（或螺母）回转方向相同，大拇指竖直。

（2）若螺杆（或螺母）回转并移动，螺母（或螺杆）不动，则大拇指的指向即为螺杆（或螺母）的移动方向。

（3）若螺杆（或螺母）回转，螺母（或螺杆）移动，则大拇指指向的相反方向即为螺母（或螺杆）的移动方向。

如图1-12所示的机床滑板移动机构，其螺杆只做转动，螺母带动滑板做直线移动（进或退），其旋向为右旋，因此按图示方向旋转手轮时，滑板的移动方向应该向左。

3. 直线移动距离 L 的确定（普通螺旋传动）

如图1-12所示的普通螺旋传动中，螺杆相对于螺母每回转一圈，螺母就移动一个导程

P_h 的距离。因此，移动距离 L 等于回转圈数 N 与导程 P_h 的乘积，即：

$$L=NP_h \tag{1-11}$$

式中 L——螺母的移动距离，mm；

N——回转圈数，r；

P_h——螺纹导程，mm。

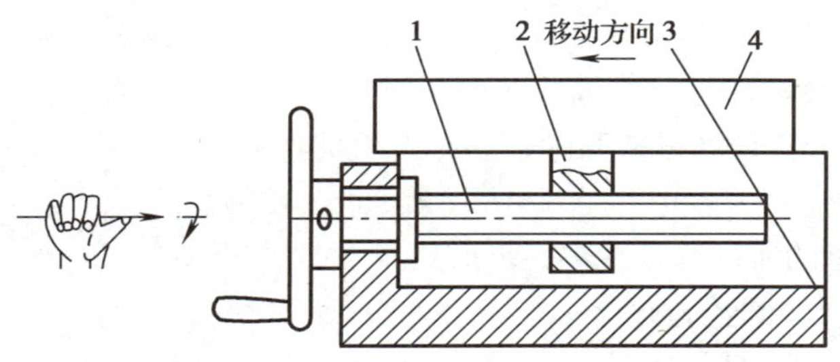

图 1-12 螺旋传动直线移动方向的判定

1—螺杆 2—螺母 3—机架 4—滑板

［例 1-1］ 在如图 1-12 所示机床滑板的移动机构中，螺杆为双线螺纹，螺距 P 为 5 mm，当螺杆回转 3 周时，滑板移动的距离是多少？

解：螺杆的导程为：$P_h=2\times5\ \text{mm}=10\ \text{mm}$

滑板移动的距离：$L=NP_h=3\times10\ \text{mm}=30\ \text{mm}$

4. 直线移动速度 v 的确定（普通螺旋传动）

$$v=nP_h \tag{1-12}$$

式中 v——螺杆（或螺母）的移动速度，mm/min；

n——转速，r/min；

P_h——螺纹导程，mm。

二、差动螺旋传动

普通螺旋传动不能产生极小的位移，若希望主动件转动较大角度而从动件只做微量位移时，可采用差动螺旋传动。

在如图 1-13 所示的螺旋传动中，螺杆 2 的右段螺纹与机架 3 组成 a 段螺旋副，螺杆 2 的左段螺纹与活动螺母 1 组成 b 段螺旋副。机架为不能移动的固定螺母，活动螺母不能回转而只能沿机架的导向槽 4 移动。

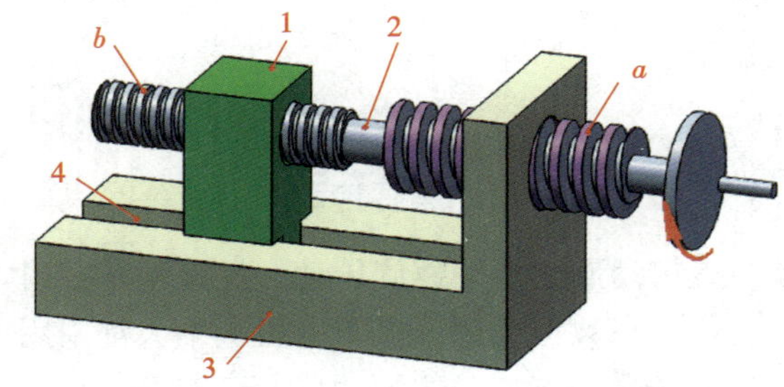

图 1-13 差动螺旋传动

1—活动螺母 2—螺杆 3—机架 4—导向槽

设 a 段和 b 段两螺旋副的旋向均为右旋，按图示方向回转螺杆时，螺杆相对机架向左移动，而活动螺母相对螺杆向右移动，这样活动螺母相对机架实现了差动位移，活动螺母移动距离减小。

如果机架上的螺母仍为右旋，活动螺母为左旋。按图示方向回转螺杆时，螺杆相对机架左移，活动螺母也相对螺杆左移，活动螺母移动距离增大。这种螺旋传动方式称为差动螺旋传动。

1. 确定差动螺旋传动的移动距离 L

差动螺旋传动中，活动螺母的实际移动距离 L 的计算公式如下：

$$L=N\ (P_{h1}\pm P_{h2}) \tag{1-13}$$

式中 L——活动螺母的实际移动距离，mm；

N——螺杆的回转圈数，r；

P_{h1}——机架上固定螺母的导程，mm；

P_{h2}——活动螺母的导程，mm。

注意：当两螺纹旋向相反时，公式中用“+”号；当两螺纹旋向相同时，公式中用“−”号。

2. 判定差动螺旋传动的移动方向

判定差动螺旋传动中活动螺母的移动方向，可按以下步骤进行：

（1）先确定螺杆的移动方向，判定方法与普通螺旋传动相同。

（2）再根据式（1-13）的计算结果判定。当计算结果 $L>0$ 时，活动螺母的实际移动方向与螺杆的移动方向相同；当计算结果 $L<0$ 时，活动螺母的实际移动方向与螺杆的移动方向相反。

任务实施

设固定螺母（刀套）的导程 $P_{h1}=1.5$ mm，活动螺母（镗刀）的导程 $P_{h2}=1.25$ mm，则由式（1-13）得螺杆按图示方向回转 1 转时镗刀移动的距离：

$$L=N(P_{h1}-P_{h2})=1\times(1.5-1.25)\text{ mm}=+0.25\text{ mm}\ （右移）$$

如果螺杆圆周按 100 等份刻线，螺杆每转过 1 格，镗刀的实际位移：

$$L=0.25\text{ mm}/100=0.0025\text{ mm}$$

由此可知，差动螺旋传动可以方便地实现微量调节，主要用于测微器、计算机、分度机等精密机床、仪器和工具中。

知识链接

滚动螺旋传动

普通螺旋传动和差动螺旋传动属于滑动螺旋传动，螺旋副摩擦阻力大、效率低，不能满足现代机械的传动要求。目前，在数控机床、汽车等机械中大都采用滚动螺旋传动机构。

滚动螺旋传动有内、外两种循环方式，主要由螺杆、螺母、滚珠和滚珠循环装置组成，其结构特点见表 1-11。

表 1-11 滚动螺旋传动的结构特点

循环方式	外循环	内循环
结构图	1—滚珠循环装置 2—滚珠 3—螺杆 4—螺母	1—滚珠循环装置 2—滚珠 3—螺杆 4—螺母 5—反向器
返回通道		
工作原理	在螺杆和螺母的螺纹滚道中，装有一定数量的滚珠，当螺杆与螺母做相对螺旋运动时，滚珠在螺纹滚道内滚动，并通过滚珠循环装置的通道构成封闭循环，从而实现螺杆与螺母的滚动螺旋传动	
特点	结构简单，易于制造，径向尺寸小；刚度和耐磨性较差，易磨损	滚珠个数少，循环回路短，流畅性好，摩擦损失少，效率高，且结构紧凑，易于拆装；其反向器结构复杂

练习题

1. 如题图 1-2 所示的螺旋传动机构，其螺母是固定不动的，螺杆在做回转运动的同时做上下直线运动。螺杆按图示方向回转时，试判断螺杆的移动方向。

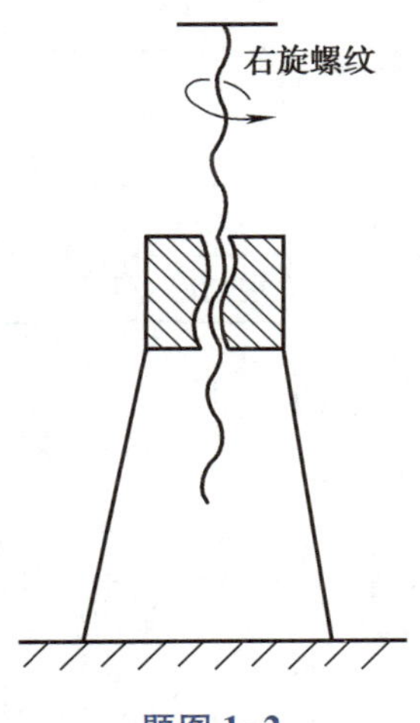

题图 1-2

2. 如题图 1-3 所示的卧式车床床鞍 1 的螺旋传动中，丝杠 2 如图示方向回转，试判断开合螺母 3 带动床鞍移动的方向。

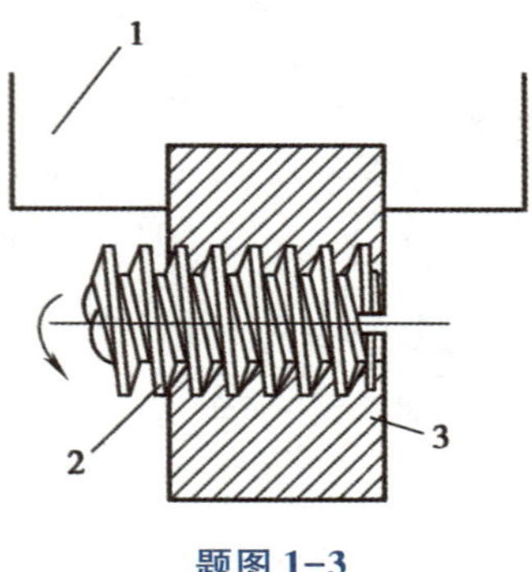

题图 1-3

1—床鞍　2—丝杠　3—开合螺母

模块小结

1. 普通螺纹的公称直径是指内、外螺纹的大径（D、d）。

2. 螺纹的分类见表 1-12。

表 1-12　螺纹的分类

<table>
<tr><td rowspan="12">螺纹类型</td><td rowspan="8">连接螺纹</td><td rowspan="4">紧固螺纹（三角形螺纹）</td><td rowspan="2">普通螺纹</td><td>粗牙普通螺纹</td></tr>
<tr><td>细牙普通螺纹</td></tr>
<tr><td colspan="2">小螺纹（范围为 0.3~1.4 mm）</td></tr>
<tr><td colspan="2">英制螺纹</td></tr>
<tr><td rowspan="4">管螺纹（三角形螺纹）</td><td colspan="2">55°非密封管螺纹</td></tr>
<tr><td colspan="2">55°密封管螺纹</td></tr>
<tr><td colspan="2">60°密封管螺纹</td></tr>
<tr><td colspan="2">米制锥螺纹</td></tr>
<tr><td colspan="2" rowspan="3">传动螺纹</td><td colspan="2">梯形螺纹</td></tr>
<tr><td colspan="2">矩形螺纹</td></tr>
<tr><td colspan="2">锯齿形螺纹</td></tr>
<tr><td colspan="4">专门用途螺纹</td></tr>
</table>

3. 螺纹的应用：主要起连接和传动的作用。

4. 螺纹连接件：螺栓、双头螺柱、螺钉、紧定螺钉、螺母和垫圈等。

5. 螺纹连接类型：螺栓连接、双头螺柱连接、螺钉连接和紧定螺钉连接。

6. 螺纹连接防松措施：增大摩擦力防松；利用机械方法防松；破坏螺纹副运动关系防松。

7. 螺旋传动可以方便地把主动件的回转运动变为从动件的直线运动。

8. 普通螺旋传动中，从动件做直线移动的方向不仅与螺纹的回转方向有关，还与螺纹的旋向有关，其判断步骤如下：

（1）右旋螺纹用右手，左旋螺纹用左手。手握空拳，四指的指向与螺杆（或螺母）回转方向相同，大拇指竖直。

（2）若螺杆（或螺母）回转并移动，螺母（或螺杆）不动，则大拇指的指向即为螺杆（或螺母）的移动方向。

（3）若螺杆（或螺母）回转，螺母（或螺杆）移动，则大拇指指向的相反方向即为螺母（或螺杆）的移动方向。

9. 普通螺旋传动中，螺杆（或螺母）的直线移动距离 L 的计算公式为：

$$L=NP_{\mathrm{h}}$$

10. 差动螺旋传动中，活动螺母的实际移动距离 L 的计算公式为：

$$L=N(P_{\mathrm{h1}}\pm P_{\mathrm{h2}})$$

模块二

带传动与链传动

带传动与链传动都是通过中间挠性件（带或链）传递运动和动力的。当主动轴和从动轴相距较远时，常采用这两种传动方式。带传动与链传动广泛应用于机械传动，如车床上的电动机和主轴箱的动力传动采用了 V 带传动；自行车采用链传动来传递动力；农用联合收割机中，既有带传动，也有链传动。

课题一 平带传动

学习目标

◎ 了解平带传动的形式及主要参数。
◎ 了解平带的类型和接头方式。
◎ 能根据已知条件，确定带传动的类型，并计算带传动的相关参数。

带传动是由带和带轮组成，传递运动和（或）动力的。带传动分摩擦传动和啮合传动两类。如图 2-1 所示，属于摩擦传动的有平带传动、V 带传动和圆带传动，属于啮合传动的有同步带传动。带传动一般应用在高速小扭矩的输入端，如电动机输出轴和减速器输入轴之间。在带传动中，平带传动和 V 带传动应用最广泛，本课题主要学习平带传动。

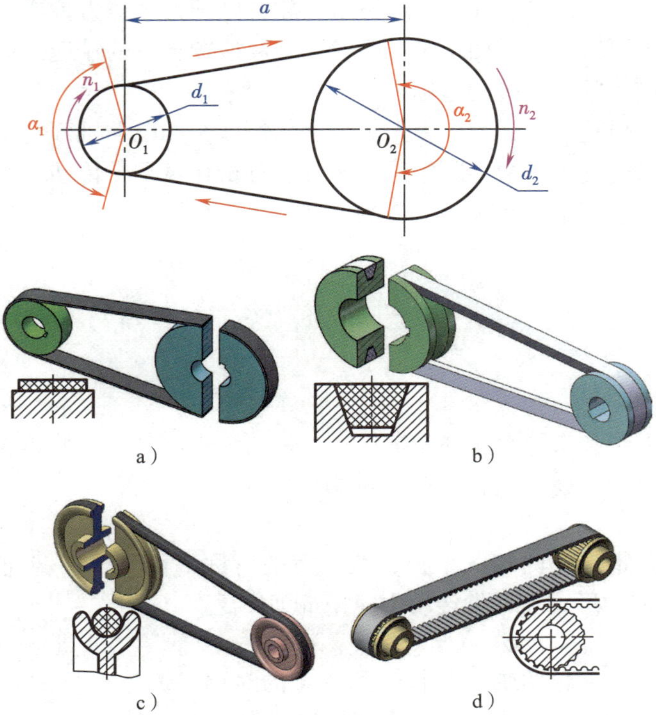

a） b）

c） d）

图 2-1 带传动

a）平带传动 b）V 带传动 c）圆带传动 d）同步带传动

任务引入

如图 2-2 所示，有一电动机驱动的平带开口传动，若选用 Y100L1-4 三相异步电动机，其额定功率为 2.2 kW，转速 $n_1=1\ 420$ r/min，小带轮直径 $d_1=200$ mm，传动比 $i=3$，两传动轴中心距 $a=1\ 200$ mm。试计算从动轮直径 d_2，验算包角，并确定平带的类型及带长。

图 2-2 电动机中的平带传动

任务分析

在某些设备安装要求比较简单，维护方便的输送机构中宜采用平带传动，平带的横截面为矩形，工作时带套在平滑的轮面上，通过带与轮面之间的摩擦力传递运动和动力。

电机驱动的平带开口传动多用于中心距较大，高速场合下的输送机构中，其基本类型及应用场合是对实际应用问题分析的基础。

本任务涉及平带传动的设计，应根据具体工作情况，如电动机额定功率、转速、小带轮直径、传动比以及两传动轴的中心距等已知条件，分析计算平带传动主要参数中的大带轮直径、小带轮包角、带长等，从而确定平带的类型。

相关知识

一、平带传动的形式

平带传动是由平带和带轮组成的摩擦传动，带的工作面与带轮的轮缘表面接触，通过做相对运动产生摩擦力，传递运动和（或）动力。

1. 开口传动

平带开口传动是指带轮两轴线平行，两轮宽的对称平面重合，转向相同的带传动，如图 2-3 所示。这种传动形式在平带传动中应用最为广泛。

2. 交叉传动

平带交叉传动是指带轮两轴线平行，两轮宽的对称平面重合，转向相反的带传动，如图 2-4 所示。这种传动形式在平带传动中应用也较为广泛。

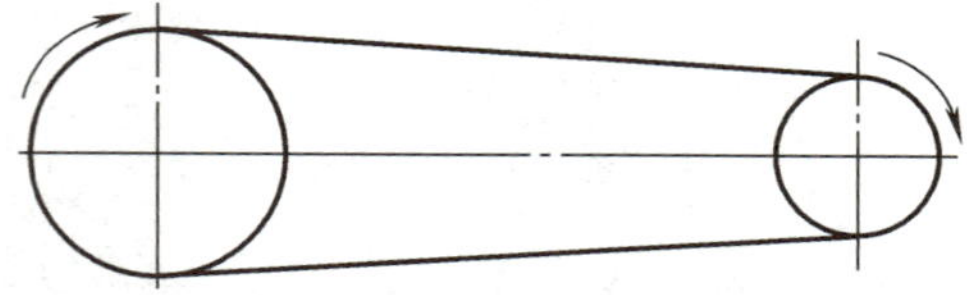

图 2-3　开口传动

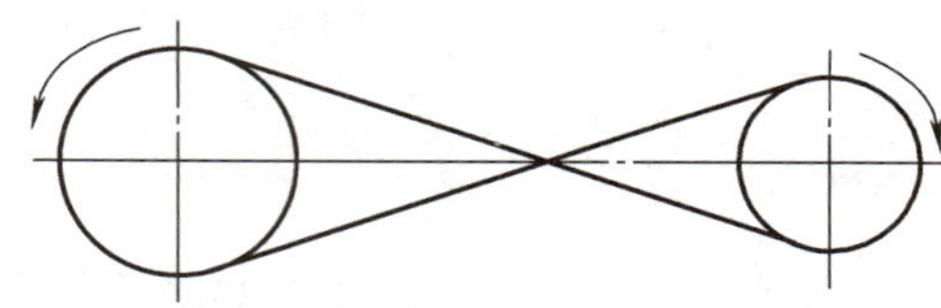

图 2-4　交叉传动

3. 半交叉传动

平带半交叉传动是指带轮两轴线在空间交错的带传动，交错角度通常为 90°，如图 2-5 所示。

4. 角度传动

平带角度传动是指带轮两轴线相交的带传动，如图 2-6 所示。

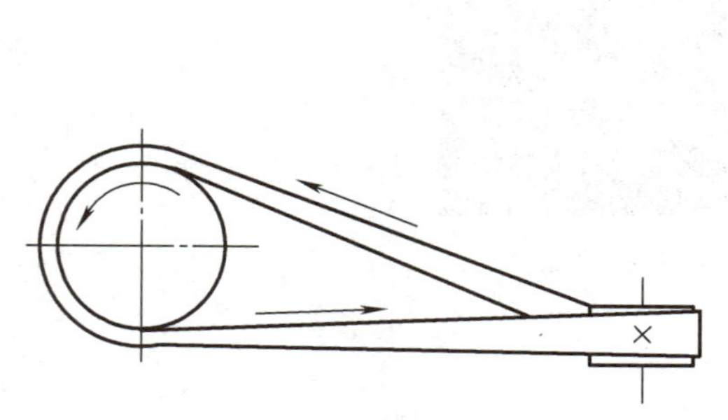

图 2-5　半交叉传动

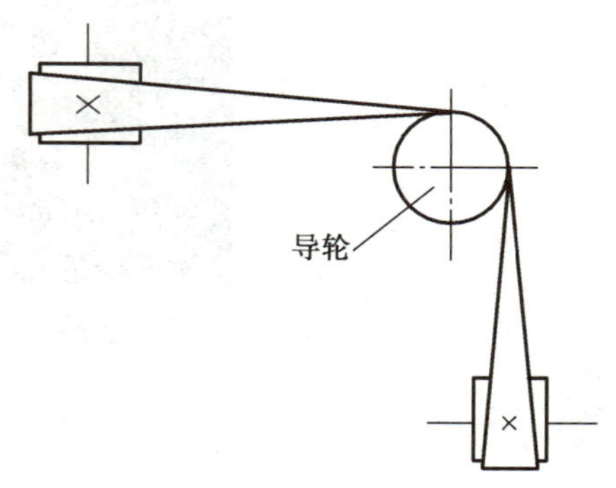

图 2-6　角度传动

二、平带的类型和接头方式

1. 平带的类型

平带的类型有帆布芯平带、编织平带和锦纶片复合平带等，其中以帆布芯平带（以帆布为抗拉体的平带）应用最为广泛。平带的类型见表 2-1。

表 2-1 平带的类型

类型	结构	特点	应用
帆布芯平带	由数层挂胶帆布黏合而成，有开边式和包边式	抗拉强度较大，耐湿性好，价廉；耐热、耐油性能差；开边式较柔软	适用于 $v<30$ m/s、$P<500$ kW、$i<6$、轴间距较大的传动
编织平带	有棉织、毛织和缝合棉布带，以及用于高速传动的丝、麻、锦纶编织带。带面有覆胶和不覆胶两种	曲挠性好，传递功率小，易松弛	适用于中、小功率传动
锦纶片复合平带	承载层为锦纶片（有单层和多层黏合），工作面上贴有铬鞣革、挂胶帆布或特殊织物等，层压而成	强度高，摩擦因数大，曲挠性好，不易松弛	适用于大功率传动，薄型可用于高速传动

2. 平带的接头方式及应用

平带的接头方式有胶合、缝合、铰链带扣等，如图 2-7 所示。经胶合或缝合的接头，传动时冲击小，传动速度可以高一些。铰链带扣式接头传递的功率较大，但传递的速度不高，否则会引起强烈的冲击和振动。当传动速度高时（$v\geqslant25$ m/s），可采用轻而薄的高速平带；当传递功率较小时，可采用编织平带（编织平带是由纤维线编织成的无接头平带）；当传递功率较大时，可采用由锦纶片或涤纶绳作为承载层、工作面上贴铬鞣革或挂胶帆布的无接头复合平带。

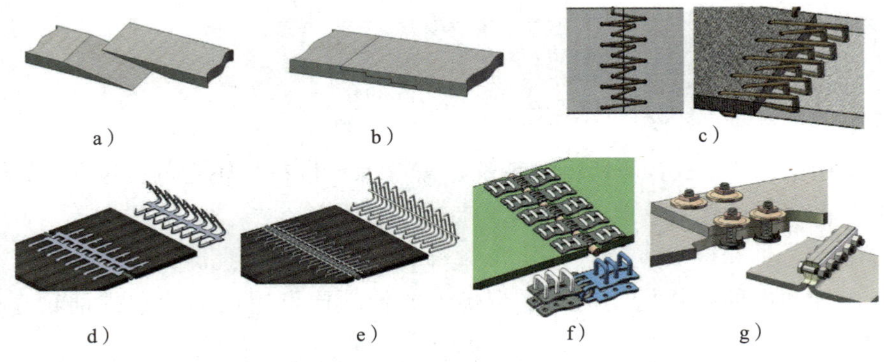

图 2-7 平带的接头方式

a）皮革平带的胶合 b）帆布芯平带的胶合 c）用肠弦线缝合

d）狼牙扣接头 e）铁丝钩接头 f）强力扣接头 g）螺栓接头

复合平带（又称高强度传动带）的产品克服了原平带的种种不足，其诸多优点得以充分发挥。例如，在纺织行业中，平带传动最为典型的应用是纺织龙带，其应用广泛，如用在加弹机、转杯纺纱机和一些环锭细纱机等重要设备上，证明了新型平带产品的优异性能。

三、平带传动的主要参数

1. 包角 α

包角 α 是指带与带轮接触弧所对的圆心角，如图 2-1 所示。包角 α 的大小反映带与带轮轮缘表面间接触弧的长短。包角 α 越小，接触弧长越短，接触面间所产生摩擦力也就越小。为了提高平带传动的承载能力，包角 α 不能太小，一般要求 $\alpha \geqslant 150°$。由于大带轮上的包角 α_2 总是比小带轮上的包角 α_1 大，因此，只需验算小带轮上的包角 α_1 是否满足要求即可。小带轮上包角 α_1 的计算方法如下：

开口传动
$$\alpha_1 \approx 180° - \frac{d_2 - d_1}{a} \times 60° \tag{2-1}$$

交叉传动
$$\alpha_1 \approx 180° + \frac{d_2 + d_1}{a} \times 60° \tag{2-2}$$

半交叉传动
$$\alpha_1 \approx 180° + \frac{d_1}{a} \times 60° \tag{2-3}$$

式中 d_1——小带轮直径，mm；

d_2——大带轮直径，mm；

a——中心距，mm。

2. 带长 L

平带的带长是指带的内周长度，其计算方法如下：

开口传动
$$L = 2a + \frac{\pi}{2}(d_2 + d_1) + \frac{(d_2 - d_1)^2}{4a} \tag{2-4}$$

交叉传动
$$L = 2a + \frac{\pi}{2}(d_2 + d_1) + \frac{(d_2 + d_1)^2}{4a} \tag{2-5}$$

半交叉传动
$$L = 2a + \frac{\pi}{2}(d_2 + d_1) + \frac{d_2^{\,2} + d_1^{\,2}}{2a} \tag{2-6}$$

在实际应用中，按上式计算所得的带长还需考虑平带在带轮上的张紧量、悬垂量（中心距较大时）和平带的接头量。

3. 传动比 i

在不考虑传动中的弹性滑动时，平带传动的传动比可用从动轮和主动轮直径之比计算，即：

$$i = \frac{n_1}{n_2} = \frac{d_2}{d_1} \tag{2-7}$$

式中 d_1——小带轮直径，mm；

d_2——大带轮直径，mm；

n_1——小带轮转速，r/min；

n_2——大带轮转速，r/min。

受小带轮包角和带传动外廓尺寸的限制，一般平带传动的传动比 $i \leqslant 5$。

4. 中心距 a

当带张紧时，两带轮轴线间的距离称为中心距。开口传动中的实际中心距用下式计算：

$$a = A + \sqrt{A^2 - B} \tag{2-8}$$

式中 $A = \frac{L}{4} - \frac{\pi(d_1 + d_2)}{8}$；

$B = \frac{(d_2 - d_1)^2}{8}$。

任务实施

1. 计算从动轮直径

$$d_2 = id_1 = 600\ \text{mm}$$

2. 计算小带轮包角

$$\begin{aligned}\alpha_1 &\approx 180° - \frac{d_2 - d_1}{a} \times 60° \\ &= 180° - \left(\frac{600\ \text{mm} - 200\ \text{mm}}{1\ 200\ \text{mm}}\right) \times 60° = 160° \geqslant 150°\end{aligned}$$

符合设计要求。

3. 计算带长

$$\begin{aligned}L &= 2a + \frac{\pi}{2}(d_2 + d_1) + \frac{(d_2 - d_1)^2}{4a} \\ &= 2 \times 1\ 200\ \text{mm} + \frac{\pi}{2} \times (600\ \text{mm} + 200\ \text{mm}) + \frac{(600\ \text{mm} - 200\ \text{mm})^2}{4 \times 1\ 200\ \text{mm}} \\ &\approx 3\ 689.3\ \text{mm}\end{aligned}$$

4. 确定平带的类型

该平带传动的传递功率为 2.2 kW，传动比 $i = 3$，两传动轴中心距 $a = 1\ 200$ mm。根据表 2-1，可选用帆布芯平带或编织平带。

练习题

1. 平带传动有哪几种形式？

2. 什么是带传动的传动比？

3. 什么是包角？包角的大小对带传动有何影响？平带传动时，包角一般应不小于多少度？

课题二 V 带传动

学习目标

◎ 了解 V 带、V 带轮的结构和主要参数。
◎ 掌握 V 带传动的设计步骤及计算方法。
◎ 能够根据设备的工作环境、工作要求进行 V 带传动设计。

任务引入

如图 2-8 所示，试设计某车床电动机与主轴箱动力连接的 V 带传动。已知该车床用 Y100L2-4 三相异步电动机驱动，额定功率 $P=3$ kW，转速 $n_1=1\ 420$ r/min，从动轮转速 $n_2=340$ r/min，二班制工作。

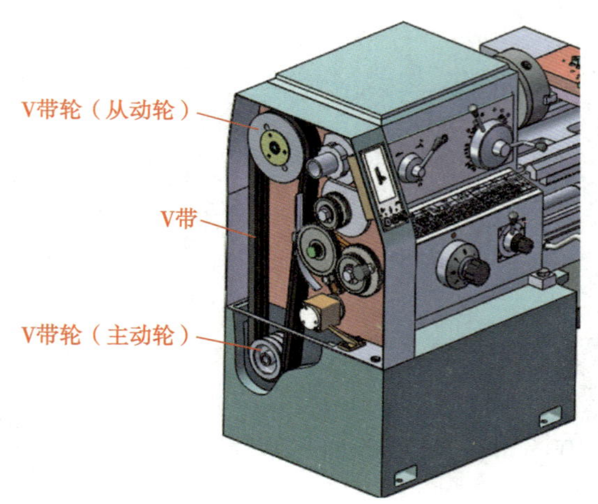

图 2-8　V 带传动

任务分析

在车床中，从电动机到主轴箱之间的传动比并不需要很精确，所以考虑选取带传动。当发生过载时，带可以打滑，有过载保护功能，从而保护电动机、主轴箱内的齿轮等免受剧烈冲击而受损。

与平带传动比较，V 带传动的摩擦力大，因此可以传递较大功率，且其结构紧凑，传动较平稳，是带传动中应用最广的一种传动。

V 带传动设计与平带传动类似，也是根据已知条件来进行分析和计算。需要掌握 V 带的结构、类型、基准长度、V 带轮材料和结构，合理选择 V 带传动的几何参数。

相关知识

V 带传动是由一条或数条 V 带和 V 带轮组成的摩擦传动。V 带安装在相应的轮槽内，仅与轮槽的两侧面接触，而不与轮槽底接触。其多应用于电动机驱动水泵及电动机驱动减速器等场合。

一、V 带

1. V 带的几何参数

（1）节宽 b_p

V 带绕带轮弯曲时，其长度和宽度均保持不变的面层称为中性层，中性层的宽度称为节宽（b_p），如图 2-9 所示。

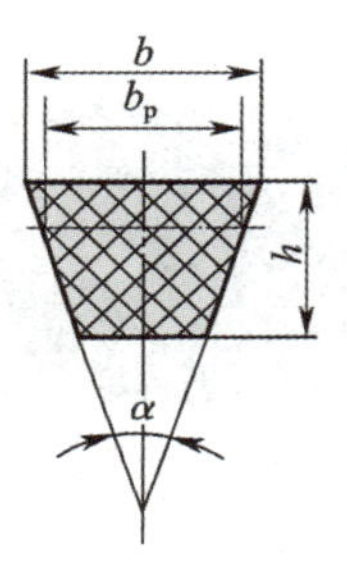

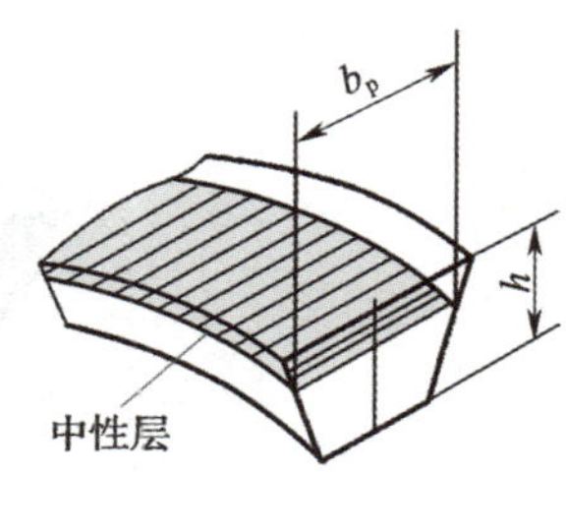

图 2-9　普通 V 带的几何参数

（2）高度 h

梯形轮廓的高度叫作带的高度。

（3）顶宽 b

V 带横截面中梯形轮廓的最大宽度叫作顶宽。

（4）相对高度 h/b_p

带的高度与其节宽之比叫作带的相对高度 h/b_p。对于普通 V 带，其相对高度均为 0.7；窄 V 带、半宽 V 带、宽 V 带的相对高度分别为 0.9、0.5、0.3。

（5）楔角 α

楔角是指 V 带两侧边夹角。V 带的楔角 α 等于 40°。

（6）V 带的基准长度 L_d

V 带的基准长度是 V 带在规定的张紧力下，位于测量带轮基准直径上的周线长度。

国家标准《带传动　普通 V 带和窄 V 带　尺寸（基准宽度制）》（GB/T 11544—2012）中对普通 V 带的基准长度做了具体规定，见表 2-2。

表 2-2　普通 V 带的基准长度（L_d）和带长的修正系数（K_L）

L_d/mm	K_L			L_d/mm	K_L					L_d/mm	K_L				
	Y	Z	A		Z	A	B	C	D		A	B	C	D	E
200	0.81			900	1.03	0.87	0.82			4 000	1.19	1.13	1.02	0.91	
224	0.82			1 000	1.06	0.89	0.84			4 500		1.15	1.04	0.93	0.90
250	0.84			1 120	1.08	0.91	0.86			5 000		1.18	1.07	0.96	0.92
280	0.87			1 250	1.11	0.93	0.88			5 600		1.20	1.09	0.98	0.95
315	0.89			1 400	1.14	0.96	0.90			6 300			1.12	1.00	0.97
355	0.92			1 600	1.16	0.99	0.92	0.83		7 100			1.15	1.03	1.00
400	0.96	0.87		1 800	1.18	1.01	0.95	0.86		8 000			1.18	1.06	1.02
450	1.00	0.89		2 000		1.03	0.98	0.88		9 000			1.21	1.08	1.05
500	1.02	0.91		2 240		1.06	1.00	0.91		10 000			1.23	1.11	1.07
560		0.94		2 500		1.09	1.03	0.93		11 200				1.14	1.10
630		0.96	0.81	2 800		1.11	1.05	0.95	0.83	12 500				1.17	1.12
710		0.99	0.83	3 150		1.13	1.07	0.97	0.86	14 000				1.20	1.15
800		1.00	0.85	3 550		1.17	1.09	0.99	0.89	16 000				1.22	1.18

2. V 带的结构

如图 2-10 所示，V 带是横截面为等腰梯形或近似为等腰梯形的传动带，其结构由顶胶层、抗拉层、底胶层和包布层四部分组成。顶胶层和底胶层采用弹性好的胶料，易于产生弯曲变形；包布层采用胶帆布，较耐磨，起保护作用；抗拉层有帘布芯和线绳芯两种结构，承受带的拉力。

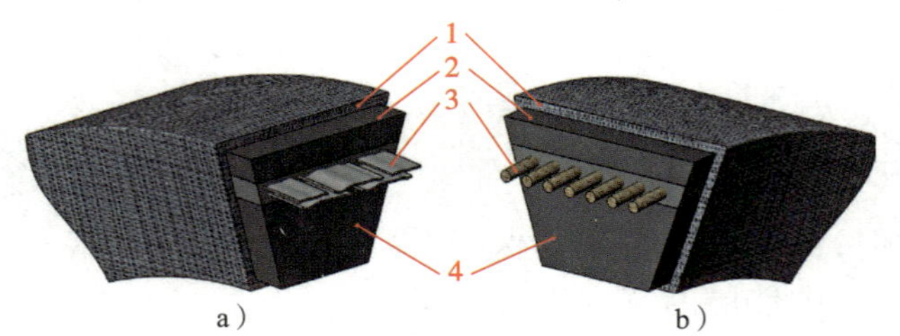

图 2-10　V 带的结构

a）帘布芯结构　b）线绳芯结构

1—包布层　2—顶胶层　3—抗拉层　4—底胶层

3. V 带的类型

常用 V 带的主要类型有普通 V 带、窄 V 带、宽 V 带、半宽 V 带等，它们的楔角 α（V 带两边的夹角）均为 40°。本书主要讨论普通 V 带。

4. 普通 V 带的型号及截面尺寸

普通 V 带分 Y、Z、A、B、C、D、E 七种型号。各种型号普通 V 带的截面尺寸见表 2-3。Y 型 V 带的截面积最小，E 型 V 带的截面积最大。V 带的截面积越大，其传递的功率也越大。

表 2-3　普通 V 带的截面尺寸

截面形状	型号	节宽 b_p/mm	顶宽 b/mm	高度 h/mm	质量 q/(kg · m^{-1})	楔角 α/(°)
b, b_p, h, α	Y	5.3	6.0	4.0	0.02	
	Z	8.5	10.0	6.0	0.06	
	A	11.0	13.0	8.0	0.10	
	B	14.0	17.0	11.0	0.17	40
	C	19.0	22.0	14.0	0.30	
	D	27.0	32.0	19.0	0.62	
	E	32.0	38.0	25.0	0.90	

5. V 带的标注

例如，截面形状为 A 型、基准长度 L_d = 1 400 mm 的普通 V 带，标准号为 GB/T 11544—2012。标记为：A1400　GB/T 11544—2012

二、V 带轮

1. V 带轮的几何名称

（1）V 带轮的基准宽度 b_d

通常基准宽度 b_d 和所配用的 V 带的节面处于同一位置，也就是基准宽度等于节宽，即

$b_d = b_p$，如图 2-11 所示。

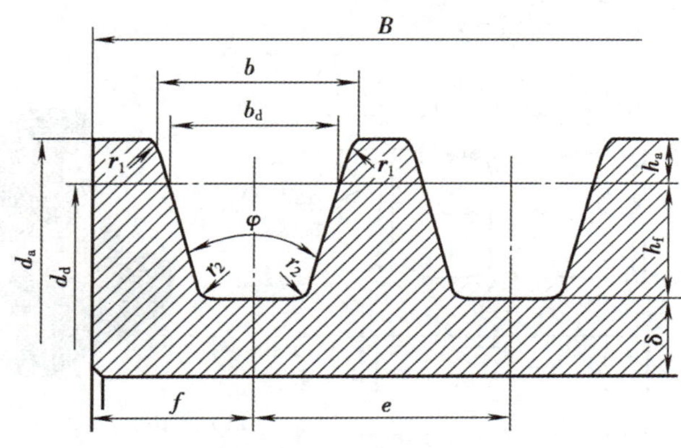

图 2-11 V 带轮的轮槽剖面尺寸

（2）V 带轮的基准直径 d_d

V 带轮轮槽基准宽度处的带轮直径称为基准直径。

（3）槽角 φ

槽角是指轮槽横截面两侧边的夹角。槽角 φ 常取 38°、36°、34°。小直径带轮上 V 带变形严重，φ 值应小些；大带轮的 φ 值应大些。带在带轮上弯曲时产生横向变形，使带的槽角变小，一般取 $\varphi<\alpha$。

2. V 带轮的结构

V 带轮必须满足以下要求：易于制造，质量小且分布均匀，安装对中性好，铸造或焊接时所引起的应力要小，与带接触的轮槽侧面应仔细加工以延长 V 带的使用寿命。不同结构 V 带轮的基准直径参见表 2-4。相应的 V 带轮结构如图 2-12～图 2-15 所示。

表 2-4 不同结构 V 带轮的基准直径（d_d）

带轮结构	实体式 V 带轮	辐板式 V 带轮	孔板式 V 带轮	椭圆轮辐式 V 带轮
使用范围	$d_d \leqslant 200$ mm 或 $d_d \leqslant (1.5\sim3)d_0$（$d_0$ 为轴孔的直径）	$d_d \leqslant 300$ mm	$d_d \leqslant 400$ mm	$d_d > 400$ mm

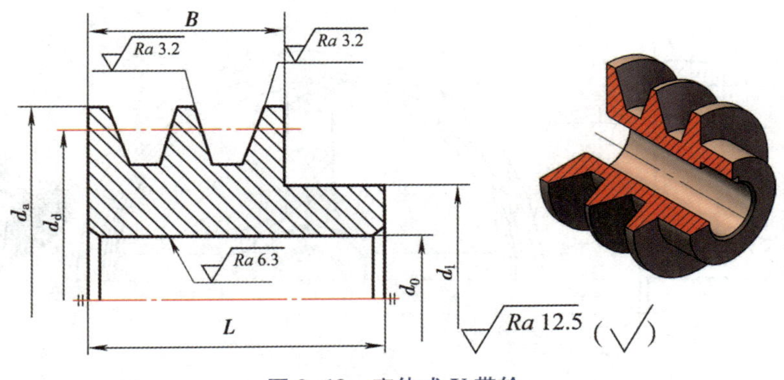

图 2-12 实体式 V 带轮

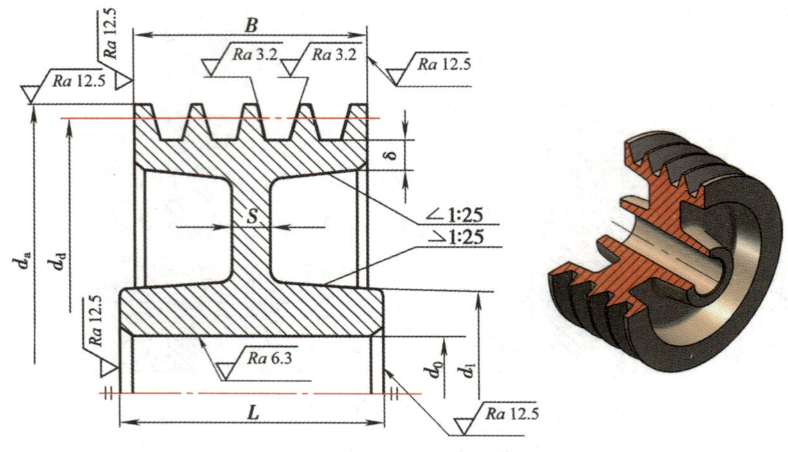

图 2-13 辐板式 V 带轮

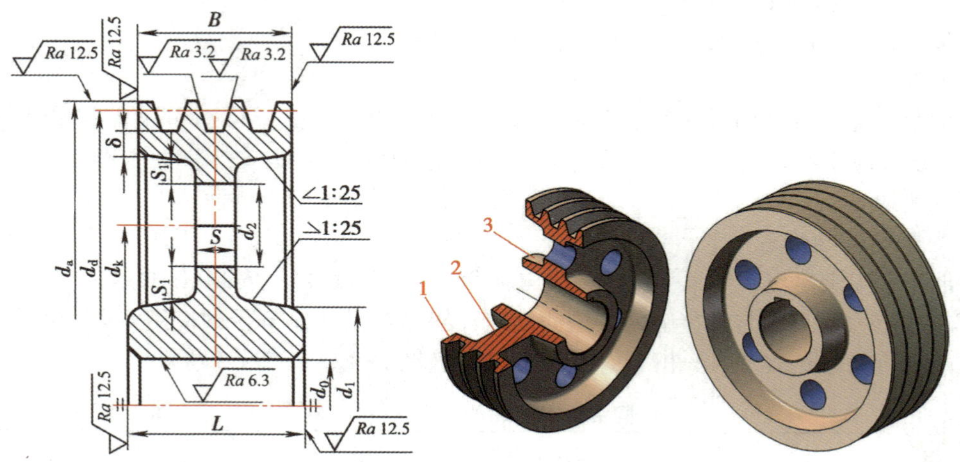

图 2-14 孔板式 V 带轮

1—轮缘 2—轮辐 3—轮毂

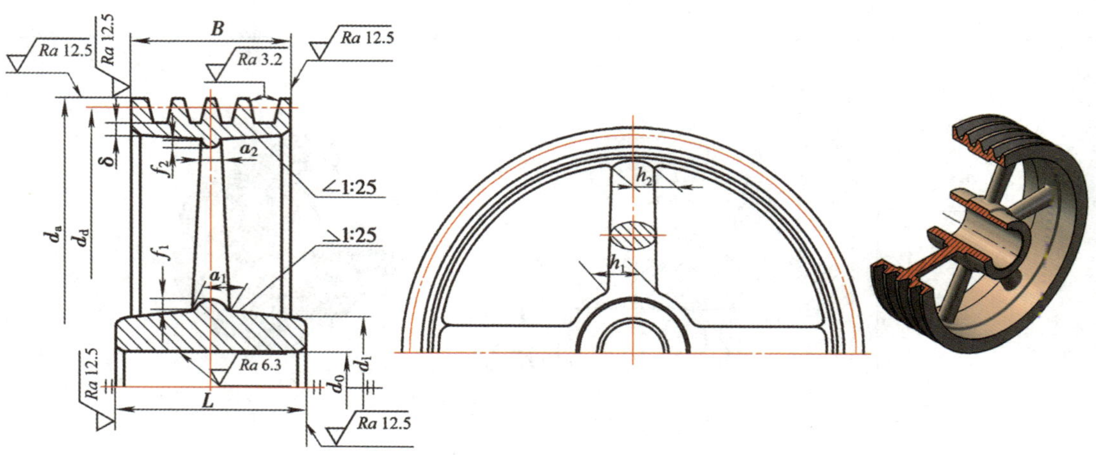

图 2-15 椭圆轮辐式 V 带轮

3. V 带轮的材料

V 带轮的材料根据 V 带轮的线速度或带轮的直径来选取，见表 2-5。

表 2-5　　V 带轮的材料

带轮材料	HT200、HT150	HT200、钢制带轮	钢板焊接式带轮	塑料带轮	铝合金带轮
使用范围	$v \leqslant 30$ m/s	$v > 30$ m/s	$d \geqslant 500$ mm	低速传动，小功率传动，$v < 15$ m/s	高速传动时的带轮

4. V 带轮的轮槽及轮缘的截面尺寸

V 带轮的轮槽及轮缘的截面形状如图 2-11 所示，其主要参数见表 2-6。

表 2-6　　V 带轮的主要参数　　mm

普通 V 带型号			Y	Z	A	B	C	D	E
带轮基准宽度 b_d			5.3	8.5	11	14	19	27	32
带轮最小基准直径 d_{dmin}			20	50	75	125	200	355	500
顶宽 b			6.3	10.1	13.2	17.2	23	32.7	38.7
基准线上槽深 h_{amin}			1.6	2.0	2.75	3.5	4.8	8.1	9.6
基准线下槽深 h_{fmin}			4.7	7.0	8.7	10.8	14.3	19.9	23.4
槽间距 e			8±0.3	12±0.3	15±0.3	19±0.4	25.5±0.5	37±0.6	44.5±0.7
槽中心至轮端面间距 f			7±1	8±1	10^{+2}_{-1}	12.5^{+2}_{-1}	17^{+2}_{-1}	23^{+3}_{-1}	29^{+4}_{-1}
最小轮缘厚度 δ_{min}			5	5.5	6	7.5	10	12	15
轮槽角（°）	32	对应基准直径 d_d	≤60	—	—	—	—	—	—
	34		—	≤80	≤118	≤190	≤315	—	—
	36		>60	—	—	—	—	≤475	≤600
	38		—	>80	>118	>190	>315	>475	>600
带轮外径 d_a			$d_a = d_d + 2h_a$						
轮缘宽度 B			$B=(z-1)e+2f$（z 为轮槽数）						

三、带传动的特点

带传动相对于齿轮传动和链传动具有以下特点：

1. 由于传动带（平带和 V 带）具有很好的挠性，可缓和冲击和吸收振动，所以带传动工作平稳、噪声低。

2. 结构简单、容易制造、成本低廉、使用维护方便。

3. 带传动适用于两轴中心距较大的场合，平带传动比 V 带传动可允许更大的中心距。

4. 在过载时，传动带在带轮上打滑，起到安全保护作用，可以防止薄弱零部件损坏。

5. 带传动的传动效率较低。属于摩擦传动类的带传动，由于滑动的存在，不能保证准确的传动比。

6. 带传动的外廓尺寸较大，结构不够紧凑。

7. V 带的传动比 $i \leqslant 7$，平带的传动比 $i \leqslant 5$。

在平带传动中，平带的截面形状为矩形，内表面为工作面。抗拉强度较大、中心距大、价格便宜、效率较低、传递功率小，在应用上受到了制约。而在 V 带传动中，V 带截面形状为梯形，两侧面为工作面。在相同的带张紧程度下，V 带传动的摩擦力要比平带传动约大 70%，其承载能力比平带传动大，传递功率大、传动能力强、传动平稳、不易振动、结构紧凑。V 带传动现已取代了平带传动，成为常用的带传动装置。

四、带传动作用力的分析

1. 离心拉力 $\boldsymbol{F}_c$

当带绕过带轮，随着带轮的轮缘做圆周运动，将产生离心力，用 $\boldsymbol{F}_c$ 表示。虽然它只产生在带做圆周运动的部分，但由此产生的拉力却作用于带的全长。其值可由下式求得：

$$F_c = qv^2 \tag{2-9}$$

式中 F_c——离心拉力，N；

q——V 带单位长度的质量，kg/m，可由表 2-3 查取；

v——带运行的速度，m/s。

2. 初拉力 $\boldsymbol{F}_0$、紧边拉力 $\boldsymbol{F}_1$、松边拉力 $\boldsymbol{F}_2$ 和有效拉力 $\boldsymbol{F}$

如图 2-16 所示，带传动中带呈环形，并以一定的拉力（称为张紧力，也称初拉力）$\boldsymbol{F}_0$ 套在一对带轮上，使带与带轮相互压紧。带传动不工作时，带两边的拉力相等，合力为零。工作时，带与带轮间的摩擦力使其一边拉力增大到 $\boldsymbol{F}_1$，称为紧边拉力；另一边拉力减小到 $\boldsymbol{F}_2$，称为松边拉力。紧边拉力 $\boldsymbol{F}_1$ 与松边拉力 $\boldsymbol{F}_2$ 之差为有效拉力，用 $\boldsymbol{F}$ 表示。显然，有效拉力 $\boldsymbol{F}$ 就等于带和带轮接触面上的摩擦力 $\boldsymbol{F}_f$。因此有：

$$F = F_1 - F_2 = F_f \tag{2-10}$$

带传动所能传递的功率为：

$$P = Fv \tag{2-11}$$

式中 P——带传动的功率，W；

F——带的有效拉力，N；

v——带运行的速度，m/s。

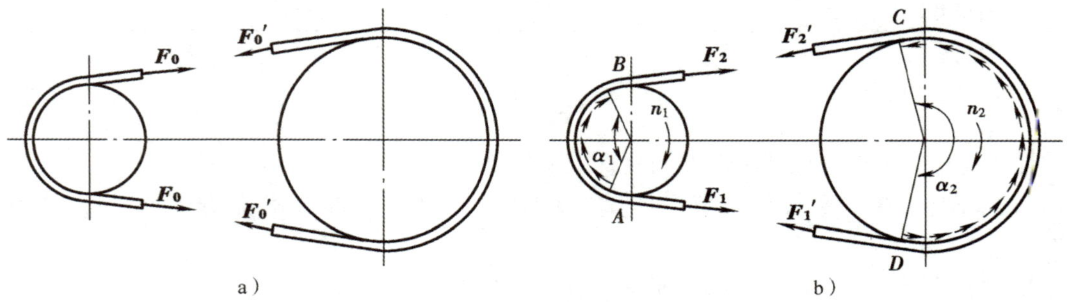

图 2-16 带传动的受力分析

五、带的弹性滑动和打滑

1. 带的弹性滑动

由于带是弹性体，受力不同时其伸长量也不相等，导致带传动发生弹性滑动现象。如

图 2-16b 所示，带自 A 点绕上主动轮时，此时带的速度和带轮表面的速度是相等的，但是，当它沿 $A \to B$ 继续前进时，带的拉力由 F_1 降到 F_2，所以带的拉伸弹性变形也要相应减小，即带在逐渐缩短，带的速度要落后于带轮，因此两者之间必然发生相对滑动。同样的现象也发生在从动轮上，但情况恰好相反，在带绕上从动轮时，带和带轮具有相同的速度，当带沿前进方向运动时，带被拉长，带的速度超过带轮。上述现象称为带的弹性滑动。

2. 带的打滑

当带传递的圆周力超过带与带轮表面之间的极限摩擦力的总和时，带与带轮表面之间将发生显著的相对滑动，称为打滑。带传动由弹性滑动发展到“打滑”，标志着带传动的失效，这是不允许的。因此，带传动的设计依据就是根据不产生打滑现象条件下的最大拖动能力来计算的。打滑是由于过载所引起的带在带轮上的全面滑动，打滑可以避免，而弹性滑动不能避免。对于开式传动，带在大带轮上的包角总是大于小带轮上的包角，所以打滑总是在小带轮上先开始。

3. 滑动率 ε

传动中因带的弹性滑动而引起的从动轮的圆周速度低于主动轮的圆周速度的相对降低率称为滑动率，用 ε 表示，即：

$$\varepsilon=\frac{v_1-v_2}{v_1}=\frac{d_1n_1-d_2n_2}{d_1n_1} \tag{2-12}$$

若考虑 ε 的影响，则带传动的传动比为：

$$i=\frac{n_1}{n_2}=\frac{d_2}{d_1(1-\varepsilon)} \tag{2-13}$$

式中 d_1、d_2——主、从动轮的直径，mm；

n_1、n_2——主、从动轮的转速，r/min。

对于 V 带传动，一般 $\varepsilon=1\%\sim2\%$。在无须精确计算从动轮的机械中，可不计 ε 的影响。弹性滑动是带传动不能保证准确传动比的根本原因。

六、V 带传动设计

带传动的主要失效形式是带传动的打滑和带的疲劳破坏。因此，带传动的设计准则是保证 V 带传动不打滑和 V 带具有足够的疲劳寿命。

1. V 带设计的已知条件

设计 V 带传动时，一般已知条件有：传动的用途和工作情况，传递的功率，主、从动轮的转速，传动对外廓尺寸的要求。

2. 设计方法及步骤

(1) 计算设计功率 P_d

$$P_d=K_AP \tag{2-14}$$

式中 P_d——设计功率，kW；

P——所需传动的功率，kW；

K_A——工况系数，按表 2-7 选取。

表 2-7　　　　工况系数 K_A

工作机工况		K_A					
		空、轻载启动			重载启动		
		每天工作小时数/h					
		<10	10~16	>16	<10	10~16	>16
载荷变动微小	液体搅拌机、通风机和鼓风机（≤7.5 kW）、离心式水泵和压缩机、小负荷输送机	1.0	1.1	1.2	1.1	1.2	1.3
载荷变动小	带式输送机（不均匀负荷）、通风机（≥7.5 kW）、旋转式水泵和压缩机（非离心式）、发电机、金属切削机床、印刷机、旋转筛、锯木机和木工机械	1.1	1.2	1.3	1.2	1.3	1.4
载荷变动较大	制砖机、斗式提升机、往复式水泵和压缩机、起重机、磨粉机、冲剪机床、橡胶机械、振动筛、纺织机械、重载输送机	1.2	1.3	1.4	1.4	1.5	1.6
载荷变动很大	破碎机（旋转式、颚式等）、磨碎机（球磨机、棒磨、管磨）	1.3	1.4	1.5	1.5	1.6	1.8

（2）选择带的型号

普通 V 带的型号根据传动的设计功率 P_d 和小带轮的转速 n_1 选取，如图 2-17 所示（Y 型主要传递运动未列入图内）。

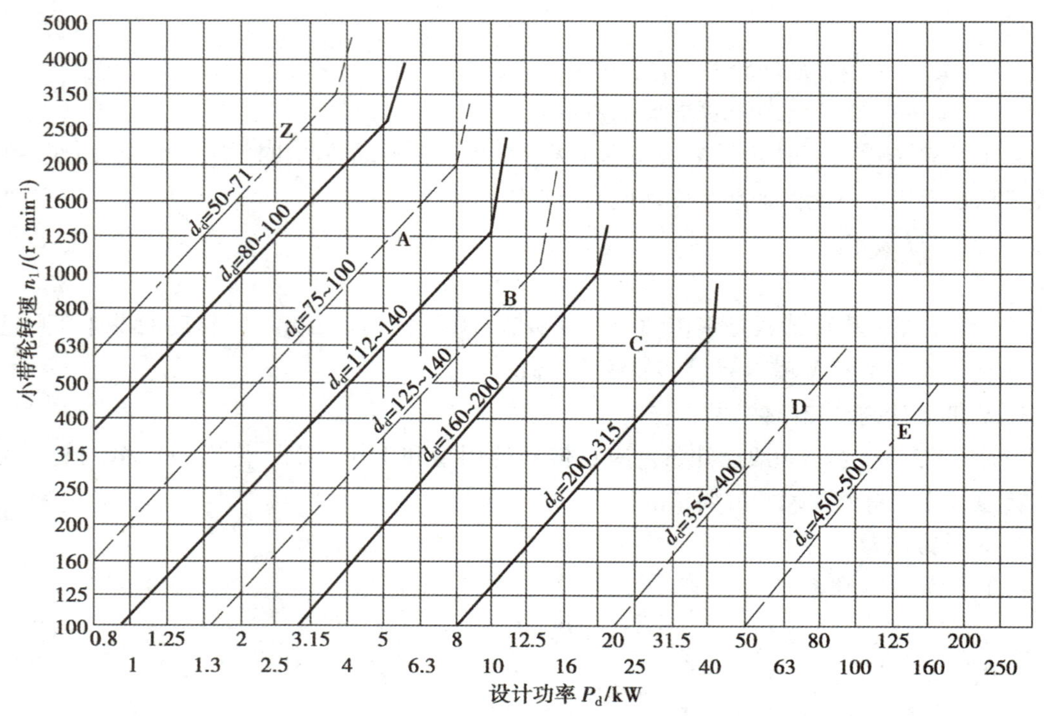

图 2-17　普通 V 带的选型

（3）确定带轮的基准直径

带轮的基准直径不能太小，基准直径越小，传动时 V 带在带轮上弯曲变形越严重，弯曲应力就越大。为此，对各种型号的普通 V 带带轮都规定有最小基准直径 d_{dmin}，即应满足 $d_{d1} \geqslant d_{dmin}$，则大带轮的基准直径 $d_{d2} = id_{d1}$，并取标准值。d_{dmin} 可从表 2-6 查取，并按表 2-8 选取 V 带轮的基准直径。

表 2-8 各种型号 V 带轮基准直径系列 mm

型号	基准直径 d_d													
Y	20	22.4	25	28	31.5	35.5	40	45	50	56	63	71	80	90
	100	112	125											
Z	50	56	63	71	75	80	90	100	112	125	132	140	150	160
	180	200	224	250	280	315	355	400	500	560	630			
A	75	80	(85)	90	(95)	100	(106)	112	(118)	125	(132)	140	150	160
	180	200	224	(250)	280	315	(355)	400	(450)	500	560	630	710	800
B	125	(132)	140	150	160	(170)	180	200	224	250	280	315	355	400
	450	500	560	(600)	630	710	(750)	800	(900)	1 000	1 120			
C	200	212	224	236	250	(265)	280	300	315	(335)	355	400	450	500
	560	600	630	710	750	800	900	1 000	1 120	1 250	1 400	1 600	2 000	
D	355	(375)	400	425	450	(475)	500	560	(600)	630	710	750	800	900
	1 000	1 060	1 120	1 250	1 400	1 500	1 600	1 800	2 000					
E	500	530	560	600	630	670	710	800	900	1 000	1 120	1 250	1 400	1 500
	1 600	1 800	2 000	2 240	2 500									

注：括号内的数字尽量不采用。

（4）验算带速

带速 v 大，则离心拉力大，使最大有效拉力 F_{max} 相应减小，带容易打滑，且离心力增大，影响带的使用寿命。而带速过小，在一定的有效拉力下，带所能传递的功率减小，不能发挥带的传动能力。故一般带速 v 取 5~25 m/s。

$$v=\frac{\pi d_{d1}n_1}{60\times 1\ 000} \tag{2-15}$$

式中 v——V 带的带速，m/s；

d_{d1}——小带轮直径，mm；

n_1——小带轮的转速，r/min。

（5）确定中心距 a 和带的基准长度 L_d

带传动的中心距小，则结构紧凑，但带长相应也短，在一定的带速下，带绕经带轮的次数增多，从而降低带的使用寿命；同时小带轮包角 α 变小，降低传动能力。中心距过大，则与上述情况相反，且高速时易引起带的颤动。因此，一般应按如下经验公式初选中心距 a_0：

$$0.7(d_{d1}+d_{d2}) \leqslant a_0 \leqslant 2(d_{d1}+d_{d2}) \tag{2-16}$$

计算带的基准长度：

$$L_{d0}=2a_0+\frac{\pi}{2}(d_{d2}+d_{d1})+\frac{(d_{d2}-d_{d1})^2}{4a_0} \tag{2-17}$$

然后按照表 2-2 选取接近的基准长度 L_d。

当 L_d 确定后，可按式（2-8）确定中心距 a。由于 V 带传动的中心距一般是可以调整的，也可采用下式近似计算：

$$a \approx a_0+\frac{(L_d-L_{d0})}{2} \tag{2-18}$$

考虑安装调整和补偿初拉力的需要，还应给中心距留出（$a-0.015L_d$）~（$a+0.03L_d$）的调整余量。

（6）验算小带轮包角

由于中心距 a 和大、小带轮的基准直径直接影响小带轮包角 α_1，为此应按下式计算小带轮的包角。

$$\alpha_1=180°-57.3°\times\frac{d_{d2}-d_{d1}}{a} \tag{2-19}$$

对于 V 带传动，小带轮的包角一般要求为：$\alpha_1 \geqslant 120°$。

（7）确定 V 带的根数 z

确定 V 带需要的根数可按下式计算，并取整数。

$$z=\frac{P_d}{(P_1+\Delta P_1)K_\alpha K_L} \tag{2-20}$$

式中 P_1——单根 V 带基本额定功率，kW，见表 2-9；

ΔP_1——计入传动比影响时，单根 V 带所能传递功率的增量，kW；

K_α——小带轮包角修正系数，见表 2-10；

K_L——带长修正系数，见表 2-2。

$$\Delta P_1=0.0001\Delta T n_1 \tag{2-21}$$

式中 ΔT——单根 V 带所能传递的转矩修正值，N·m，见表 2-11；

n_1——主动轮的转速，r/min。

表 2-9　单根 V 带基本额定功率 P_1（载荷平衡、$\alpha_1=\alpha_2=180°$、特定长度） kW

带型	小带轮基准直径 d_{d1}/mm	V 带的带速 v_s/(m·s^{-1})									
		3	6	9	12	15	18	21	24	27	30
Y	20	0.04	0.09	—	—	—	—	—	—	—	—
	28	0.06	0.11	0.15	—	—	—	—	—	—	—
	35.5	0.07	0.12	0.17	—	—	—	—	—	—	—
	40	0.08	0.14	0.18	0.21	—	—	—	—	—	—
	50	0.09	0.16	0.21	0.23	0.25	—	—	—	—	—
Z	50	0.14	0.21	0.29	0.33	0.32	—	—	—	—	—
	56	0.15	0.26	0.33	0.39	0.41	—	—	—	—	—
	63	0.17	0.30	0.40	0.47	0.50	0.49	—	—	—	—
	71、80	0.20	0.33	0.47	0.54	0.61	0.62	0.61	—	—	—
	90	0.21	0.35	0.49	0.56	0.64	0.71	0.71	—	—	—
A	75	0.45	0.72	0.90	1.03	1.09	1.05	0.98	—	—	—
	80	0.52	0.80	1.12	1.34	1.36	1.81	1.26	—	—	—
	90	0.56	0.97	1.30	1.56	1.74	1.86	1.87	1.80	—	—
	100	0.62	1.10	1.47	1.82	2.07	2.25	2.33	2.32	2.20	1.96
	112	0.69	1.22	1.68	2.07	2.39	2.63	2.77	2.83	2.77	2.58
	125	0.75	1.33	1.85	2.29	2.66	2.95	3.16	3.26	3.26	3.13
	140	0.78	1.45	1.98	2.49	2.89	3.26	3.50	3.66	3.71	3.65

续表

带型	小带轮基准直径 d_{d1}/mm	V 带的带速 v_s/(m·s^{-1})									
		3	6	9	12	15	18	21	24	27	30
B	125	0.94	1.60	2.13	2.54	2.82	2.98	2.96	2.79	2.43	1.86
	140	1.07	1.86	2.52	3.06	3.48	3.75	3.88	3.83	3.61	3.61
	160	1.21	2.13	2.93	3.60	4.15	4.56	4.83	4.92	4.82	4.52
	180	1.31	2.34	3.24	4.03	4.68	5.20	5.56	5.76	5.77	5.57
	200	1.42	2.46	3.60	4.48	5.12	5.97	6.13	6.28	6.45	6.43
C	200	1.86	3.20	4.30	5.19	5.84	6.26	6.38	6.22	5.73	4.84
	244	2.09	3.66	5.00	6.11	6.99	7.64	8.01	8.06	7.81	7.15
	250	2.29	4.06	5.60	6.90	7.98	8.83	9.40	9.66	9.60	9.13
	280	2.48	4.43	6.15	7.65	8.90	9.94	10.68	11.11	11.27	10.98
	315	2.84	4.73	6.70	8.34	9.71	10.96	11.70	12.15	12.71	12.69
D	355	4.45	7.78	10.64	12.97	14.83	16.20	17.06	17.25	16.73	15.44
	400	4.94	8.79	12.07	14.91	17.35	19.05	20.27	21.09	21.07	20.21
	450	5.35	9.64	13.34	16.61	19.36	21.67	23.22	24.68	24.84	24.48
	500	5.69	10.31	14.33	17.93	21.08	23.63	25.78	26.95	27.78	27.42
	560	6.03	10.97	15.33	19.27	22.72	25.64	28.57	29.70	30.52	30.95
E	500	6.88	12.09	16.58	20.36	23.52	25.83	27.58	28.19	28.09	26.49
	560	7.46	14.60	18.42	22.84	26.60	29.59	31.73	33.03	33.01	32.41
	630	—	14.44	20.10	25.12	29.36	32.95	35.62	37.59	38.38	37.65
	710	—	15.46	21.64	27.15	32.01	36.06	39.27	41.45	43.00	43.37

表 2-10　小带轮包角修正系数 K_α

小带轮包角/(°)	K_α	小带轮包角/(°)	K_α	小带轮包角/(°)	K_α
180	1	155	0.93	130	0.86
175	0.99	150	0.92	125	0.84
170	0.98	145	0.91	120	0.82
165	0.96	140	0.89		
160	0.95	135	0.88		

表 2-11　单根 V 带所能传递的转矩修正值 ΔT　　N·m

带型	传动比 i							
	1.03~1.07	1.08~1.13	1.14~1.2	1.21~1.3	1.31~1.4	1.41~1.6	1.61~2.39	≥2.4
Y	0.00	0.02	0.03	0.06	0.08	0.1	0.13	0.15
Z	0.08	0.15	0.23	0.30	0.32	0.38	0.4	0.50
A	0.2	0.4	0.6	0.8	0.9	1.0	1.1	1.2
B	0.5	1.1	1.6	2.1	2.3	2.6	2.9	3.1
C	1.5	2.9	4.4	5.8	6.6	7.3	8.0	9.0
D	5.2	10.3	15.5	21.0	23.0	26.0	28.4	31.0
E	10	20	29	39	44	49	53.4	58

(8) 初拉力 F_0

初拉力的大小是保证带传动正常工作的重要因素。若初拉力 F_0 过大，将增大对轴和轴承的压力，并降低带的使用寿命；若初拉力过小，带与带轮间摩擦力过小，易发生打滑。初拉力可按下式进行计算：

$$F_0=\frac{500P_d}{zv}\left(\frac{2.5}{K_\alpha}-1\right)+qv^2 \tag{2-22}$$

式中　F_0——初拉力，N；

P_d——设计功率，kW；

z——V 带根数；

v——带速，m/s；

K_α——小带轮包角修正系数，见表 2-10；

q——V 带单位长度质量，kg/m，见表 2-3。

（9）作用在轴上的载荷 F_Q

为了设计支撑带轮的轴和轴承，需先确定带传动作用在轴上的载荷 F_Q，如图 2-18 所示。F_Q 一般可按下式近似计算：

$$F_Q = 2zF_0 \sin\frac{\alpha_1}{2} \tag{2-23}$$

式中 F_0——单根 V 带的初拉力，N；

z——带的根数；

α_1——主动轮的包角。

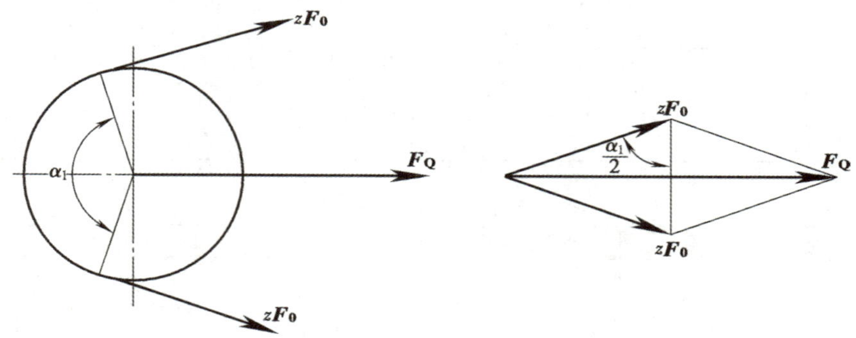

图 2-18 带传动作用在带轮轴上的载荷

任务实施

V 带传动的设计步骤及结果见表 2-12。

表 2-12 V 带传动的设计步骤及结果

序号	计 算 项 目	计算结果	计算依据
1	确定设计功率 P_d （1）已知：$P=3$ kW，查表 2-7 得 $K_A=1.2$ （2）$P_d=K_AP=1.2\times3$ kW$=3.6$ kW	$P_d=3.6$ kW	表 2-7 式（2-14）
2	选用 V 带型号 （1）已知：$P_d=3.6$ kW，$n_1=1\ 420$ r/min （2）由图 2-17 选用 A 型 V 带	A 型	图 2-17
3	选用带轮直径 d_{d1}、d_{d2} （1）由表 2-6 可知 A 型 V 带轮最小基准直径 $d_{dmin}=75$ mm，为了提高 V 带使用寿命，宜选取较大的直径。由表 2-8 选取 A 型 V 带轮基准直径 $d_{d1}=90$ mm （2）已知 $n_2=340$ r/min，则 $d_{d2}=\frac{n_1}{n_2}d_{d1}=\frac{1\ 420\ \text{r/min}}{340\ \text{r/min}}\times90$ mm$=375.88$ mm 由表 2-8 选取 $d_{d2}=355$ mm	$d_{d1}=90$ mm $d_{d2}=355$ mm	表 2-6 表 2-8

续表

序号	计 算 项 目	计算结果	计算依据
4	验算 V 带速度 由式（2-15）得 $v=\frac{\pi d_{d1}n_1}{60\times1\ 000}=\frac{3.14\times90\times1\ 420}{60\times1\ 000}\ \text{m/s}\approx6.69\ \text{m/s}$ 速度在 5~25 m/s 范围内，符合要求	$v=6.69$ m/s 符合要求	式（2-15）
5	确定 V 带的基准长度 L_d 和中心距 a （1）确定 V 带的基准长度 L_d 由式（2-16）　$0.7(d_{d1}+d_{d2})\leqslant a_0\leqslant2(d_{d1}+d_{d2})$ $0.7\times(90\ \text{mm}+355\ \text{mm})\leqslant a_0\leqslant2\times(90\ \text{mm}+355\ \text{mm})$ $311.5\ \text{mm}<a_0<890\ \text{mm}$ 初定中心距 $a_0=450$ mm 由式（2-17）计算初定中心距 $a_0=450$ mm 时相应的长度 L_{d0} $L_{d0}=2a_0+\frac{\pi}{2}(d_{d2}+d_{d1})+\frac{(d_{d2}-d_{d1})^2}{4a_0}$ $=2\times450\ \text{mm}+\frac{3.14}{2}\times(90\ \text{mm}+355\ \text{mm})+\frac{(355\ \text{mm}-90\ \text{mm})^2}{4\times450\ \text{mm}}\approx1\ 637.65\ \text{mm}$ 由表 2-2 选取带的基准长度 $L_d=1\ 600$ mm （2）确定中心距 a 由式（2-8）得 $A=\frac{L_d}{4}-\frac{\pi(d_{d1}+d_{d2})}{8}=\frac{1\ 600}{4}\ \text{mm}-\frac{3.14\times(90+355)}{8}\ \text{mm}\approx225.34\ \text{mm}$ $B=\frac{(d_{d2}-d_{d1})^2}{8}=\frac{(355\ \text{mm}-90\ \text{mm})^2}{8\ \text{mm}}\approx8\ 778.13\ \text{mm}$ $a=A+\sqrt{A^2-B}=225.34\ \text{mm}+\sqrt{225.34^2-8\ 778.13}\ \text{mm}\approx430.28\ \text{mm}$	$L_d=1\ 600$ mm $a=430.28$ mm	式（2-8） 式（2-16） 式（2-17） 表 2-2
6	验算主动轮的包角 由式（2-19）得 $\alpha_1=180°-57.3°\times\frac{d_{d2}-d_{d1}}{a}=180°-57.3°\times\frac{355\ \text{mm}-90\ \text{mm}}{430.28\ \text{mm}}\approx144.7°>120°$	$\alpha_1=144.7°>120°$ 满足要求	式（2-19）
7	计算 V 带的根数 由式（2-20） $z=\frac{P_d}{(P_1+\Delta P_1)K_\alpha K_L}$ 由 $v=6.69$ m/s，$d_{d1}=90$ mm 查表 2-9 用内插法得　$P_1=1.05$ kW 由式（2-21）　$\Delta P_1=0.000\ 1\Delta T n_1$ 查表 2-11，因传动比 $i=\frac{n_1}{n_2}=\frac{1\ 420\ \text{r/min}}{340\ \text{r/min}}\approx4.18>2.4$，则 $\Delta T=1.2\ \text{N}\cdot\text{m}$ $\Delta P_1=0.000\ 1\Delta T n_1=(0.000\ 1\times1.2\times1\ 420)\ \text{kW}\approx0.17\ \text{kW}$ 查表 2-10 得　$K_\alpha=0.91$ 查表 2-2 得　$K_L=0.99$，则 $z=\frac{P_d}{(P_1+\Delta P_1)K_\alpha K_L}=\frac{3.6\ \text{kW}}{(1.05+0.17)\ \text{kW}\times0.91\times0.99}\approx3.28$ 取 $z=4$	$z=4$	表 2-2 表 2-9 表 2-10 表 2-11 式（2-20） 式（2-21）
8	计算初拉力 F_0，由式（2-22） $F_0=\frac{500P_d}{zv}\left(\frac{2.5}{K_\alpha}-1\right)+qv^2$ 查表 2-3 得　$q=0.1$ kg/m $F_0=\left[\frac{500\times3.6}{4\times6.69}\left(\frac{2.5}{0.91}-1\right)+0.1\times6.69^2\right]\ \text{N}\approx122\ \text{N}$	$F_0=122$ N	表 2-3 式（2-22）

续表

序号	计 算 项 目	计算结果	计算依据
9	计算轴上的载荷 F_Q 由式（2-23）得 $F_Q=2zF_0\sin\frac{\alpha_1}{2}=\left(2\times4\times122\times\sin\frac{144.7^\circ}{2}\right)\text{ N}\approx930.06\text{ N}$	$F_Q=930.06\text{ N}$	式（2-23）
10	绘制 V 带轮的工作图（略）		

知识链接

一、普通 V 带的正确使用

正确安装、调整、使用和维护是保证 V 带传动正常工作和延长其使用寿命的有效措施。因此，必须注意以下几点：

1. 选用普通 V 带时，要注意 V 带的型号和基准长度，以保证 V 带在轮槽中的正确位置。V 带顶面和带轮轮槽顶面平齐，如图 2-19a 所示（新安装时 V 带顶面可略高出一点），这样，V 带和轮槽的工作面之间可充分接触。若高出轮槽顶面太多，如图 2-19b 所示，则因工作面的实际接触面积减小，使传动能力降低；若低于轮槽顶面过多，如图 2-19c 所示，会使 V 带与轮槽底面接触，则 V 带传动会因两侧工作面接触不良而使摩擦力锐减甚至丧失。

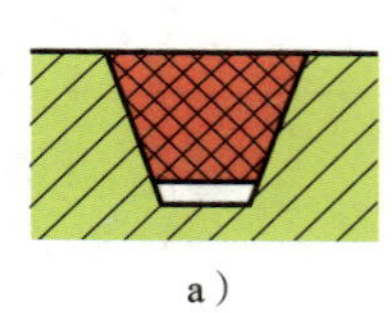
a）

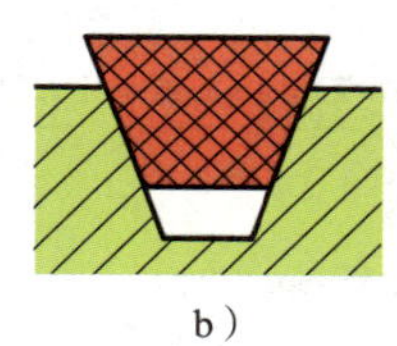
b）

c）

图 2-19 V 带在轮槽中的位置
a）安装正确 b）、c）安装不正确

2. 安装带轮时，各带轮轴线应相互平行，各带轮相对应的 V 形槽的对称平面应重合，误差不得超过 20′，如图 2-20 所示。

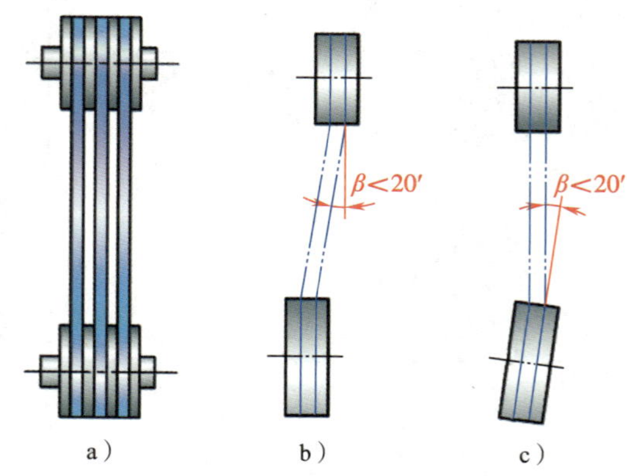

图 2-20 V 带和 V 带轮的安装
a）两带轮位置正确 b）、c）带轮安装位置允差

3. V 带的张紧程度要适当，不宜过松或过紧。过松则不能保证足够的张紧力，传动时容易打滑，传动能力不能充分发挥；过紧则带的张紧力过大，传动中的磨损加剧，使带的使用寿命缩短。实践经验表明在中等中心距的情况下，V 带安装后，用拇指能将带按下 15 mm 左右，则表示张紧程度合适，如图 2-21 所示。

图 2-21 V 带的张紧程度

二、带传动的张紧装置

带传动中，由于传动带长期受到拉力的作用，会产生永久变形而伸长，使带由张紧变为松弛，张紧力逐渐减小，导致传动能力降低，甚至无法传动。因此，为了保持带的传动能力，必须重新张紧。常用的张紧方法有两种，即调整中心距和使用张紧轮。

1. 调整中心距

调整中心距的张紧装置有带的定期张紧装置和带的自动张紧装置两种。

（1）带的定期张紧装置

如图 2-22 所示为带的定期张紧装置，一般是利用螺钉来调整两带轮轴线间的距离。如图 2-22a 所示，将装有带轮的电动机固定在滑座上，旋转调整螺钉使滑座沿滑槽移动，将电动机推到所需位置，使带达到预期的张紧程度，然后固定。这种张紧方法适用于水平传动或接近水平的传动。如图 2-22b 所示为垂直或接近垂直传动时采用的定期张紧方式，装有带轮的电动机安装在可以摆动的托架上，旋转调节螺母使托架绕固定轴摆动，达到调整中心距使带张紧的要求。

（2）带的自动张紧装置

如图 2-23 所示，将装有带轮的电动机固定在浮动的摆架上，利用电动机及摆架的自重，使带轮随同电动机绕固定轴摆动，自动保持张紧力。这种方法多用在小功率的传动中。

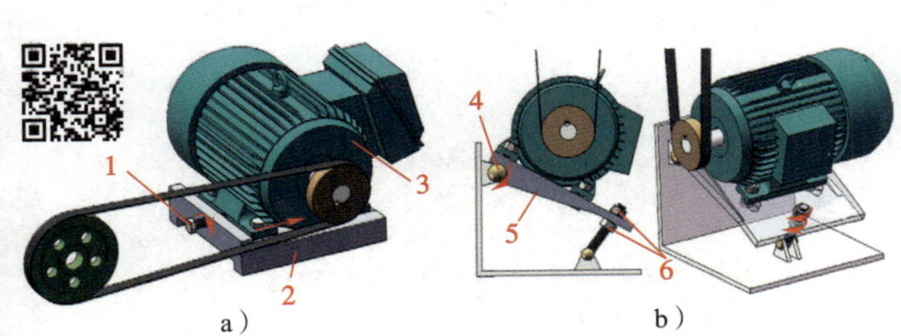

图 2-22 带的定期张紧装置

a）水平传动 b）垂直传动

1—调整螺钉 2—滑槽 3—电动机 4—固定轴 5—托架 6—调节螺母

图 2-23 带的自动张紧装置

1—摆架 2—固定轴 3—电动机

2. 使用张紧轮

张紧轮是为了改变带轮的包角或控制带的张紧力而压在带上的随动轮。当两带轮的中心距不能调整时，可使用张紧轮装置。

如图 2-24 所示为平带传动时采用的张紧轮装置，它是利用平衡重锤使张紧轮张紧平带。平带传动时，张紧轮应安放在平带松边的外侧，并要靠近小带轮处，这样可以增大小带轮上的包角，提高平带传动的传动能力。

如图 2-25 所示为 V 带传动时采用的张紧轮装置。V 带传动中使用的张紧轮应安放在 V 带松边的内侧。张紧轮若放在 V 带的外侧，V 带在传动时受双向弯曲会影响使用寿命；若放在 V 带的内侧，传动时 V 带只受单方向的弯曲，但会引起小带轮上包角的减小，影响带的传动能力。因此，应使张紧轮靠近大带轮处，这样可使小带轮上的包角不会减小太多。

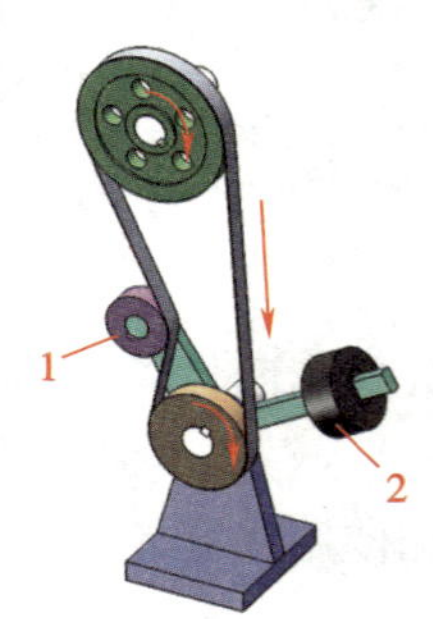

图 2-24　平带传动的张紧轮装置
1—张紧轮　2—平衡重锤

图 2-25　V 带传动的张紧轮装置

练习题

1. 普通 V 带分哪几种型号？各型号截面积的大小次序如何？截面积大小与传递功率有何关系？

2. 普通 V 带的使用和维护注意事项有哪些？

3. 为什么带传动要有张紧装置？常用的张紧方法有哪些？

4. 某机器电动机的带轮基准直径 $d_{d1}=100$ mm，从动轮基准直径 $d_{d2}=250$ mm，设计中心距 $a_0=520$ mm，选用 A 型普通 V 带传动。试计算传动比，验算带轮包角，计算 V 带的基准长度。

5. 在上题中，若电动机转速 $n_1=1\ 450$ r/min，求从动轮转速 n_2 及 V 带的线速度 v。

课题三　链传动

学习目标

◎ 掌握链传动的传动比及其公式。
◎ 了解链轮的结构、基本参数和材料。
◎ 掌握滚子链的结构及主要参数。
◎ 了解链传动的应用场合、布置原则、张紧和润滑方法。
◎ 能够按要求进行简单链传动的设计。

任务引入

如图 2-26 所示，试设计某机械装置用的滚子链传动。已知电动机 Y132M2-6 的功率$P=5.5$ kW，主动链轮转速 $n_1=960$ r/min，从动链轮转速 $n_2=320$ r/min，在工作中有较大冲击。要求中心距 a 小于 650 mm，中心距可调。

图 2-26　某机械装置用的滚子链传动

任务分析

如图 2-27 所示，链传动是一种具有中间挠性件（链条）的啮合传动。由主动链轮 1、链条 2 和从动链轮 3 组成，依靠链轮的轮齿与链条的链节之间的啮合来传递运动和动力。

图 2-27　链传动的组成

1—主动链轮　2—链条　3—从动链轮

与带传动相比，链传动能保持准确的平均传动比，能在高温及油污恶劣和多灰尘环境下工作，使用寿命长、传动效率高、故障率低，因此在很多输送机构中都采用链传动机构。

设计链传动时，可根据给定的电动机功率、主从动轮转速、中心距以及工况要求来确定链条的型号及链轮的结构等。

相关知识

链传动的参数已标准化，在设计时要执行国家标准，使所设计的链传动设备不仅满足使用要求，在维修时也具有良好的互换性，使其经济性达到最好的效果，解决链传动设备中出现的问题。

一、链传动的传动比

链轮的齿数不同，转速也不同，但在单位时间内主动链轮转过的齿数 z_1n_1 与从动链轮转过的齿数 z_2n_2 是相等的。因此，链传动的传动比为：

$$i=\frac{n_1}{n_2}=\frac{z_2}{z_1} \tag{2-24}$$

式中 n_1——主动链轮转速，r/min；

n_2——从动链轮转速，r/min；

z_1——主动链轮齿数；

z_2——从动链轮齿数。

链传动的传动比就是主动链轮与从动链轮的转速之比，也等于其轮齿齿数的反比。

二、滚子链链轮

1. 链轮的基本参数

（1）链轮的节距 p、滚子外径 d_1、排距 p_t 均与配用的链条相同。

（2）链轮的齿数 z 的范围为 9 ~150，优先选用的齿数为 17、19、21、23、25、38、57、76、95 和 114。

（3）链轮的直径尺寸及计算公式见表 2-13。

表 2-13　链轮的直径尺寸及计算公式

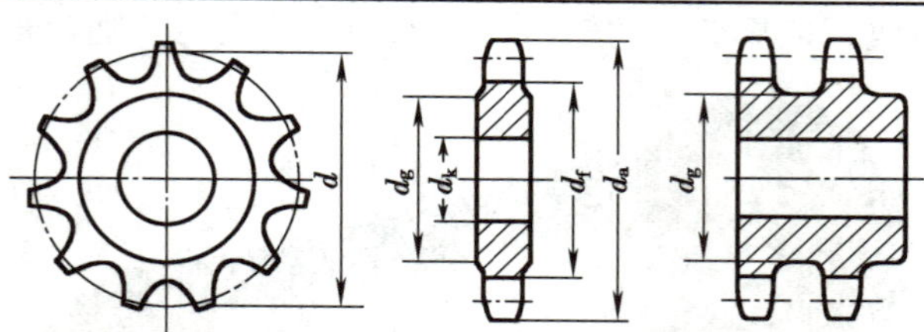

名称	代号	计算公式	备注
分度圆直径	d	$d=p/\sin\frac{180°}{z}$	
齿顶圆直径	d_a	$d_{amax}=d+1.25p-d_1$ $d_{amin}=d+\left(1-\frac{1.6}{z}\right)p-d_1$	1. d_a 可在 d_{amax}、d_{amin} 范围内任意选取 2. d_1 为配用滚子链的滚子外径
齿根圆直径	d_f	$d_f=d-d_1$	
齿侧凸缘（或排间槽）直径	d_g	$d_g=p\cot\frac{180°}{z}-1.04h_2-0.76$	h_2 为配用滚子链的内链板高度

2. 链轮齿形、结构和材料

（1）链轮齿形

链轮齿形对链条与链轮齿之间的啮合质量有很大影响。正确的齿形应能保证链条顺利进入和退出啮合，不易脱链，各齿受力均匀并便于加工。链轮齿形可分为端面齿形（齿槽形状）和轴面齿形，均已标准化。

（2）链轮结构

常用链轮的结构形式如图 2-28 所示。按链轮直径的不同可采用实心式、辐板式、轮辐式、齿圈式等结构。选用多排链时，可采用多排轮，如图 2-28e 所示。

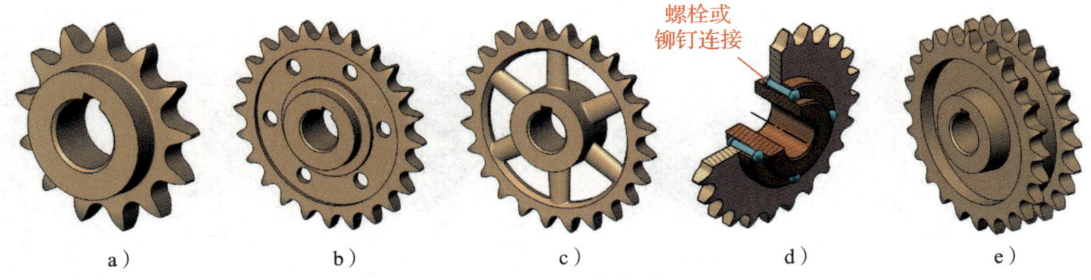

图 2-28 链轮的结构形式

a）实心式 b）辐板式 c）轮辐式 d）齿圈式 e）双排辐板式

（3）链轮材料

链轮材料应满足强度和耐磨性要求，通常根据链轮尺寸大小和工作条件选择链轮材料及应用范围，见表 2-14。

表 2-14 链轮常用材料及应用范围

材料	热处理	齿面硬度	应 用 范 围
15 钢、20 钢	渗碳、淬火、回火	50～60HRC	$z \leq 25$ 有冲击载荷的链轮
35 钢	正火	160～200HBW	$z>25$ 的主、从动链轮，低速、轻载及平稳传动
40 钢、50 钢、45Mn、ZG310-570	淬火、回火	40～50HRC	无剧烈冲击、振动和要求耐磨的主、从动链轮，中速、中载
15Cr、20Cr	渗碳、淬火、回火	55～60HRC	$z<30$ 传递较大功率的重要链轮，中速、中载
40Cr、35SiMn、35CrMo	淬火、回火	40～50HRC	要求强度较高和耐磨损的重要链轮
Q235、Q255	焊接后退火	≈140HBW	中、低速，功率不大的较大链轮
HT200	淬火、回火	260～280HBW	$z>50$ 的从动链轮以及外形复杂或强度要求一般的链轮
夹布胶木	—	—	$P<6$ kW，速度较高，要求传动平稳、噪声低的链轮

三、滚子链链条

1. 滚子链链条的结构

滚子链链条是由链节以铰链副形式串接起来的挠性件。链节是组成链条的基本结构单元。如图 2-29 所示，链节一般可分为外链节、内链节和接头链节（包括连接链节和过渡链节）。滚子链的结构如图 2-30 所示。

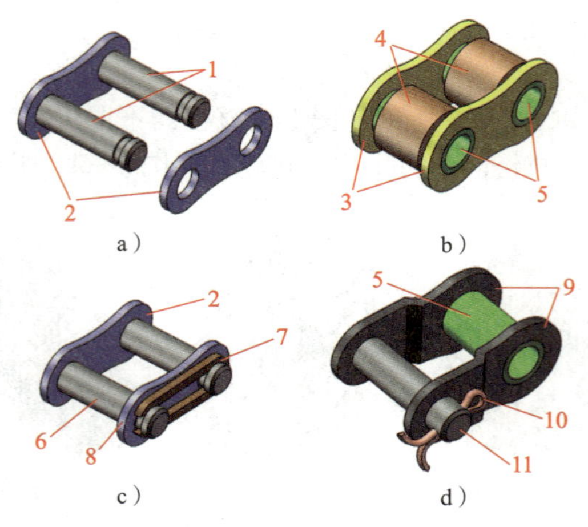

图 2-29 单排滚子链的链节

a）外链节 b）内链节 c）连接链节 d）过渡链节

1—销轴 2—外链板 3—内链板 4—滚子 5—套筒 6—固定连接销轴

7—止锁片（弹簧锁片） 8—可拆链板 9—弯链板 10—止锁件（开口销） 11—可拆连接销轴

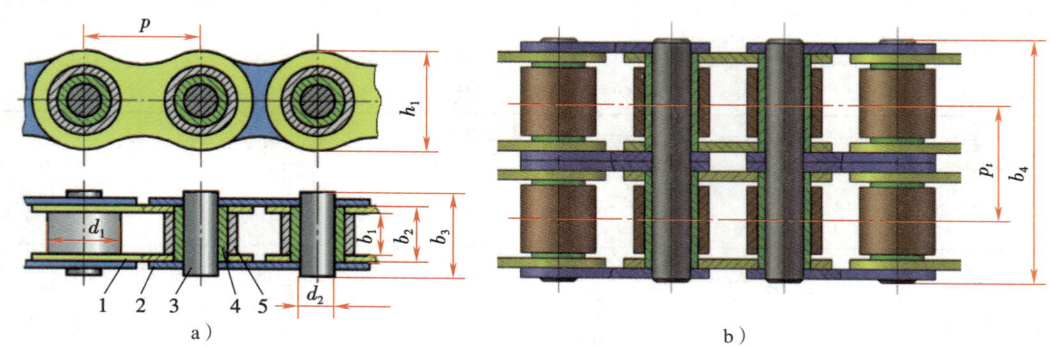

图 2-30 滚子链的结构

a）单排链 b）双排链

1—内链板 2—外链板 3—销轴 4—套筒 5—滚子

当链条的链节数为偶数时，内、外链节交替串接，虽然可以自行封闭，但将给链条的装拆带来困难。为此应改用一个连接链节来替换一个外链节。由于连接链节一侧的外链板 8（见图 2-29c）为可拆链板，它与销轴不是采用过盈配合，而是采用过渡配合，因此装拆方便，专门用作装拆的链节。为防止该外链板在工作过程中脱落，必须加装止锁件将其锁住。常用的止锁件有钢丝锁销、弹簧锁片和开口销等（见图 2-31）。同理，当链节数为奇数时，

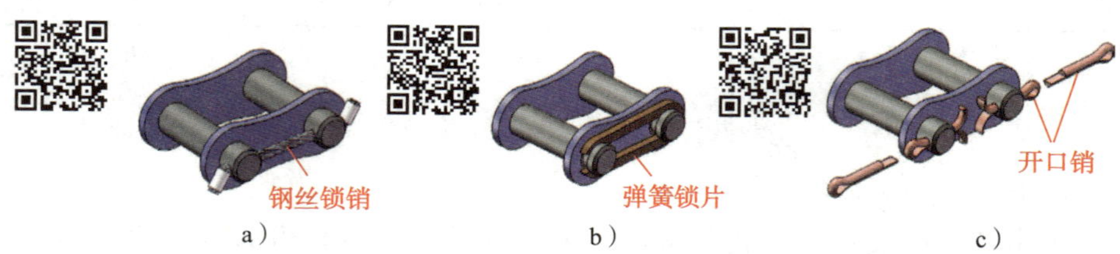

图 2-31 接头链节常用的止锁件

a）钢丝锁销 b）弹簧锁片 c）开口销

可以采用一个带弯板的过渡链节（见图 2-29d）作为装拆链节。由于过渡链节中的弯链板的受力情况不好，所以应尽量不用过渡链节，即链条的链节数应尽量采用偶数，避免采用奇数。

2. 滚子链的主要参数

(1) 节距 p

两相邻链节铰链副理论中心间的距离称为链的节距，如图 2-30 所示。链的节距大，则链的各组成元件的尺寸也大，链所能传递的功率就大，所以节距是链传动中最主要的参数。

(2) 整链链节数 L_p（以下简称链节数）

整链链节数是指整挂链条的链节数，用 L_p 表示。对于多排链，按单排链计算。

(3) 整链总长 l

整链总长是指整链链节数 L_p 与节距 p 的乘积，即 $l=L_pp$。

(4) 排距 p_t

排距是指双排链或多排链中，相邻两排链条中心平面间的距离（见图 2-30）。

3. 滚子链的型号（链号）、主要结构尺寸、抗拉载荷及标记

(1) 滚子链型号

滚子链已经标准化，按国家标准 GB/T 1243—2006 规定，共有 32 种型号规格，并分成 A、B、C 三个系列。链的型号用链号数加系列代号 A、B、C 表示。其中链号数表示节距 p×16/25.4 的值，因此由链号数即可求得节距值为 p=链号数×25.4/16。表 2-15 中摘录了 A 系列中 10 种型号的滚子链的主要结构尺寸（见图 2-30）和抗拉载荷。

表 2-15　滚子链的型号、主要结构尺寸和抗拉载荷（GB/T 1243—2006）

链号	节距 p/mm	排距 p_t/mm	滚子外径 d_1/mm 最大	内链节内宽 b_1/mm 最小	销轴直径 d_2/mm 最大	内链节外宽 b_2/mm 最大	销轴长度		内链板高度 h_1/mm 最大	抗拉载荷 F_{lim}/kN		每米质量 q/(kg·m^{-1})
							单排 b_3/mm 最大	双排 b_4/mm 最大		单排	双排	
08A	12.7	14.38	7.92	7.85	3.98	11.18	17.8	32.3	12.07	13.8	27.6	0.6
10A	15.875	18.11	10.16	9.4	5.09	13.84	21.8	39.9	15.09	21.8	43.6	1.0
12A	19.05	22.78	11.91	12.57	5.96	17.75	26.9	49.8	18.08	31.1	62.3	1.5
16A	25.4	29.29	15.88	15.75	7.94	22.61	33.5	62.7	24.13	55.6	111.2	2.6
20A	31.75	35.76	19.05	18.9	9.54	27.46	41.1	77	30.18	86.7	173.5	3.8
24A	38.1	45.44	22.23	25.22	11.14	35.46	50.8	96.3	36.2	124.6	249.1	5.6
28A	44.45	48.87	25.4	25.22	12.71	37.19	54.9	103.6	42.24	169	338.1	7.5
32A	50.8	58.55	28.58	31.55	14.29	45.21	65.5	124.2	48.26	222.4	444.8	10.1
40A	63.5	71.55	39.68	37.85	19.85	54.89	80.3	151.9	60.33	347	693.9	16.1
48A	76.2	87.83	47.63	47.35	23.81	67.82	95.5	183.4	72.39	500.4	1 000.8	22.6

注：使用过渡链节时，其极限拉伸载荷按表中所列数值的 80%计算。对繁重的工况不推荐使用过渡链节。

(2) 滚子链的标记

按 GB/T 1243—2006 制造的滚子链标记规定如下：

标记示例：

1）链号为08A、单排、87节的滚子链标记为：

08A—1—87 GB/T 1243—2006

2）链号为24A、双排、60节的滚子链标记为：

24A—2—60 GB/T 1243—2006

四、链传动的类型

按用途不同，链条可分为传动链、输送链和曳引起重链三类，其用途见表2-16。传动链可分为传动用短节距精密滚子链、传动用短节距精密套筒链和齿形链等，本课题只讨论应用最多的传动用短节距精密滚子链（简称滚子链）。

表2-16 链传动的类型及用途

分类	用 途
传动链	用于在一般机械中传递运动和动力，也用于输送等场合
输送链	用于输送工件、物品和材料，可直接用于各种机械上，也可以组成链式输送机作为一个单元出现
曳引起重链（曳引链）	用以传递力，牵引、悬挂物品，兼做缓慢运动

五、链传动的应用特点

与带传动相比，链传动具有下列特点：

1. 由于是啮合传动，没有弹性滑动和打滑，能保证准确的平均传动比。
2. 传递功率大且张紧力小，作用在轴和轴承上的力小。
3. 与带传动相比，传动效率较高，可达0.92~0.98。结构紧凑、工作较可靠、使用寿命较长。
4. 能在低速、重载和高温条件下，以及尘土、淋水、淋油等不良环境中工作。
5. 能用一根链条同时带动几根彼此平行的轴转动，也适用于距离较远的两平行轴之间的传动。
6. 由于链节的多边形运动，所以瞬时传动比是变化的，瞬时链速不是常数，传动中会产生动载荷和冲击，因此不宜用于精密的传动机械上。
7. 安装和维护要求较高。
8. 链条的铰链磨损后，链条节距变大，传动中链条容易脱落。
9. 无过载保护作用。

六、链传动的失效形式

链传动的失效形式有：链板疲劳破坏、铰链的磨损、滚子和套筒的冲击疲劳破坏、销轴与套筒的胶合、链的过载拉断。

七、链传动的应用场合、布置原则、张紧和润滑

1. 链传动的应用场合

链传动的传动比 i 一般小于等于8，低速传动时 i 可达10；两轴中心距 $a \leqslant 6$ m，最大中

心距可达 15 m；传动功率 $P<100$ kW；链条速度 $v\leqslant15$ m/s，高速时可达 20 ~ 40 m/s。

链传动可以用于两轴平行、中心距较远、传递功率较大且平均传动比要求准确、不宜采用带传动或齿轮传动的场合。链传动在轻工机械、农业机械、石油化工机械、运输起重机械及机床、汽车、摩托车和自行车等机械传动中得到广泛应用。

2. 链传动的合理布置原则

（1）两链轮应位于同一垂直面内，并保持两轮轴线相互平行。

（2）两轮中心线与水平线的夹角 φ 应小于 45°，并尽量采用水平布置（$\varphi=0°$），如图 2-32 所示。

（3）一般情况下，链传动应紧边在上，松边在下（与带传动相反），有利于防止咬链或两边链条相碰。

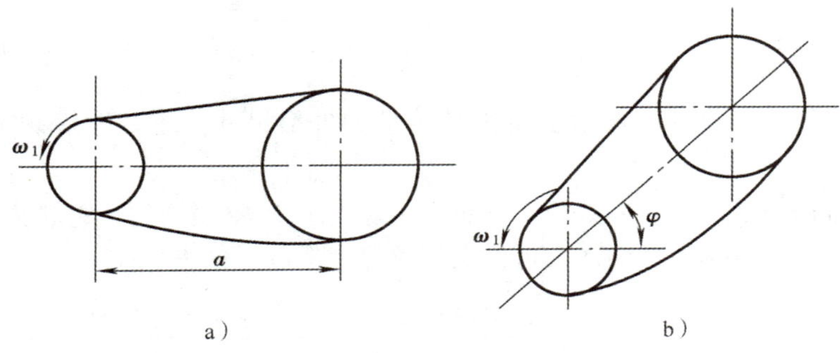

图 2-32 链传动的布置

3. 链传动的张紧

链传动在使用过程中，会因为链节铰链的磨损使节距增大，从而使链条松弛、垂度变大，影响正常传动，为此必须进行张紧。链传动的张紧方法与带传动相似。

（1）调整中心距张紧。同带传动类似。

（2）用张紧轮（链轮或滚轮）张紧。张紧轮直径应稍小于小链轮直径，并置于松边外侧靠近小链轮处。

4. 链传动的润滑

润滑对于链传动，尤其是高速、重载的链传动非常重要。润滑不良将加速链条的磨损，甚至导致胶合，严重影响链传动的质量和使用寿命。为此应根据链条速度和链条节距，从图 2-33 中的四种润滑方式中选择。

八、链传动的设计

1. 选择链轮齿数 z_1、z_2

齿数的选择原则是不宜太少，也不宜过多。

（1）当小链轮齿数 z_1 过少时，可以减小轮廓尺寸。缺点是：传动的不均匀性和附加动载荷增大；链条进入和退出啮合时，链节间的相对转角增大，加速铰链的磨损失效；在节距和传递功率一定的条件下，链所需传递的圆周力增大，加速链条和链轮的损坏。

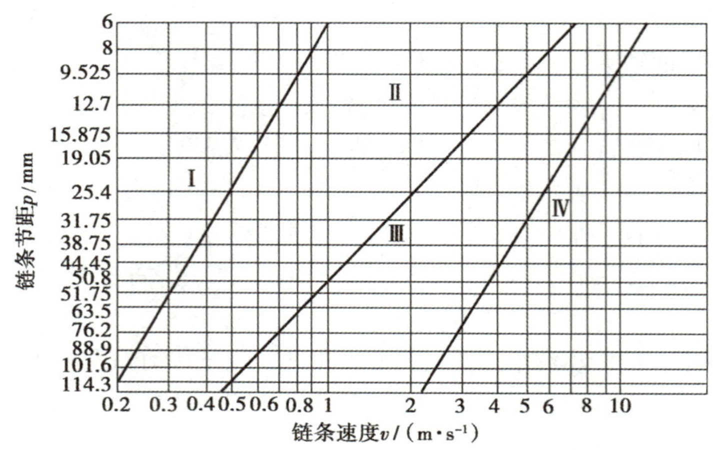

图 2-33 润滑方式的选择

Ⅰ—用油壶或油刷人工定期加油　Ⅱ—用油杯滴油润滑　Ⅲ—油浴或飞溅润滑　Ⅳ—压力润滑

（2）当链轮齿数过多时，不仅会增大链传动的外形尺寸，还将缩短链条的使用寿命。链轮的最大齿数 $z_{max}=120$。

（3）由于链条节数一般为偶数，为使链条和链轮齿的磨损均匀，链轮齿数一般取与链条节数互质的奇数。小链轮的齿数 z_1 可依据链条速度选取，见表 2-17。

表 2-17　小链轮的齿数 z_1

链速 $v/(m \cdot s^{-1})$	0.6~3	3~8	>8
齿数 z_1	≥15~17	≥19~21	≥23~25

2. 选择传动比

传动比过大时，会导致小链轮包角过小，同时啮合齿数减少，将加速链轮轮齿的磨损且容易出现跳齿现象，故包角最好不小于 120°。为此，限制传动比 $i \leq 7$，推荐 $i=2\sim3.5$。

3. 选择链条的节距和排数

链条节距的大小反映了链条和链轮各部分尺寸的大小。在一定条件下，链条节距越大，承载能力就越大，相应产生的冲击、振动、噪声也越严重。所以设计链传动时，在满足承载能力的条件下，为使结构紧凑、使用寿命长，应尽量选取小节距单排链。在高速、大功率时，可选取小节距多排链。当中心距小，传动比大时，选取小节距多排链，以使小链轮有一定的啮合齿数。当中心距大，传动比小而速度不太高时，可选用大节距单排链。

链条的节距可根据传递功率 P 按下式算出额定功率 P_0 后，从图 2-34 中选择。

$$P_0=\frac{K_A P}{K_z K_L K_m} \tag{2-25}$$

式中　P——传递功率，kW；

K_A——工况系数，见表 2-18；

K_z——小链轮齿数系数，见表 2-19；

K_L——链长系数，见表 2-19；

K_m——多排链排数系数，见表 2-20。

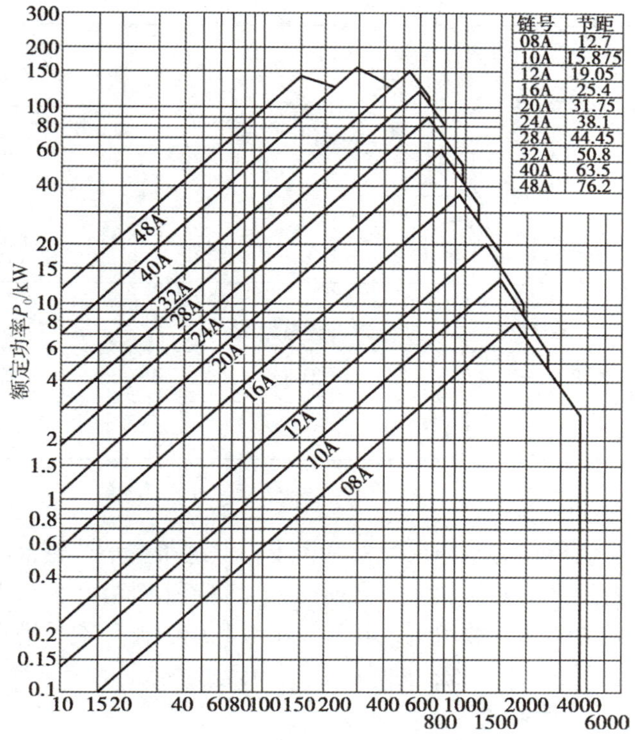

图 2-34 A 系列滚子链的额定功率曲线

表 2-18　　工况系数 K_A

工作情况		动力机种类		
		内燃机（液力传动）	电动机或汽轮机	内燃机（机械传动）
平稳载荷	液体搅拌机、中小型离心式鼓风机、离心式压缩机、谷物机械、均匀负载输送机、发电机、均匀负载不反转的一般机械	1.0	1.1	1.2
中等冲击	半液体搅拌机、三缸以上往复压缩机、大型或不均匀负载输送机、中型起重机和升降机、金属切削机床、食品机械、木工机械、印染纺织机械、大型风机、不反转的一般机械	1.2	1.3	1.4
严重冲击	船用螺旋桨、制砖机、单缸或双缸往复压缩机、挖掘机、往复式或振动式输送机、破碎机、重型起重机、石油钻井机械、锻压机械、线材拉拔机械、冲床、严重冲击或有反转的机械	1.4	1.5	1.7

表 2-19 小链轮齿数系数 K_z 和链长系数 K_L

在图 2-34 中的位置	位于功率曲线顶点左侧时（链板疲劳）	位于功率曲线顶点右侧时（滚子套筒冲击疲劳）
小链轮齿数系数 K_z	$\left(\frac{z_1}{19}\right)^{1.08}$	$\left(\frac{z_1}{19}\right)^{1.5}$
链长系数 K_L	$\left(\frac{L_p}{100}\right)^{0.26}$	$\left(\frac{L_p}{100}\right)^{0.5}$

表 2-20 多排链排数系数 K_m

排数 m	1	2	3	4	5	6
排数系数 K_m	1	1.7	2.5	3.5	4.0	4.6

4. 计算中心距和链条节数

若中心距过小，虽然传动的整体尺寸相对较小，但链条在小链轮上的包角变小，啮合齿数减少，分担在每个轮齿上的载荷加大，磨损增大，易产生跳齿和脱链现象；当链条速度不变时，单位时间内链条的绕转次数增多，其伸曲次数和应力循环次数增多，加剧链条的磨损和疲劳。反之，若中心距过大，因松边垂度过大，传动时会发生上下颤动现象。在设计时，一般取 $a_0=(30\sim50)p$，最大可取为 $a_{max}=80p$。

链条长度可用链节数 L_p 表示：

$$L_p=\frac{2a_0}{p}+\frac{z_1+z_2}{2}+\frac{p}{a_0}\left(\frac{z_2-z_1}{2\pi}\right)^2 \tag{2-26}$$

为了避免使用过渡链节，链节数取偶数。

链的计算中心距 a 为：

$$a=\frac{p}{4}\left[L_p-\frac{z_1+z_2}{2}+\sqrt{\left(L_p-\frac{z_1+z_2}{2}\right)^2-8\left(\frac{z_2-z_1}{2\pi}\right)^2}\right] \tag{2-27}$$

链的实际中心距 a' 为：

$$a'=a-\Delta a \tag{2-28}$$

对于中心距可调的链传动，为保证松边有一定的安装垂度，应使实际中心距比计算中心距小 Δa。一般取 $\Delta a=(0.002\sim0.004)a$。对中心距不可调的和没有张紧装置的链传动，中心距应准确计算。

5. 计算链条作用在轴上的载荷 F_Q

$$F_Q=(1.15\sim1.2)\frac{1\,000P}{v} \tag{2-29}$$

式中 F_Q——作用在轴上的载荷，N；

P——传递功率，kW；

v——链条的速度，m/s。

6. 低速链传动的静强度计算

当链条速度 v < 0.6 m/s 时，链条的过载拉断为链传动的主要失效形式。因此，设计时

按静强度计算，此时应满足：

$$\frac{mF_{\lim}}{F_1K_A} \geqslant S \tag{2-30}$$

式中 $F_{\lim}$——见表 2-15；

F_1——链的紧边工作拉力，N；

K_A——工作情况系数，见表 2-18；

m——排数；

S——安全系数，一般取 $S=4\sim7$。

任务实施

根据前面的学习，任务引入中的设计步骤及结果见表 2-21。

表 2-21　链传动的设计步骤及结果

序号	计　算　项　目	计算结果	计算依据
1	选择链轮齿数 z_1 设链条速度为 3~8 m/s，由表 2-17 取 $z_1=21$ $z_2=\frac{n_1}{n_2}z_1=\frac{960\ \text{r/min}}{320\ \text{r/min}}\times21=63$	$z_1=21$ $z_2=63$	表 2-17
2	计算链条节数 L_p 初定中心距 $a_0=40p$，由式（2-26）得 $L_p=\frac{2a_0}{p}+\frac{z_1+z_2}{2}+\frac{p}{a_0}\left(\frac{z_2-z_1}{2\pi}\right)^2$ $=\frac{2\times40p}{p}+\frac{21+63}{2}+\frac{p}{40p}\times\left(\frac{63-21}{2\pi}\right)^2$ ≈123.12 取偶数　$L_p=124$ 节	$L_p=124$ 节	式（2-26）
3	计算额定功率 P_0 按式（2-25）得 $P_0=\frac{K_AP}{K_zK_LK_m}$ 由表 2-18 选取 $K_A=1.5$ 根据 $n_1=960$ r/min，$P=5.5$ kW，初估此链传动工作在图 2-34 的曲线顶点左侧（即可能出现链板疲劳破坏） 由表 2-19 中的公式算得 当 $z_1=21$ 时，$K_z=1.11$ 当 $L_p=124$ 节时，$K_L=1.06$ 采用单排链，由表 2-20 查得 $K_m=1.0$ 确定额定功率为 $P_0=\frac{K_AP}{K_zK_LK_m}=\frac{1.5\times5.5}{1.11\times1.06\times1.0}\ \text{kW}\approx7.01\ \text{kW}$	$K_A=1.5$ $K_z=1.11$ $K_L=1.06$ $K_m=1.0$ $P_0=7.01$ kW	式（2-25） 表 2-18 图 2-34 表 2-19 表 2-20

续表

序号	计算项目	计算结果	计算依据
4	选取链条的节距 p 根据 $n_1=960\ \text{r/min}$，$P_0=7.01\ \text{kW}$，由图 2-34 选取型号为 10A（工作在图 2-34 左侧），得节距 $p=15.875\ \text{mm}$	$p=15.875\ \text{mm}$	图 2-34
5	确定实际中心距 a' 由式（2-27）得 $a=\frac{p}{4}\left[L_p-\frac{z_1+z_2}{2}+\sqrt{\left(L_p-\frac{z_1+z_2}{2}\right)^2-8\left(\frac{z_2-z_1}{2\pi}\right)^2}\right]$ $=\frac{15.875}{4}\left[124-\frac{21+63}{2}+\sqrt{\left(124-\frac{21+63}{2}\right)^2-8\left(\frac{63-21}{2\pi}\right)^2}\right]\text{mm}$ $\approx 642.14\ \text{mm}$ 因中心距可调，由式（2-28）得 实际中心距为 $a'=a-\Delta a$ 取 $\Delta a=0.004a=0.004\times 642.14\ \text{mm}\approx 2.57\ \text{mm}$ $a'=a-\Delta a=642.14\ \text{mm}-2.57\ \text{mm}=639.57\ \text{mm}$ 取 $a'=640\ \text{mm}$	$a=642.14\ \text{mm}$ $a'=640\ \text{mm}$	式（2-27） 式（2-28）
6	计算链条速度 $v=\frac{z_1pn_1}{60\times 1\,000}=\frac{21\times 15.875\times 960}{60\times 1\,000}\ \text{m/s}$ $\approx 5.33\ \text{m/s}$ 原假设链条速度为 3 ~ 8 m/s，在假设范围内，符合要求	链条速度 符合要求	
7	选择润滑方式 按 $p=15.875\ \text{mm}$，$v=5.33\ \text{m/s}$，查图 2-33 得 油浴或飞溅润滑	润滑方式选择 油浴或飞溅润滑	图 2-33
8	求作用在轴上的载荷 F_Q 由式（2-29）得 $F_Q=(1.15\sim 1.2)\frac{1\,000P}{v}$ 取系数为 1.2，得 $F_Q=1.2\times\frac{1\,000P}{v}=1.2\times\frac{1\,000\times 5.5}{5.33}\ \text{N}\approx 1\,238.27\ \text{N}$	$F_Q=1\,238.27\ \text{N}$	式（2-29）
9	链轮零件图（略）		

知识链接

齿　形　链

齿形链（见图 2-35a）由齿形链板、导板、套筒和销轴等组成，根据导向形式分为内导式（N）和外导式（W）两种。按铰链形式不同可分为圆销式（见图 2-35b）、轴瓦式（见图 2-35c）和滚柱式（见图 2-35d）。

与滚子链相比，齿形链传动平稳，传动速度高，承受冲击的性能好，噪声低（又称无声链）；但结构复杂，装拆较难，质量较大，易磨损，成本较高。

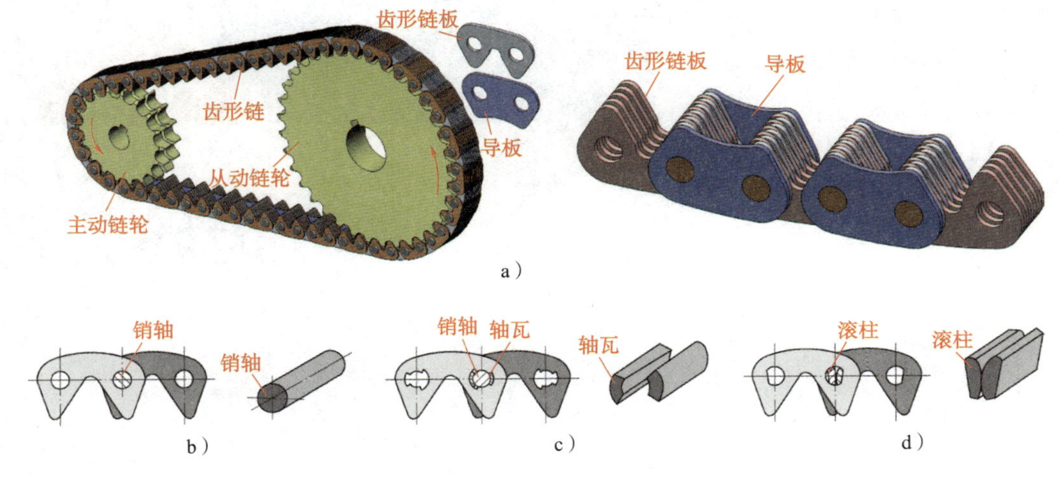

图 2-35 齿形链

a）结构 b）圆销式 c）轴瓦式 d）滚柱式

国家标准《齿形链和链轮》（GB/T 10855—2016）中对传动用齿形链的基本参数和尺寸做了具体规定，共有 7 个链号，56 种规格。表 2-22 中列出了齿形链各链号及其节距尺寸。

表 2-22 传动用齿形链的链号和节距

链号	SC06	SC08	SC10	SC12	SC16	SC20	SC24
节距 p/mm	9. 525	12. 70	15. 875	19. 05	25. 40	31. 75	38. 10

按 GB/T 10855—2016 制造的齿形链标记规定如下：

链号为 SC08，链宽 b=22. 5 mm，导向形式为外导式（N 为内导式，W 为外导式），60 个链节的齿形链标记为：

SC08—22. 5W—60 GB/T 10855—2016

练习题

1. 链轮的基本参数有哪些？
2. 链传动是怎样进行张紧和润滑的？

模块小结

本模块学习了带传动（平带传动、V 带传动）和链传动，它们是两种常用的机械传动方式。

1. 在平带传动中主要掌握平带的传动形式、类型、接头形式及主要参数。

2. 在 V 带传动中主要掌握 V 带的几何参数、结构、类型，以及带轮的结构、材料，重点掌握 V 带传动设计方法和步骤。

3. 链传动属于具有中间挠性件的啮合传动，兼有齿轮传动和带传动的特点。掌握滚子链链轮的基本结构、参数、材料，以及滚子链链条的结构、主要参数、型号；掌握链传动的应用场合、布置原则、张紧和润滑方式；掌握链传动的设计方法和步骤。

齿轮传动

齿轮传动是利用两齿轮的轮齿相互啮合传递动力和运动的机械传动，是机械传动中广泛应用的一种传动形式，主要用来传递两轴间的回转运动，还可以实现回转运动与直线往复运动之间的转换。如图 3-1 所示为大众 6 速 DSG 变速箱工作原理，其主要由齿轮传动完成汽车变速的目的。本模块主要介绍直齿圆柱齿轮传动和斜齿圆柱齿轮传动的设计与应用。

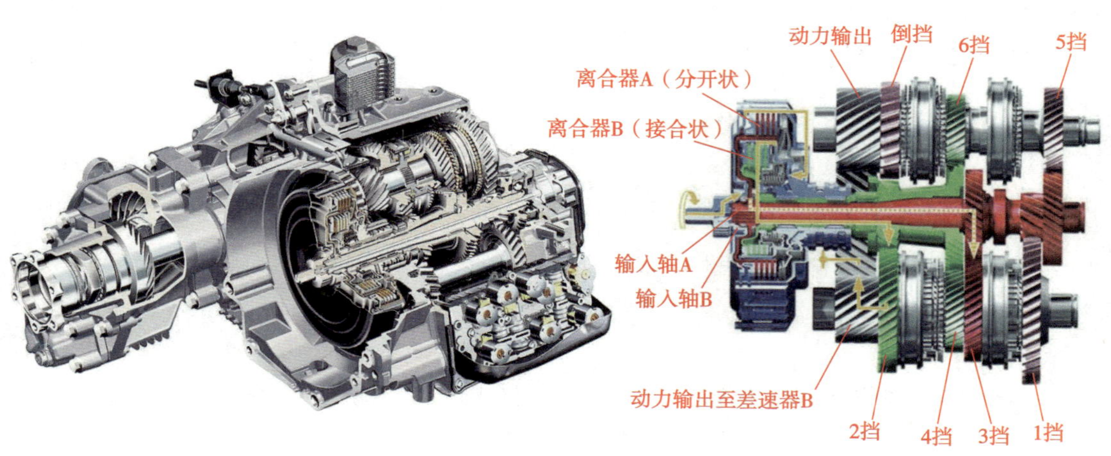

图 3-1　大众 6 速 DSG 变速箱工作原理

课题一 直齿圆柱齿轮传动

任务1 认识直齿圆柱齿轮

学习目标

◎ 了解直齿圆柱齿轮渐开线的形成及特点。
◎ 掌握齿轮传动的类型。
◎ 了解直齿圆柱齿轮的应用及特点。
◎ 能够进行直齿圆柱齿轮几何尺寸的计算。

任务引入

如图 3-2 所示为单级减速器，减速器在使用过程中，其齿轮会有不同程度的磨损，若磨损严重会对减速器的使用带来严重影响。假设该减速器中的小齿轮在使用过程中磨损严重，以致无法使用，需要测绘小齿轮，计算其有关参数，绘制其零件图，以便加工。已知该小齿轮的齿数 $z=36$，测得其齿顶圆 $d_{a(测)}=302$ mm，试计算该齿轮其他部分的几何尺寸。

图 3-2 单级减速器

任务分析

图 3-2 所示单级减速器是利用一对直齿圆柱齿轮来传递运动，输入较高转速而得到较低的输出转速的一种减速机械。直齿圆柱齿轮传动是齿轮传动中最为常见的一种传动形式，主要应用于平行轴之间的运动传递。它能保证瞬时传动比的恒定，工作可靠性高，传递运动准确。

通过本任务的学习，掌握直齿圆柱齿轮的传动特点及齿轮几何尺寸的计算方法。

相关知识

一、渐开线的形成及特点

1. 渐开线的形成

如图 3-3 所示为直齿圆柱齿轮，其齿廓曲线为渐开线。如图 3-4 所示为渐开线的形成过程。在平面上，一条动直线 AB 沿着一个固定的圆做纯滚动时，此动直线上一点 K 的轨迹 CK，称为该圆的渐开线。这个圆称为渐开线的基圆，基圆的半径用 r_b 表示；动直线 AB 称为渐开线的发生线。

图 3-3　直齿圆柱齿轮

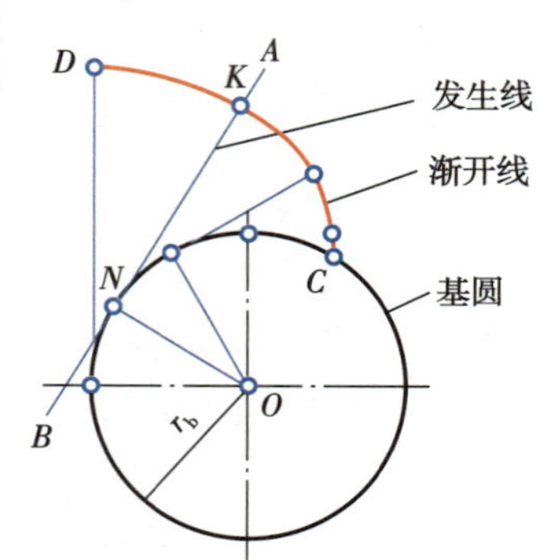

图 3-4　渐开线的形成

2. 渐开线的特点

齿轮轮廓只是渐开线上的某一段，如图 3-5 所示，渐开线的形状取决于基圆的大小，基圆越大渐开线越平直，基圆越小渐开线越弯曲。基圆内没有渐开线。渐开线上任意一点 K 处的法向压力的方向线与该点线速度的方向线之间所夹的锐角称为渐开线 K 点处的压力角，如图 3-6 所示。渐开线上各点的压力角各不相同，越远离基圆，其压力角越大；越靠近基圆，其压力角越小；基圆上的压力角等于零。通常采用的压力角为分度圆的压力角，其值为 20°。

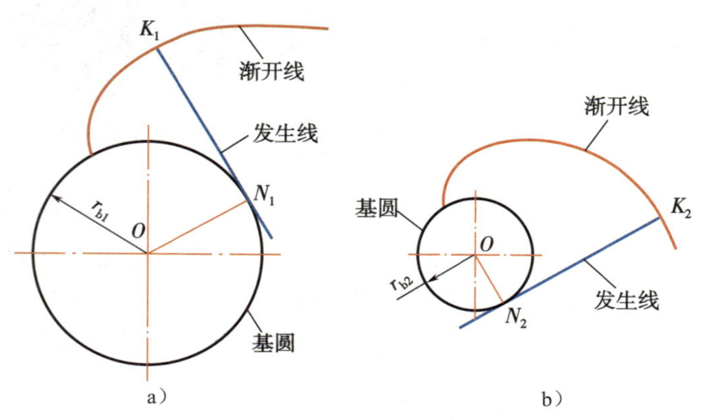

图 3-5　不同基圆的渐开线
a）基圆大　b）基圆小

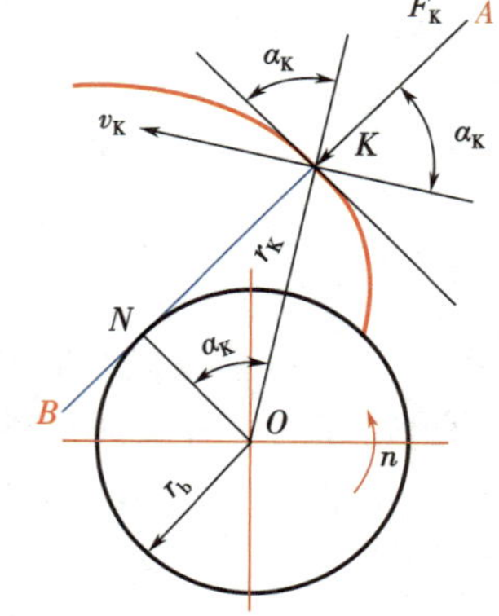

图 3-6　渐开线齿廓上的压力角

二、直齿圆柱齿轮的参数和几何尺寸的计算

1. 直齿圆柱齿轮的几何要素

直齿圆柱齿轮的几何要素如图 3-7 所示，包括齿顶圆直径 d_a、齿根圆直径 d_f、分度圆直径 d、齿宽 b、齿距 p、齿厚 s、齿槽宽 e、齿顶高 h_a、齿根高 h_f 等。

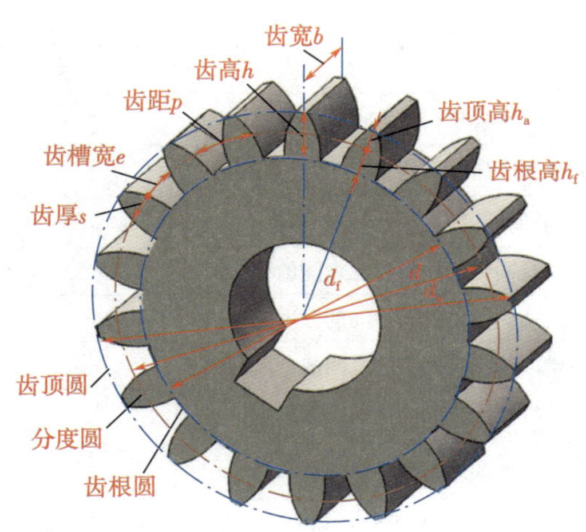

图 3-7 直齿圆柱齿轮的几何要素

2. 直齿圆柱齿轮的基本参数

直齿圆柱齿轮的基本参数有齿数 z、模数 m、压力角 α、齿顶高系数 h_a^* 和顶隙系数 c^* 五个。基本参数是齿轮各部分几何尺寸计算的依据。

模数是指相邻两轮齿同侧齿廓间的齿距 p 与圆周率 π 的比值（$m=p/\pi$），以毫米为单位。模数越大，轮齿越高也越厚，如果齿轮的齿数一定，则齿轮的径向尺寸也越大。模数是齿轮几何尺寸计算中一个最基本的参数。模数已经标准化，标准模数系列见表 3-1。

表 3-1　标准模数（m）系列（GB/T 1357—2008） mm

第一系列	1	1.25	1.5	2	2.5	3	4	5	6	8
	10	12	16	20	25	32	40	50		
第二系列	1.125	1.375	1.75	2.25	2.75	3.5	4.5	5.5	7	
	(6.5)	9	11	14	18	22	28	36	45	

注：1. 本表适用于渐开线圆柱齿轮，对于斜齿圆柱齿轮是指法向模数。
2. 优先选用第一系列，其次选用第二系列，括号内的模数值尽可能不用。
3. 本标准不适用于汽车齿轮。

3. 标准直齿圆柱齿轮几何尺寸的计算

采用标准模数 m，分度圆上的压力角 $\alpha=20°$，齿顶高系数 $h_a^*=1$，顶隙系数 $c^*=0.25$，端面齿厚 s 等于端面齿槽宽 e 的渐开线直齿圆柱齿轮称为标准直齿圆柱齿轮，简称标准直齿轮。

标准直齿圆柱齿轮几何要素的名称、代号、定义和计算公式见表 3-2。

表 3-2　标准直齿圆柱齿轮几何要素的名称、代号、定义和计算公式

名称	代号	定义	计算公式
模数	m	齿距除以圆周率 π 所得到的商	$m=p/\pi=d/z$，取标准值
压力角	α	齿廓在任意点处的切线与通过该切点并且垂直于分度圆锥面的直线之间所夹的锐角，一般情况下所说的压力角是指分度圆上的压力角	$\alpha=20°$
齿数	z	齿轮上轮齿的总数	由传动比计算确定
分度圆直径	d	分度圆柱面和分度圆的直径	$d=mz$

续表

名称	代号	定义	计算公式
齿顶圆直径	d_a	齿顶圆柱面和齿顶圆的直径	$d_a=d+2h_a=m(z+2)$
齿根圆直径	d_f	齿根圆柱面和齿根圆的直径	$d_f=d-2h_f=m(z-2.5)$
基圆直径	d_b	基圆柱面和基圆的直径	$d_b=d\cos\alpha=mz\cos\alpha$
齿距	p	两个相邻且同侧的端面齿廓之间的分度圆弧长	$p=\pi m$
齿厚	s	一个齿的两侧端面齿廓之间的分度圆弧长	$s=p/2=\pi m/2$
齿槽宽	e	一个齿槽的两侧端面齿廓之间的分度圆弧长	$e=p/2=\pi m/2=s$
齿顶高	h_a	齿顶圆与分度圆之间的径向距离	$h_a=h_a^* m=m$
齿根高	h_f	齿根圆与分度圆之间的径向距离	$h_f=(h_a^*+c^*)m=1.25m$
齿高	h	齿顶圆与齿根圆之间的径向距离	$h=h_a+h_f=2.25m$
齿宽	b	齿轮的有齿部位沿分度圆柱面直母线方向度量的宽度	$b=(6\sim10)m$
中心距	a	齿轮副的两轴线之间的最短距离	$a=d_1/2+d_2/2=m(z_1+z_2)/2$

三、齿轮传动的类型

常见齿轮传动的类型见表 3-3。

表 3-3　　齿轮传动的类型

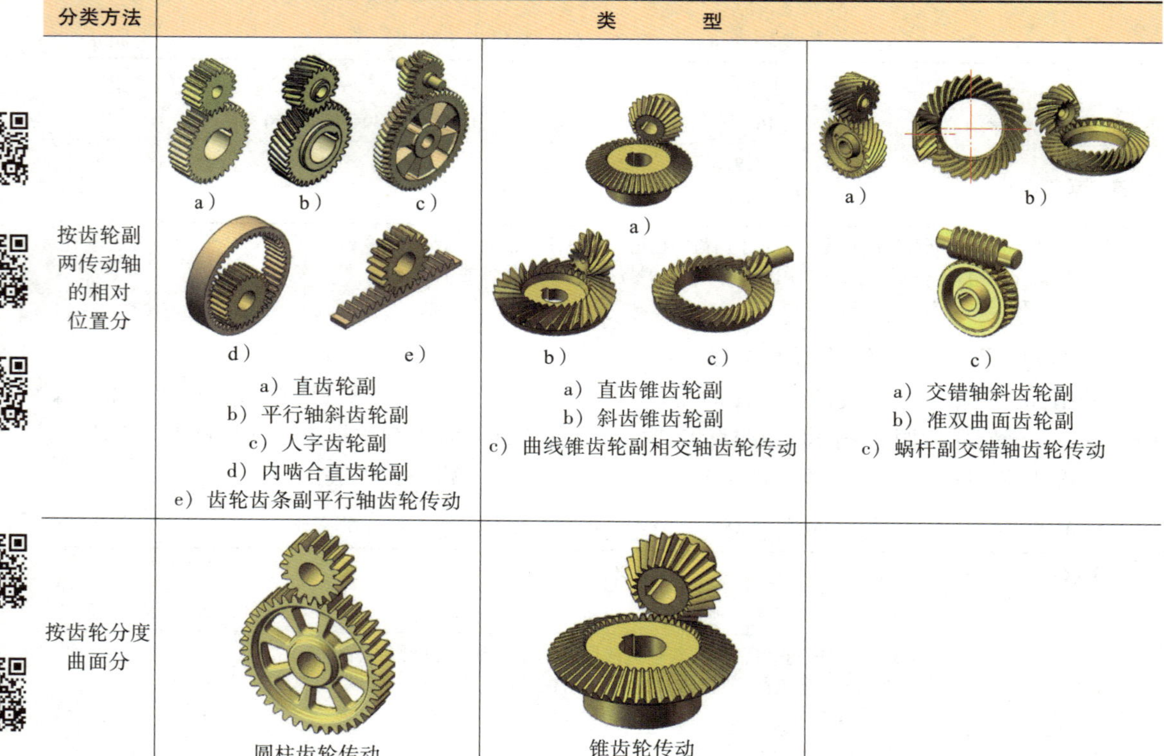

分类方法	类型		
按齿轮副两传动轴的相对位置分	a）直齿轮副 b）平行轴斜齿轮副 c）人字齿轮副 d）内啮合直齿轮副 e）齿轮齿条副平行轴齿轮传动	a）直齿锥齿轮副 b）斜齿锥齿轮副 c）曲线锥齿轮副相交轴齿轮传动	a）交错轴斜齿轮副 b）准双曲面齿轮副 c）蜗杆副交错轴齿轮传动
按齿轮分度曲面分	圆柱齿轮传动	锥齿轮传动	

续表

分类方法	类型		
按齿轮工作条件分	闭式齿轮传动	开式齿轮传动	
按轮齿齿廓曲线分	渐开线齿轮传动	摆线齿轮传动	圆弧齿轮传动

四、直齿圆柱齿轮副的正确啮合条件和连续传动条件

1. 正确啮合条件

一对齿轮能连续顺利地传动，需要各对轮齿依次正确啮合，互不干涉。为保证传动时不出现因两齿廓局部重叠或侧隙过大而引起的卡死或冲击现象，必须使两齿轮的基圆齿距相等，由此可得齿轮副的正确啮合条件如下：

（1）两齿轮的模数必须相等，$m_1=m_2$。

（2）两齿轮分度圆上的压力角必须相等，$\alpha_1=\alpha_2$。

2. 连续传动条件

理论上，当重合度 $\varepsilon=1$ 时，齿轮副即能连续传动，也就是说，前一对轮齿啮合终止的瞬间，后继的一对轮齿正好开始啮合。但由于制造、安装误差的影响，实际上必须使 $\varepsilon>1$，才能可靠地保证传动的连续性。重合度 ε 越大，传动越平稳。

对于一般齿轮传动，连续传动的条件是 $\varepsilon\geqslant1.2$。对于直齿圆柱齿轮（$\alpha=20°$，$h_a^*=1$）来说，$1<\varepsilon<2$。标准齿轮传动均能满足上述条件。应注意，中心距加大时，重合度会降低。

五、直齿圆柱齿轮传动的特点及基本要求

1. 直齿圆柱齿轮的传动特点

（1）能保证瞬时传动比的恒定，传动平稳性好，传递运动准确可靠。

（2）传递功率和速度范围大。

（3）传动效率高，一般传动效率为 0.94~0.99。

（4）结构紧凑，工作可靠，使用寿命长。

（5）可作变速滑移齿轮使用。

（6）制造和安装精度要求高，工作时有噪声。

（7）齿轮的齿数为整数，能获得的传动比受到一定的限制，不能实现无级变速。

（8）不适宜中心距较大的场合。

2. 齿轮传动的基本要求

（1）传动要平稳

在齿轮传动过程中，应保证瞬时传动比恒定不变，以保持传动的平稳性，避免或减小传动中的冲击、振动和噪声。

（2）承载能力强

要求齿轮的结构尺寸小、体积小、质量小，而承受载荷的能力强、强度高、耐磨性好、使用寿命长。

任务实施

计算齿轮其他各部分尺寸：

由式 $d_{a(测)}=m(z+2)$ 得：

$$m=\frac{d_{a(测)}}{z+2}=\frac{302}{36+2}\ \text{mm}\approx 7.95\ \text{mm}$$

查表 3-1 取 $m=8$

将 m 代入有关各式，得：

$$d_a=m(z+2)=8\ \text{mm}\times(36+2)=304\ \text{mm}$$

$$d=mz=8\ \text{mm}\times 36=288\ \text{mm}$$

$$d_f=m(z-2.5)=8\ \text{mm}\times(36-2.5)=268\ \text{mm}$$

$$p=\pi m=3.14\times 8\ \text{mm}=25.12\ \text{mm}$$

$$h=2.25m=2.25\times 8\ \text{mm}=18\ \text{mm}$$

知识链接

内啮合齿轮传动

当要求齿轮传动的两轴平行，回转方向相同，且结构紧凑时，可采用内啮合齿轮副传动。齿顶曲面位于齿根曲面之内的齿轮称为内齿轮，有一个齿轮是内齿轮的齿轮副称为内啮合齿轮副，如图 3-8 所示。

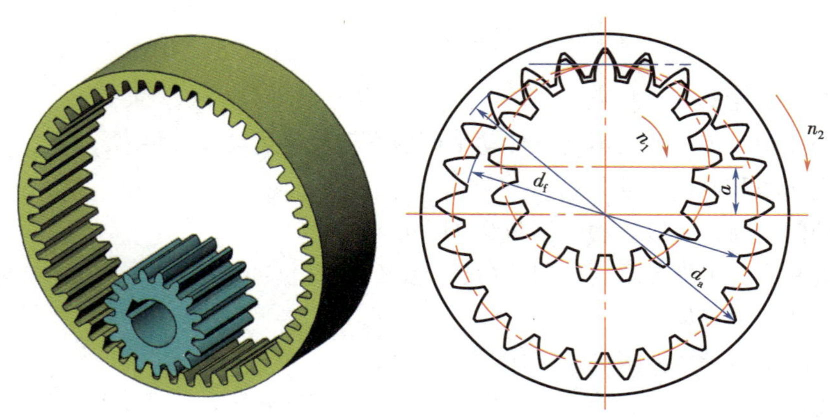

图 3-8　内啮合齿轮副

练习题

1. 根据齿轮副两传动轴的相对位置不同，齿轮副可分为哪几类？
2. 齿轮传动的应用特点有哪些？
3. 齿轮传动的基本要求是什么？
4. 直齿圆柱齿轮的主要参数有哪些？
5. 直齿圆柱齿轮正确啮合的条件是什么？
6. 已知相啮合的一对标准直齿圆柱齿轮，模数 $m=4$ mm，主动轮转速 $n_1=900$ r/min，从动轮转速 $n_2=300$ r/min，中心距 $a=200$ mm，求齿数 z_1 和 z_2。

任务 2　直齿圆柱齿轮的受力分析及强度计算

学习目标

◎ 了解齿轮的失效形式及防范措施。
◎ 能够进行直齿圆柱齿轮的受力分析及强度校核。
◎ 能够按要求进行直齿圆柱齿轮的设计。

任务引入

直齿圆柱齿轮传动在使用过程中会受到诸多因素影响。在设计直齿圆柱齿轮传动时应考虑什么问题呢？

如图 3-9 所示为一带式输送机。该输送机的一级齿轮减速器中使用直齿圆柱齿轮传动。已知减速器的输入功率 $P_1=6$ kW，输入转速 $n_1=600$ r/min，传动比 $i_{12}=3$，由电动机驱动，单向运转，载荷平稳。应如何设计该直齿圆柱齿轮传动才能满足输送机的使用要求？

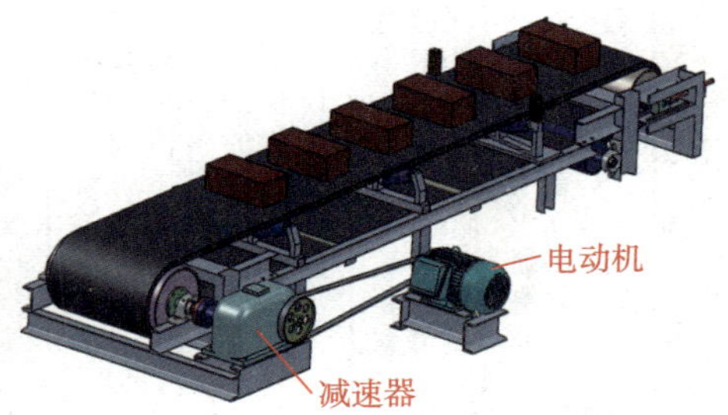

图 3-9　带式输送机

任务分析

带式输送机的动力主要来自电动机，要想得到合适的传动速度就必须使电动机的转速通过减速机械加以降速。减速器的工作状况主要与输送机的载荷、运动状况、工作环境等直接相关。

本任务要解决的主要问题是：合理地选择齿轮材料，根据齿轮的受力情况和工况设计齿轮传动，采取有效措施预防齿轮的失效，从而保证输送机的正常工作。

相关知识

一、齿轮的失效形式及防范措施

齿轮的失效主要是指轮齿的失效。齿轮在传动的过程中，发生轮齿折断、齿面损坏等情况，从而使齿轮轮齿失去正常的工作能力，这种现象称为齿轮轮齿的失效。

由于齿轮传动的工作条件和应用范围各不相同，故引起失效的原因很多。就其工作条件来说，有闭式、开式之分；就其使用情况来说，有低速、高速及轻载和重载之分。此外，齿轮的材料性能、热处理工艺的不同，以及齿轮结构的尺寸大小和加工精度等级的差别，均会使齿轮传动出现各种不同的失效形式。齿轮轮齿常见失效形式及防止或延缓对策见表 3-4。

表 3-4　　轮齿常见失效形式及防止或延缓对策

失效形式	轮齿点蚀	轮齿折断	塑性变形	轮齿磨损	齿面胶合
简图	点蚀	轮齿折断	ω_1 主动轮 从动轮 ω_2 摩擦力方向	齿面磨损	齿面胶合
定义	轮齿在交变应力的作用下当循环次数超过某一极限的时候，工作齿面便会产生微小的疲劳裂纹。如果裂缝内渗入了润滑油，在另一齿轮的挤压下，封闭在裂缝内的油压会急剧升高，加速裂纹的扩展，最终导致表面层上小块金属的剥落，形成小坑。这种现象称为疲劳点蚀	轮齿折断是指齿轮的一个或多个齿的整体或局部的断裂，通常有疲劳折断和过载折断两种	在过大的应力作用下，轮齿材料因屈服产生塑性流动而形成齿面或齿体的塑性变形	磨损是齿轮在啮合传动过程中，轮齿接触表面上的材料摩擦损耗的现象	在重载传动中，齿轮副两齿轮工作齿面发生金属表面直接接触而形成“焊接”的现象，称为齿面胶合
后果	轮齿失效	轮齿折断后无法工作	齿廓失去准确形状，使传动不平稳，噪声、冲击增大或无法工作		
失效的工作环境	主要发生在闭式传动中	开式、闭式传动中均可能发生		主要发生在开式传动中，在润滑油不清洁的闭式传动中也可能发生	主要发生在高速重载或润滑不良的低速重载传动中
引起的原因	在反复的交变应力作用下产生	在载荷反复作用下，齿根弯曲应力超过允许限度时，发生疲劳折断；用脆性材料制成的齿轮，因短时过载、冲击等发生突然折断	在较大的载荷和摩擦力的作用下产生	灰尘、金属屑等杂物进入齿面	齿面局部温升过高，润滑失效；润滑不良

续表

失效形式	轮齿点蚀	轮齿折断	塑性变形	轮齿磨损	齿面胶合
防止或延缓失效的对策	提高齿面硬度，降低齿面粗糙度，采用黏度高的润滑油，选择正变位的齿轮	限制齿根危险截面上的弯曲应力，选用合适的齿轮参数和几何尺寸，降低齿根处的应力集中，进行强化处理（如喷丸、辗压）和良好的热处理工艺	提高齿面硬度和采用黏度较高的润滑油	注意保持润滑油清洁，提高润滑油黏度，加入适宜的添加剂；选用合适的齿轮参数及几何尺寸、材质、精度和表面粗糙度等。对开式传动采用适当的防护装置，选用合适的润滑剂	高速重载传动中应进行抗胶合承载能力计算，限制齿面温度；保证良好的润滑，采用适宜的添加剂；降低表面粗糙度

二、齿轮强度的设计准则

设计齿轮时所依据的设计准则取决于齿轮可能出现的失效形式。

对于软齿面闭式齿轮传动，常因齿面点蚀而失效，故通常先按齿面接触疲劳强度进行设计，然后校核齿根弯曲疲劳强度。

对于硬齿面闭式齿轮传动，其齿面接触承载能力较强，故通常先按齿根弯曲疲劳强度进行设计，然后校核齿面接触疲劳强度。

对于高速重载齿轮传动，还可能出现齿面胶合，故需校核齿面胶合强度。

对于开式齿轮传动，其主要失效形式是齿面磨损，而且在轮齿磨薄后往往会发生轮齿折断。故目前多是按齿根弯曲疲劳强度进行设计，并考虑磨损的影响将模数适当增大（通常增大量为 10%~15%）。

三、齿轮传动受力分析

为了对齿轮进行设计计算，首先必须对齿轮进行受力分析，求出其受到的作用力。如图 3-10 所示是在标准中心距下安装的一对标准圆柱齿轮在节点 P 啮合时主动轮 1 的受力情况，当摩擦力忽略不计时，主动轮上所受的法向力 $\boldsymbol{F}_{n1}$ 垂直于齿面，并可分解为圆周力 $\boldsymbol{F}_{t1}$ 和径向力 $\boldsymbol{F}_{r1}$。因此有：

$$\left.\begin{aligned} F_{t1} &= \frac{2T_1}{d_1} \\ F_{r1} &= F_{t1}\tan\alpha \\ F_{n1} &= F_{t1}/\cos\alpha \end{aligned}\right\} \tag{3-1}$$

式中 T_1——主动小齿轮所传递的扭矩，N · mm；

d_1——主动小齿轮的分度圆直径，mm；

α——分度圆压力角，$\alpha=20°$。

过节点的直径称为节圆直径，节点处所受的力的方向与其速度方向所夹的锐角称为啮合角。在标准中心距下，其分度圆直径与节圆直径相等，压力角与啮合角相等。

显然从动大齿轮上所受的力与此大小相等、方向相反。因此，两轮所受各力的方向可归纳为主动轮上的圆周力与其圆周速度方向相反，从动轮上的圆周力与其圆周速度方向相同；两轮的径向力分别指向各自的轮心。

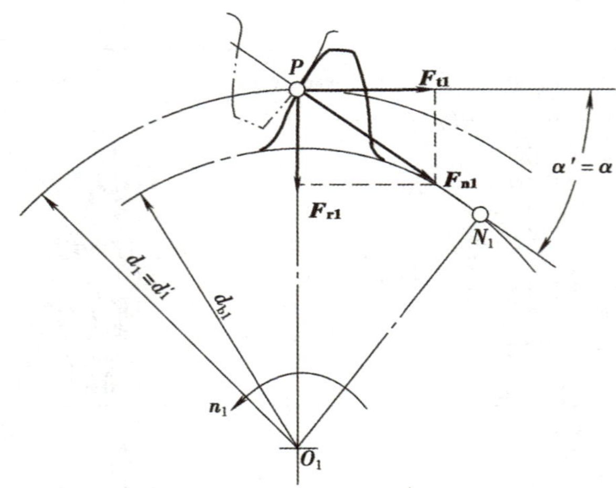

图 3-10 直齿圆柱齿轮的受力分析

d_1'—节圆直径 α'—啮合角

如果小齿轮传递的功率为 P_1(kW)，角速度为 ω_1(rad/s)，转速为 n_1(r/min)，则小齿轮上的转矩为：

$$T_1=9.55\times10^6\frac{P_1}{n_1} \tag{3-2}$$

四、载荷计算

上述受力分析是在理想条件下进行的，由此求得的各力均为理论值，称为名义载荷。实际上考虑到原动机的动力性能和工作载荷的不平稳，齿轮制造误差造成的附加载荷，齿面载荷分布的不均匀以及齿间载荷的不均匀等诸多不利因素的影响，齿轮轮齿上所受的实际载荷一般都大于名义载荷，在齿轮强度计算时，应引入一个系数 K 来加以修正，称为计算载荷。

$$F_{nc}=KF_n \tag{3-3}$$

式中 F_{nc}——计算载荷；

K——载荷系数，其值见表 3-5。

表 3-5 载荷系数 K

原动机	工作机的载荷特性		
	平稳	中等冲击	大冲击
电动机	1~1.2	1.2~1.6	1.6~1.8
多缸内燃机	1.2~1.6	1.6~1.8	1.9~2.1
单缸内燃机	1.6~1.8	1.8~2	2.2~2.4

注：斜齿轮圆周速度低、精度高、齿宽系数较小时，取较小值；直齿轮圆周速度高、精度低、齿宽系数较大时，取较大值。轴承相对于齿轮作对称布置、轴的刚度较大时，取较小值；反之，取较大值。

五、强度计算

1. 齿面接触疲劳强度计算

齿面接触疲劳强度计算的目的是防止齿面点蚀失效。齿面点蚀与齿面的接触应力有关，齿轮传动在节点处通常为一对轮齿啮合，接触应力较大，实践证明齿面点蚀首先发生在节线附近。因此，应选择齿轮传动的节点作为接触应力的计算点。齿面接触疲劳强度计算均以赫兹公式为依据。

$$d_1 \geqslant 76.6\sqrt[3]{\frac{KT_1(u \pm 1)}{\psi_d u[\sigma_H]^2}} \tag{3-4}$$

式中 $[\sigma_H]$——齿轮材料的许用接触应力，见表3-6；

u——大、小齿轮的齿数比，即 $u=z_2/z_1$；

ψ_d——齿宽系数，$\psi_d=d/d_1$，见表3-7。

注：上式中，齿轮传动是外啮合取“+”号，内啮合取“-”号。

式（3-4）仅适用于齿轮材料为钢对钢时，当用其他齿轮材料时，应将计算结果乘以下列数值：钢对铸铁时乘以0.9；铸铁对铸铁时乘以0.83。

值得注意的是：一对齿轮啮合时，两齿面上的接触应力是相等的，但两轮的材料不同时其许用接触应力是不同的，在进行强度计算时应将其中一个较小的接触应力代入上式中计算。

表3-6 齿轮常用材料及其力学性能 MPa

材料	热处理方法	抗拉强度 R_m	屈服强度 R_{eL}	齿面硬度	许用接触应力 $[\sigma_H]$	许用弯曲应力 $[\sigma_F]$
HT300		300		187～255HBW	290～347	80～105
QT600-3	正火	600		190～270HBW	436～535	262～315
ZG310-570		580	320	163～197HBW	270～301	171～189
ZG340-640		650	350	179～207HBW	288～306	182～196
45		580	290	162～217HBW	468～513	280～301
ZG340-640	调质	700	380	241～269HBW	468～490	248～259
45		650	360	217～255HBW	513～545	301～315
35SiMn		750	450	217～269HBW	585～648	388～420
40Cr		700	500	241～286HBW	612～675	399～427
45	调质后表面淬火			40～50HRC	972～1 053	427～504
40Cr				48～55HRC	1 035～1 098	483～518
20Cr	渗碳后淬火	650	400	56～62HRC	1 350	645
20CrMnTi		1 100	850	56～62HRC	1 350	645

表3-7 齿宽系数 ψ_d

齿面硬度	齿轮相对于轴承的位置		
	对称布置	非对称布置	悬臂布置
软齿面（≤350HBW）	0.8～1.4	0.6～1.2	0.3～0.4
硬齿面（>350HBW）	0.4～0.9	0.3～0.6	0.2～0.25

2. 齿根弯曲疲劳强度计算

齿根弯曲疲劳强度计算的目的是防止轮齿折断。轮齿折断与齿根弯曲应力有关，为了防止轮齿折断，应使齿根计算弯曲应力 σ_F 小于或等于许用弯曲应力 $[\sigma_F]$。齿根弯曲疲劳强度计算均以路易斯公式为依据。

$$m \geqslant 1.26\sqrt[3]{\frac{KT_1Y_F}{\psi_d z_1^2[\sigma_F]}} \tag{3-5}$$

式中 Y_F——标准齿轮齿形系数，可由表 3-8 查得；

$[\sigma_F]$——齿轮材料的许用弯曲应力，见表 3-6。

表 3-8　齿形系数 Y_F 及当量齿数 z_v

$z(z_v)$	17	18	19	20	21	22	23	24	25	26	27	28	29
Y_F	4.51	4.45	4.41	4.36	4.33	4.30	4.27	4.24	4.21	4.19	4.17	4.15	4.13
$z(z_v)$	30	35	40	45	50	60	70	80	90	100	150	200	∞
Y_F	4.12	4.06	4.04	4.02	4.01	4.00	3.99	3.98	3.97	3.96	4.00	4.03	4.06

需要指出，在大小齿轮的材料和热处理均相同时，即许用应力 $[\sigma_{F1}]=[\sigma_{F2}]$ 时，由于小齿轮的弯曲强度较差，即 $Y_{F1}>Y_{F2}$，所以一般只需对小齿轮进行强度校核或设计计算即可。两轮的材料不同时其许用弯曲应力也不相等，计算时应将 $Y_{F1}/[\sigma_{F1}]$ 和 $Y_{F2}/[\sigma_{F2}]$ 中的较大值代入上式中计算。由上式求出模数后，应按表 3-1 将其圆整为标准模数。

表 3-6 中的齿轮材料的许用弯曲应力 $[\sigma_F]$ 是在轮齿单向受载的试验条件下得到的，若轮齿的工作条件是双向受载，则应将表中的数据乘以 0.7。

任务实施

1. 选择材料

带式输送机的工作载荷比较平稳，对减速器的外廓尺寸没有限制，因此为了便于加工，采用软齿面齿轮传动。小齿轮选用 45 钢，调质处理，齿面平均硬度为 240HBW；大齿轮选用 45 钢，正火处理，齿面平均硬度为 190HBW。

2. 选择参数

（1）齿数

由于采用软齿面闭式传动，故取 $z_1=24$，$z_2=i_{12}z_1=3\times24=72$。

（2）齿宽系数

由于是单级齿轮传动，两支撑相对齿轮为对称布置，且两齿轮均为软齿面，查表 3-7，取 $\psi_d=1.0$。

（3）载荷系数

因为载荷比较平稳，齿轮为软齿面，支撑对称布置，由表 3-5 取 $K=1.4$。

（4）齿数比

对于单级减速传动，齿数比 $u=i_{12}=3$。

3. 确定许用应力

小齿轮的齿面平均硬度为 240HBW。许用应力可根据表 3-6 通过线性插值法来计算，即：

$$[\sigma_{H1}]=\left[513+\frac{240-217}{255-217}\times(545-513)\right]\ \text{MPa}\approx 532\ \text{MPa}$$

$$[\sigma_{F1}]=\left[301+\frac{240-217}{255-217}\times(315-301)\right]\ \text{MPa}\approx 309\ \text{MPa}$$

大齿轮的齿面平均硬度为 190HBW，由表 3-6 通过线性插值法求得许用应力分别为 $[\sigma_{H2}]=491$ MPa、$[\sigma_{F2}]=291$ MPa。

4. 计算小齿轮的转矩

由式（3-2）得 $T_1=\dfrac{9.55\times10^6P_1}{n}=\dfrac{9.55\times10^6\times6}{600}\ \text{N}\cdot\text{mm}=9.55\times10^4\ \text{N}\cdot\text{mm}$

5. 按齿面接触疲劳强度计算

取较小的许用接触应力 $[\sigma_{H2}]$ 代入式（3-4）中，得到小齿轮的分度圆直径为：

$$d\geqslant 76.6\times\sqrt[3]{\frac{KT_1(u\pm1)}{\psi_d u[\sigma_H]^2}}=76.6\times\sqrt[3]{\frac{1.4\times9.55\times10^4\times(3+1)}{1.0\times3\times491^2}}\ \text{mm}\approx 69.3\ \text{mm}$$

齿轮的模数为：

$$m=\frac{d_1}{z_1}=\frac{69.3}{24}\ \text{mm}\approx 2.89\ \text{mm}$$

6. 按齿根弯曲疲劳强度计算

由齿数 $z_1=24$、$z_2=72$，查表 3-8 得齿形系数 $Y_{F1}=4.24$、$Y_{F2}=3.99$。齿形系数与许用弯曲应力的比值为：

$$\frac{Y_{F1}}{[\sigma_{F1}]}=\frac{4.24}{309}\approx 0.01372 \qquad \frac{Y_{F2}}{[\sigma_{F2}]}=\frac{3.99}{291}\approx 0.01371$$

因为 $Y_{F1}/[\sigma_{F1}]$ 较大，故将此值代入式（3-5），得到齿轮的模数为：

$$m\geqslant 1.26\sqrt[3]{\frac{KT_1Y_F}{\psi_d z_1^2[\sigma_F]}}=1.26\sqrt[3]{\frac{1.4\times9.55\times10^4\times4.24}{1.0\times24^2\times309}}\ \text{mm}\approx 1.85\ \text{mm}$$

7. 确定模数

由上述计算结果可见，该齿轮传动的接触疲劳强度较弱，故应以 $m\geqslant2.89$ mm 为准。根据表 3-1，取标准模数 $m=3$ mm。

注意：当计算所得的模数与标准模数相差较大时，取标准模数后使得齿轮尺寸增大较多，这时应适当调整齿数或（和）齿宽系数，使计算所得模数接近标准模数。

8. 计算齿轮的主要几何尺寸

$$d_1=mz_1=3\ \text{mm}\times24=72\ \text{mm}$$

$$d_2=mz_2=3\ \text{mm}\times72=216\ \text{mm}$$

$$d_{a1}=(z_1+2h_a^*)m=(24+2\times1)\times3\ \text{mm}=78\ \text{mm}$$

$$d_{a2}=(z_2+2h_a^*)m=(72+2\times1)\times3\ \text{mm}=222\ \text{mm}$$

$$a=\frac{d_1+d_2}{2}=\frac{72+216}{2}\ \text{mm}=144\ \text{mm}$$

$$b=\psi_d d_1=1\times72\ \text{mm}=72\ \text{mm}$$

故取 $b_2=72$ mm，$b_1=b_2+(2\sim10)$ mm，取 $b_1=76$ mm。

结构设计略。

练习题

1. 在开式齿轮传动中，轮齿的失效形式有哪些？怎样避免？
2. 在闭式齿轮传动中，轮齿的失效形式有哪些？怎样避免？
3. 齿轮强度的设计准则是什么？
4. 设计一单级减速器中的直齿圆柱齿轮传动。已知传递的功率 $P=10$ kW，小齿轮转速 $n_1=960$ r/min，传动比 $i_{12}=4.2$，单向转动，载荷平稳，齿轮相对轴承对称布置。

课题二 斜齿圆柱齿轮传动

任务 1 认识斜齿圆柱齿轮

学习目标

◎ 了解斜齿圆柱齿轮的主要参数、传动特点及旋向等。

◎ 掌握斜齿圆柱齿轮的几何尺寸计算公式。

◎ 能够按要求计算斜齿圆柱齿轮的主要参数。

任务引入

直齿圆柱齿轮传动并不适用于所有场合，在实际生产和应用中，为了满足不同场合的要求，斜齿轮传动能更好地弥补直齿圆柱齿轮传动的局限。

在实际生产和应用过程中，为了使斜齿轮传动能够传动平稳，并可以承受一定轴向力的要求，在设计时必须合理确定其螺旋角。已知两齿轮的齿数分别为 $z_1=21$、$z_2=37$，法向模数 $m_n=3.5$ mm。若要求两轮的中心距 $a=105$ mm，试求其螺旋角 β。

任务分析

斜齿圆柱齿轮传动是由一对斜齿轮组成，其轴线相互平行。它与直齿圆柱齿轮传动相比，传动更平稳，能够承受一定的轴向力，传递较大动力。斜齿轮传动所承受的轴向力也有一定的限度，所以要想使斜齿轮传动正常工作，就必须合理选择斜齿轮的参数。本任务就是通过对上述例子的讲解，合理地选择斜齿轮的螺旋角，使其承受合理的轴向力。

相关知识

一、斜齿圆柱齿轮的基本参数

齿线为螺旋线的圆柱齿轮称为斜齿圆柱齿轮，简称斜齿轮，如图 3-11 所示。

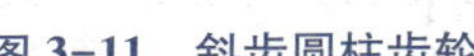

图 3-11 斜齿圆柱齿轮

1. 螺旋角

如图 3-12 所示为斜齿圆柱齿轮的分度圆柱及其展开图。图中螺旋线展开所得的斜直线与轴线之间的夹角 β 称为分度圆柱面上的螺旋角，简称螺旋角。它是斜齿圆柱齿轮的一个重要参数，可定量反映其轮齿的倾斜程度。一般 β 取 8°~20°。

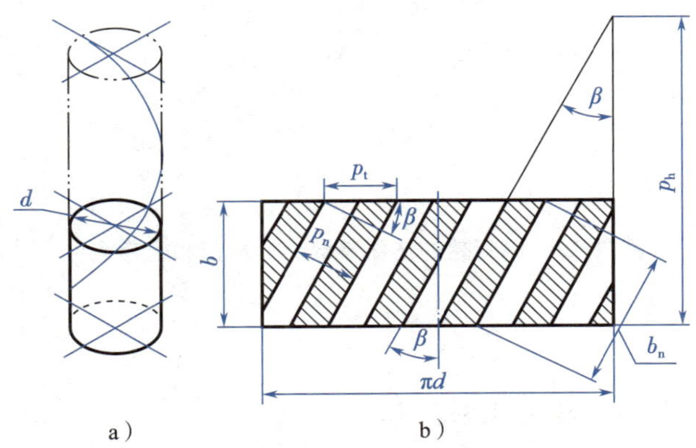

图 3-12 斜齿圆柱齿轮的分度圆柱及其展开图

2. 其他基本参数

除螺旋角外，斜齿轮与直齿轮一样，也有模数、齿数、压力角、齿顶高系数和顶隙系数五个基本参数，但由于有了螺旋角 β，斜齿轮的各参数均有端面和法面之分，并分别用下标 t 和 n 以示区别，并且两者之间均有一定的关系。由图 3-12 可知：

$$p_n = p_t \cos\beta \tag{3-6}$$

上式两边同时除以 π，则得：

$$m_n = m_t \cos\beta \tag{3-7}$$

由于法面和端面的齿顶高、齿根高、全齿高和径向间隙都是相等的，如对齿顶高有 $h_{an} = h_{at}$，即 $h_{an}^* m_n = h_{at}^* m_t = h_{at}^* \, m_n/\cos\beta$，因此：

$$h_{an}^{*}=h_{at}^{*}/\cos\beta \tag{3-8}$$

同理可得：

$$c_{n}^{*}=c_{t}^{*}/\cos\beta \tag{3-9}$$

此外，法面压力角 α_n 和端面角压力 α_t 之间有如下的关系：

$$\tan\alpha_n=\tan\alpha_t\cos\beta \tag{3-10}$$

需要特别说明的是，加工斜齿轮时刀具是沿着齿槽方向，即垂直于法面方向切入的，如图 3-13 所示，并且使用与加工直齿轮时完全相同的刀具，所以斜齿轮的法面参数与刀具一致，均为标准值，即 $\alpha_n=\alpha_{刀}=20°$，m_n 符合表 3-1 中的标准模数系列，$h_{an}^{*}=1$，$c_{n}^{*}=0.25$。

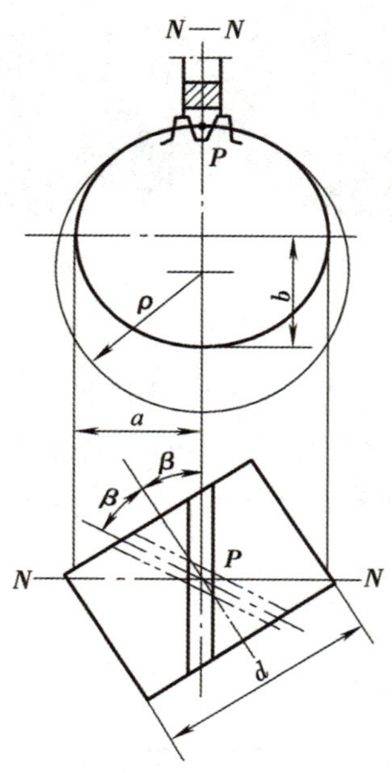

图 3-13　斜齿轮的法面参数为标准值和当量齿数

二、斜齿轮的几何尺寸计算

斜齿轮的主要几何尺寸计算公式见表 3-9。

表 3-9　标准斜齿圆柱齿轮几何要素的名称、代号、定义和计算公式

名称	代号	定义	计算公式
法面模数	m_n	法面齿距除以圆周率所得到的商	$m_n=p_n/\pi=m$（标准模数）
端面模数	m_t	端面齿距除以圆周率所得到的商	$m_t=p_t/\pi=m_n/\cos\beta$
法面压力角	α_n	在法平面内，端面齿廓与分度圆交点处的压力角	$\alpha_n=\alpha=20°$
端面压力角	α_t	在端平面内，端面齿廓与分度圆交点处的压力角	$\tan\alpha_t=\tan\alpha_n/\cos\beta$
分度圆直径	d	分度圆柱面与分度圆的直径	$d=m_tz=m_nz/\cos\beta$

续表

名称	代号	定义	计算公式
法面齿距	p_n	在分度圆柱面上，其齿线的法向螺旋线在两个相邻的同侧齿面之间的弧长	$p_n=\pi m_n$
端面齿距	p_t	两个相邻且同侧的端面齿廓之间的分度圆弧长	$p_t=p_n/\cos\beta=\pi m_n/\cos\beta$
齿顶高	h_a		$h_a=m_n$
齿根高	h_f		$h_f=1.25m_n$
齿高	h	与直齿圆柱齿轮相同	$h=h_a+h_f=2.25m_n$
齿顶圆直径	d_a		$d_a=d+2h_a=m_n(z/\cos\beta+2)$
齿根圆直径	d_f		$d_f=d-2h_f=m_n(z/\cos\beta-2.5)$
螺旋角	β	分度圆螺旋线的切线与过切点的圆柱面直母线之间所夹的锐角	
中心距	a	齿轮副的两轴线之间的最短距离	$a=(d_1+d_2)/2=(m_n/2\cos\beta)(z_1+z_2)$

三、斜齿轮用作平行轴传动时的正确啮合条件

1. 两齿轮法面模数相等，即 $m_{n1}=m_{n2}$。
2. 两齿轮法面压力角相等，即 $\alpha_{n1}=\alpha_{n2}$。
3. 两齿轮螺旋角相等，旋向相反，即 $\beta_1=-\beta_2$。

四、斜齿圆柱齿轮的传动特点

与直齿轮传动相比，斜齿轮传动有如下特点：

1. 传动平稳，承载能力高。
2. 传动时产生轴向力。
3. 不能用作变速滑移齿轮。

五、斜齿轮的旋向判别

斜齿圆柱齿轮轮齿的螺旋方向分为左旋和右旋。其旋向判别的方法如下：将斜齿轮轴线竖直放置，面对齿轮，轮齿的方向从左向右上升时为右旋斜齿轮；反之，从右向左上升时为左旋斜齿轮，如图 3-14 所示。

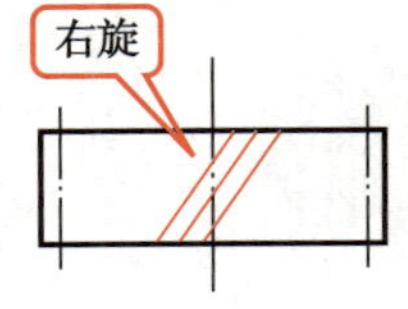

a）

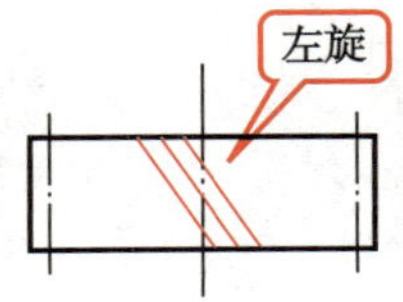

b）

图 3-14 斜齿轮的旋向判别

a）右旋 b）左旋

六、圆柱齿轮的当量齿数

图 3-13 所示为用成形法加工斜齿轮时的示意图。由图可见，在斜齿轮的法面 $N—N$ 上，铣刀（P 点）两侧的两个轮齿的齿廓形状与铣刀的刃形相同，称为斜齿轮的法面齿形。由此可见，成形法加工时，应按此法面齿形来选择成形铣刀的号码。为此必须虚拟一个与斜齿轮的法面齿形相同的直齿圆柱齿轮，这个齿轮称为斜齿轮的当量齿轮，当量齿轮的齿数称为当量齿数，用 z_v 表示。当量齿数是成形法加工斜齿轮时选择铣刀号的依据。同时，用展成法加工斜齿轮时，不产生根切的条件是 $z_v \geqslant 17$。此外，在斜齿轮的弯曲强度计算时，也要用当量齿数 z_v 来查表得到齿形系数。

$$z_v = z/\cos^3\beta \tag{3-11}$$

任务实施

根据已知条件，可以利用表 3-9 中的公式进行计算。

$$a = (m_n/2\cos\beta)(z_1+z_2)$$

将已知数据代入公式：

$$105 = (3.5/2\cos\beta)\times(21+37)$$

解得 $\cos\beta \approx 0.9667$，由此可求得 $\beta = 14.83°$。

练习题

1. 斜齿圆柱齿轮和直齿圆柱齿轮相比有哪些优缺点？

2. 已知一渐开线标准斜齿圆柱齿轮传动的法面模数 $m_n = 4$ mm，齿数 $z_1 = 33$，$z_2 = 66$，中心距 $a = 200$ mm，试求齿轮轮齿的螺旋角 β。

3. 有一斜齿圆柱齿轮，已知 $m_n = 5$ mm，$z = 16$，$\beta = 30°$，$\alpha_n = 20°$，求其各部分的尺寸。

任务 2　斜齿圆柱齿轮的受力分析和强度计算

学习目标

◎ 能够进行斜齿圆柱齿轮的受力分析及强度校核。

◎ 能够按要求设计简单的斜齿圆柱齿轮传动。

任务引入

斜齿轮传动在使用过程中，其轮齿受力是否合适、强度是否满足要求，这是必须要考虑的问题。只有轮齿受力合理、强度合适，才能满足机械的正常使用。

如图 3-15 所示为一单级齿轮减速器，设计一对斜齿圆柱齿轮传动。已知减速器的输入

功率 $P=15$ kW，输入转速 $n=1\ 460$ r/min，传动比 $i_{12}=4.8$，载荷有中等冲击，双向运转，齿轮相对轴承对称布置，要求减速器的结构紧凑。

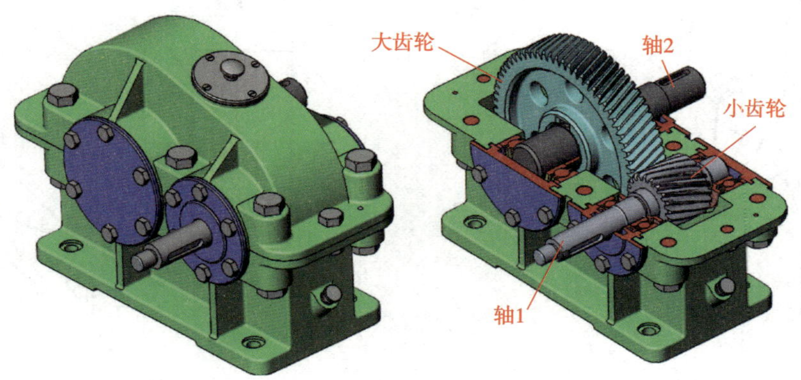

图 3-15 减速器及斜齿圆柱齿轮传动

任务分析

斜齿轮减速器主要是利用一对斜齿轮（见图 3-11）进行运动传递，它可以传递较大功率，承受较大载荷，运动更加平稳。

减速器主要用在电动机与工作机械之间，将电动机较高的转速降到工作机械所需要的运转速度。减速器中的斜齿轮传动能否满足工作的需要，它的工作状况与载荷大小、运转方向、工作环境等有着至关重要的影响。

本任务要解决的主要问题是：根据不同的工作环境及工作载荷，对斜齿轮进行受力分析、强度计算，合理选择齿轮材料，确定齿轮的各个参数，保证减速器正常工作的需要。

相关知识

一、斜齿轮的受力分析

图 3-16 所示为一斜齿轮啮合传动时，主动小齿轮 1 上的受力情况。在分度圆上作用于齿宽中点 P 的正压力 $\boldsymbol{F}_{\mathbf{n1}}$（视为集中力）位于法向平面内并垂直于齿面，$\boldsymbol{F}_{\mathbf{n1}}$ 可分解为三个相互垂直的分力：圆周力 $\boldsymbol{F}_{\mathbf{t1}}$、径向力 $\boldsymbol{F}_{\mathbf{r1}}$ 和轴向力 $\boldsymbol{F}_{\mathbf{x1}}$。

$$\left.\begin{aligned}F_{t1}&=2T_1/d_1\\F_{r1}&=F'_{n1}\tan\alpha_n=F_{t1}\tan\alpha_n/\cos\beta\\F_{x1}&=F_{t1}\tan\beta\end{aligned}\right\}\tag{3-12}$$

式中 T_1——主动小齿轮传递的扭矩，N · mm；

d——主动小齿轮的分度圆直径，mm；

α_n——法面压力角，$\alpha_n=20°$。

显然，从动大齿轮上所受各力分别与小齿轮上所受各力大小相等、方向相反。

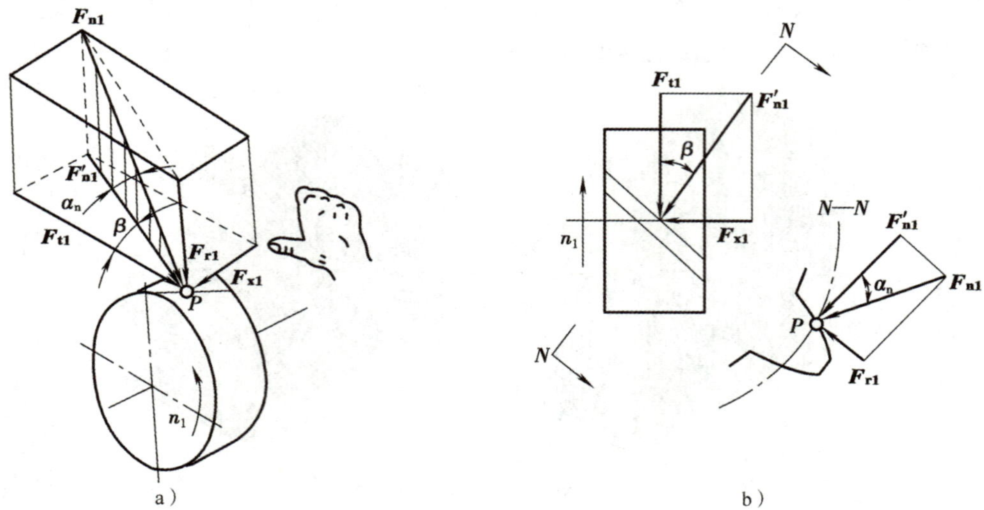

图 3-16　斜齿轮啮合传动中主动小齿轮的受力情况

二、标准斜齿圆柱齿轮的强度计算

斜齿轮啮合传动，载荷作用在法面上，而法面齿形近似于当量齿轮的齿形，因此，斜齿轮传动的强度计算可转换为当量齿轮的强度计算。由于斜齿轮传动的接触线是倾斜的，且重合度较大，因此，斜齿轮传动的承载能力与相同尺寸的直齿轮传动相比略有提高。斜齿轮传动的齿面接触疲劳强度和齿根弯曲疲劳强度计算公式为：

$$d_1 \geqslant 75.6\sqrt[3]{\frac{KT_1(u+1)}{\psi_d[\sigma_H]^2 u}} \tag{3-13}$$

$$m_n \geqslant 1.24\sqrt[3]{\frac{KT_1 Y_F}{\psi_d z_1^2[\sigma_F]}} \tag{3-14}$$

式中各符号的含义同前。

由于斜齿轮传动平稳，因此，选取载荷系数 K 时，齿形系数 Y_F 应按当量齿数 z_v 在表 3-8 中查取。

任务实施

1. 选择材料

由于要求减速器结构紧凑，故采用硬齿面齿轮传动。小齿轮选用 20Cr，渗碳淬火，齿面平均硬度为 60HRC；大齿轮选用 40Cr，表面淬火，齿面平均硬度为 52HRC。

2. 选择参数

（1）齿数

由于采用闭式传动，转速较高，故取 $z_1=25$，$z_2=i_{12}z_1=4.8\times25=120$。

（2）齿宽系数

两轮均为硬齿面，支撑相对于齿轮对称布置，查表 3-7，取 $\psi_d=0.8$。

（3） 载荷系数

由于载荷有中等冲击，且采用硬齿面齿轮传动时载荷系数应取较大值，但考虑到为斜齿轮传动，故取 $K=1.6$。

（4） 齿数比

对于单级减速传动，齿数比 $u=i_{12}=4.8$。

（5） 初选螺旋角

取螺旋角 $\beta=15°$。

3. 确定许用应力

小齿轮的齿面平均硬度为 60HRC，查表 3-6，得 $[\sigma_{H1}]=1\ 350$ MPa，$[\sigma_{F1}]=645$ MPa。因为齿轮双向运转时，轮齿通常为双向受载，故 $[\sigma_{F1}]=0.7\times645$ MPa $=452$ MPa。

大齿轮的齿面平均硬度为 52HRC，查表 3-6，用线性插值法求得 $[\sigma_{H2}]=1\ 071$ MPa，$[\sigma_{F2}]=503$ MPa。因轮齿双向受载，故 $[\sigma_{F2}]=0.7\times503$ MPa $=352$ MPa。

4. 计算小齿轮上的扭矩

由式（3-2）得：

$$T=\frac{9.55\times10^6P}{n}=\frac{9.55\times10^6\times15}{1\ 460}\ \text{N}\cdot\text{mm}\approx9.81\times10^4\ \text{N}\cdot\text{mm}$$

5. 按齿面接触疲劳强度计算

取较小的许用应力 $[\sigma_{H2}]$ 代入式（3-13）中，得小齿轮的分度圆直径为

$$d_1\geqslant75.6\sqrt[3]{\frac{KT_1(u+1)}{\psi_d[\sigma_{H2}]^2u}}=75.6\times\sqrt[3]{\frac{1.6\times9.81\times10^4\times(4.8+1)}{0.8\times1\ 071^2\times4.8}}\ \text{mm}\approx44.7\ \text{mm}$$

齿轮的模数为：

$$m_n=\frac{d_1\cos\beta}{z_1}=\frac{44.7\times\cos15°}{25}\ \text{mm}\approx1.73\ \text{mm}$$

6. 按齿根弯曲疲劳强度计算

由式（3-11）计算出两齿轮的当量齿数为：

$$z_{v1}=\frac{z_1}{\cos^3\beta}=\frac{25}{\cos^3 15°}\approx27.7$$

$$z_{v2}=\frac{z_2}{\cos^3\beta}=\frac{120}{\cos^3 15°}\approx133.2$$

查表 3-8，得齿形系数 $Y_{F1}=4.15$，$Y_{F2}=3.98$。齿形系数与许用弯曲应力的比值为：

$$\frac{Y_{F1}}{[\sigma_{F1}]}=\frac{4.15}{452}\approx0.009\ 18$$

$$\frac{Y_{F2}}{[\sigma_{F2}]}=\frac{3.98}{352}\approx0.011\ 31$$

因为 $Y_{F2}/[\sigma_{F2}]$ 较大，故将此值代入式（3-14）中，得到齿轮的模数为：

$$m_n\geqslant1.24\times\sqrt[3]{\frac{KT_1Y_{F2}}{\psi_d z_1^2[\sigma_{F2}]}}=1.24\times\sqrt[3]{\frac{1.6\times9.81\times10^4\times3.98}{0.8\times25^2\times352}}\ \text{mm}\approx1.89\ \text{mm}$$

7. 确定模数

由上述计算结果可知，齿根弯曲疲劳强度较弱，故应以 $m_n \geqslant 1.89$ mm 为准。查表 3-1 取 $m_n = 2$ mm。

8. 计算齿轮几何尺寸

齿轮传动的中心距：

$$a = \frac{m_n(z_1+z_2)}{2\cos\beta} = \frac{2\times(25+120)}{2\times\cos15^\circ}\text{ mm} \approx 150.12\text{ mm}$$

斜齿轮传动的中心距应当圆整为整数以便加工，一般可以通过改变螺旋角的大小来实现。现将中心距取为 $a = 150$ mm，则实际螺旋角为：

$$\beta = \arccos\frac{m_n(z_1+z_2)}{2a} = \arccos\frac{2\text{ mm}\times(25+120)}{2\times150\text{ mm}} \approx 14^\circ50'6''$$

齿轮的其余主要尺寸分别为：

$$d_1 = \frac{m_n z_1}{\cos\beta} = \frac{2\times25}{\cos14^\circ50'6''}\text{ mm} \approx 51.72\text{ mm}$$

$$d_2 = \frac{m_n z_2}{\cos\beta} = \frac{2\times120}{\cos14^\circ50'6''}\text{ mm} \approx 248.28\text{ mm}$$

$$d_{a1} = d_1 + 2h_{an}^* m_n = 51.72\text{ mm} + 2\times1\times2\text{ mm} = 55.72\text{ mm}$$

$$d_{a2} = d_2 + 2h_{an}^* m_n = 248.28\text{ mm} + 2\times1\times2\text{ mm} = 252.28\text{ mm}$$

$$b = \psi_d d_1 = 0.8\times51.72\text{ mm} \approx 41.4\text{ mm}$$

取 $b_2 = 40$ mm，$b_1 = 44$ mm。由于取的模数标准值比计算值大，故 b_2 向小圆整后仍能满足式（3-14）的需要。必要时应进行验算。

知识链接

一、锥齿轮传动

如图 3-17 所示，锥齿轮传动是指在传递运动的过程中，支撑两齿轮的轴线在空间是垂直相交的，其轮齿有直齿、曲齿和斜齿三种。

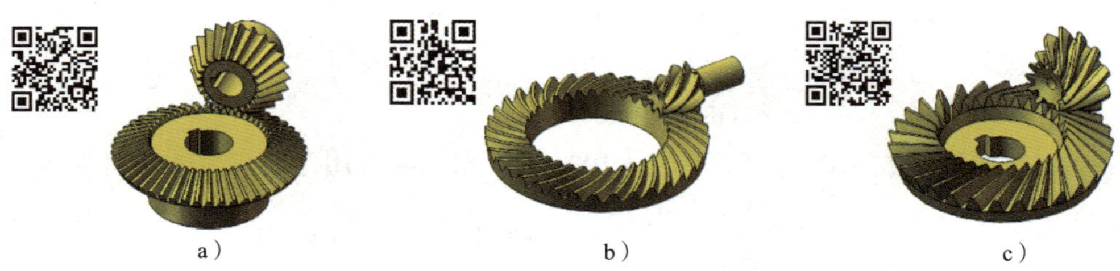

a） b） c）

图 3-17 锥齿轮传动

a）直齿 b）曲齿 c）斜齿

直齿锥齿轮传动适用于圆周速度较低、载荷小而稳定的场合；曲齿锥齿轮传动适用于承载能力大、传动平稳、噪声小的场合；斜齿锥齿轮传动适用于圆周速度较低、载荷小的场合。下面主要介绍直齿锥齿轮传动。

分度曲面为圆锥面的齿轮称为锥齿轮，如图 3-18 所示汽车后桥主减速器中的齿轮就是锥齿轮。

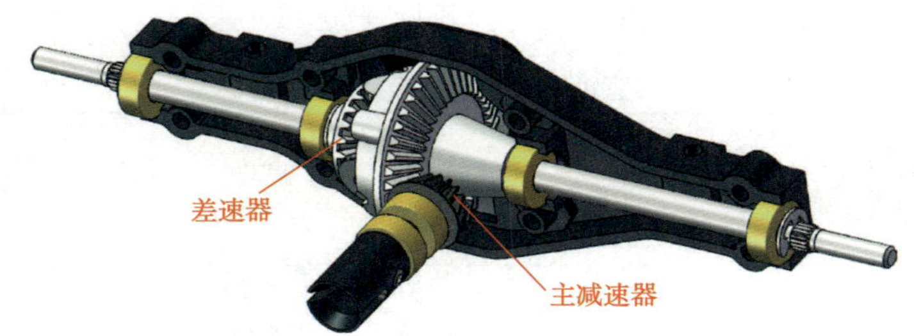

图 3-18 汽车后桥主减速器中的锥齿轮

1. 基本参数和几何尺寸计算

如图 3-19 所示，和直齿圆柱齿轮相似，直齿锥齿轮有齿顶圆锥、分度圆锥和齿根圆锥，且三者相交于一点 O，称为锥顶。因此就形成了其轮齿一端大、一端小，向着锥顶方向逐渐收缩的情况，称为收缩齿，即轮齿在齿宽 b 的全长上，其齿厚、齿高和模数均不相同，向着锥顶方向收缩变小。为了便于尺寸计算和测量，通常规定以大端模数为标准模数，见表 3-10。所以锥齿轮的分度圆直径、齿顶圆直径和齿高等都是指大端的端面尺寸。

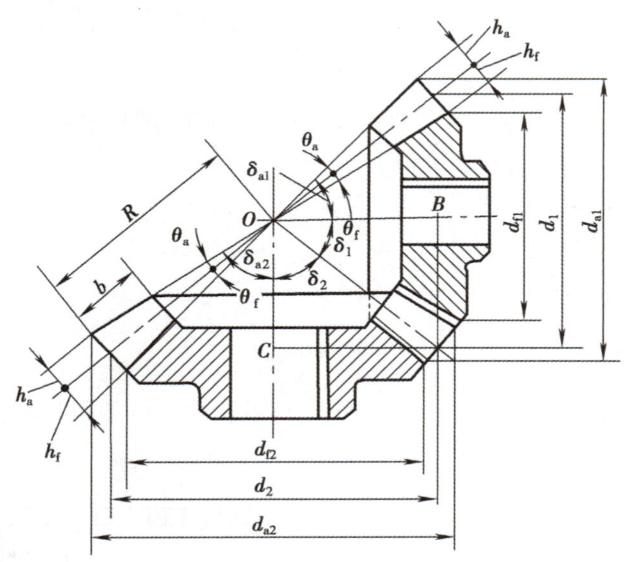

图 3-19 锥齿轮传动

表 3-10 锥齿轮模数 mm

0. 1	0. 35	0. 9	1. 75	3. 25	5. 5	10	20	36
0. 12	0. 4	1	2	3. 5	6	11	22	40
0. 15	0. 5	1. 125	2. 25	3. 75	6. 5	12	25	45
0. 2	0. 6	1. 25	2. 5	4	7	14	28	50
0. 25	0. 7	1. 375	2. 75	4. 5	8	16	30	—
0. 3	0. 8	1. 5	3	5	9	18	32	—

标准直齿锥齿轮在标准安装下传动时，两轮的锥顶重合为一点，其分度圆相切，如图 3-19 所示。

标准直齿锥齿轮各部分的几何尺寸计算公式见表 3-11。

表 3-11 标准直齿锥齿轮几何尺寸计算公式

名称	代号	公式	
		小齿轮	大齿轮
分度圆锥角	δ	$\delta_1=\arctan(z_1/z_2)$	$\delta_2=90°-\delta_1$
齿顶高	h_a	$h_a=h_{a1}=h_{a2}=h_a^* m$	
齿根高	h_f	$h_f=h_{f1}=h_{f2}=(h_a^*+c^*)m$	
分度圆直径	d	$d_1=mz_1$	$d_2=mz_2$
齿顶圆直径	d_a	$d_{a1}=d_1+2h_a\cos\delta_1$	$d_{a2}=d_2+2h_a\cos\delta_2$
齿根圆直径	d_f	$d_{f1}=d_1-2h_f\cos\delta_1$	$d_{f2}=d_2-2h_f\cos\delta_2$
外锥距	R	$R=mz_1/2\sin\delta_1=mz_2/2\sin\delta_2=m/2\sqrt{z_1^2+z_2^2}$	
齿顶角	θ_a	$\theta_a=\theta_{a1}=\theta_{a2}=\arctan(h_a/R)$	
齿根角	θ_f	$\theta_f=\theta_{f1}=\theta_{f2}=\arctan(h_f/R)$	
顶锥角	δ_a	$\delta_{a1}=\delta_1+\theta_a$	$\delta_{a2}=\delta_2+\theta_a$
根锥角	δ_f	$\delta_{f1}=\delta_1-\theta_f$	$\delta_{f2}=\delta_2-\theta_f$
齿宽	b	$b_1=b_2\leqslant R/3$	

2. 锥齿轮的应用

锥齿轮用于相交轴齿轮传动和交错轴齿轮传动，两轴的交角通常为 90°，如图 3-19 所示。

3. 直齿锥齿轮的正确啮合条件

（1）标准直齿锥齿轮副的轴交角 $\Sigma=90°$。

（2）两齿轮的大端端面模数相等，即 $m_1=m_2$。

（3）两齿轮的压力角相等，即 $\alpha_1=\alpha_2$。

二、齿轮齿条传动

如图 3-20 所示为一车床溜板箱传动系统，小齿轮 8 与齿条相互啮合，将齿轮的旋转运动转变为溜板箱的直线运动。

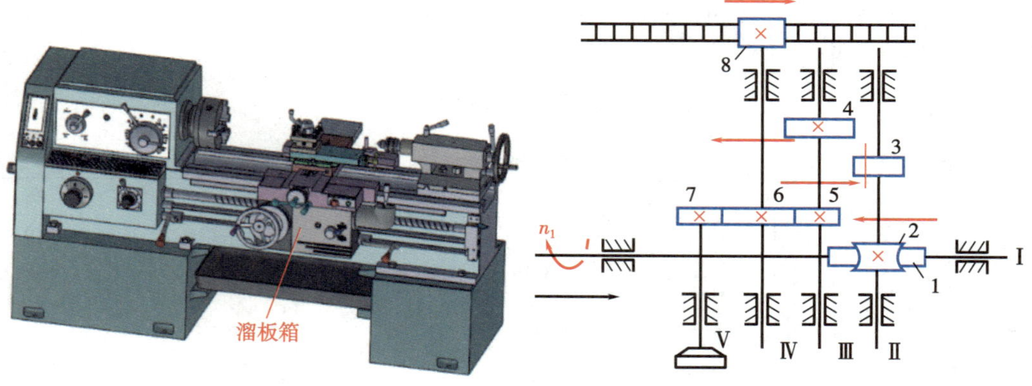

图 3-20 车床溜板箱传动系统

1. 齿条

一个平板或直杆，当其具有一系列等距离分布的齿时，就称为齿条。齿条分为直齿条和斜齿条。

2. 齿轮齿条传动

齿轮齿条传动的主要目的是将齿轮的回转运动转变为齿条的往复直线运动，或将齿条的往复直线运动转变为齿轮的回转运动。

3. 齿轮齿条传动的啮合条件

（1）齿轮和齿条的模数必须相等，$m_1=m_2$。

（2）齿轮分度圆上的压力角与齿条的压力角必须相等，$\alpha_1=\alpha_2$。

设计一单级减速器中的斜齿轮传动。已知传递的功率 $P=12$ kW，小齿轮转速 $n_1=970$ r/min，传动比 $i_{12}=4.5$，双向运转，载荷有中等冲击，齿轮相对轴承对称布置，要求结构紧凑。

模块小结

齿轮传动是机械传动的主要形式之一，应用非常广泛。齿轮传动的类型很多，可以按不同方法从多方面进行分类。根据两齿轮轴间位置的不同，分为两平行轴间的齿轮传动、两相交轴间的齿轮传动和两交错轴间的齿轮传动三种类型。

1. 渐开线的性质

（1）发生线在基圆上滚过的线段长等于基圆上被滚过的弧长。

（2）渐开线上任一点的法线必与基圆相切，越接近基圆的曲率半径越小。

（3）渐开线的形状取决于基圆的大小，当基圆半径为无穷大时，渐开线为直线。在基圆内无渐开线。

（4）渐开线上各点压力角不相等，越远离基圆，压力角越大。国家标准规定齿轮分度圆上的压力角为20°。

2. 渐开线标准直齿圆柱齿轮的基本参数和几何尺寸（见表3-2）

3. 轮齿的失效形式及防止或延缓对策（见表3-4）

4. 标准直齿圆柱齿轮的受力分析及强度计算

5. 标准斜齿圆柱齿轮的基本参数和几何尺寸（见表3-9）

6. 斜齿圆柱齿轮的受力分析及强度计算

7. 齿轮齿条传动的啮合条件

（1）齿轮和齿条的模数必须相等，$m_1=m_2$。

（2）齿轮分度圆上的压力角和齿条的压力角必须相等，$\alpha_1=\alpha_2$。

模块四

蜗杆传动

蜗杆传动是齿轮传动的一种特殊形式，蜗杆传动用于传递交错轴之间的运动和动力。通常两轴在空间成90°的交错角。如图4-1a所示的蜗轮蜗杆减速器，可以看到蜗轮蜗杆两轴线在空间交错成90°（见图4-1b），蜗杆（主动件）带动蜗轮（从动件）转动，从而传递运动和动力。蜗杆为主动件，做减速传动；在少数机械（如离心机）中，蜗轮也可为主动件，做增速传动。在传动中，蜗杆可以看作一个螺杆，蜗轮可以看作一个斜齿轮或螺母的一部分。蜗杆传动在各类机械，如机床、冶金、矿山、起重运输机械中应用广泛。

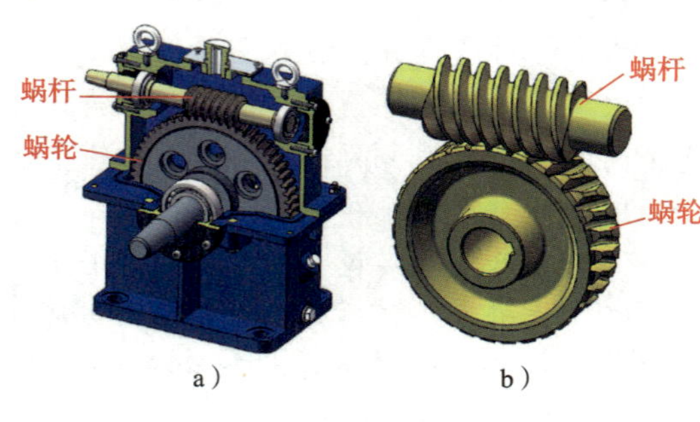

图4-1 蜗杆传动
a）蜗轮蜗杆减速器 b）蜗杆传动的组成

课题一 蜗杆传动的设计

学习目标

◎ 了解蜗杆传动的类型、特点及精度等级的选择。
◎ 掌握蜗杆传动主要参数及其计算方法。
◎ 了解蜗杆传动的失效形式、设计准则及常用材料。
◎ 能够进行蜗杆传动设计。

任务引入

试设计一单级闭式蜗杆传动减速器（参考图 4-1a）。已知传动功率 $P_1=4$ kW，转速 $n_1=1\ 440$ r/min，传动比 $i=20$，连续工作，单向运转，载荷平衡。

任务分析

电动机的转速较高，实际设备的转速一般较低，因此要求减速器有较大的传动比。为了满足设计要求，一般采用蜗杆传动。蜗杆减速器利用蜗杆传动来实现大传动比，得到较低的输出转速。

从工作条件可以知道，蜗杆传动的形式是闭式的；工作要求是连续工作，单向运转，载荷平衡。设计蜗杆传动时，必须了解蜗杆传动的主要参数和几何尺寸的计算、材料、精度等级、失效形式、设计准则、承载能力计算、传动的效率等基础知识，使其具有较好的经济性和较长的使用寿命。

相关知识

一、蜗杆传动的类型及特点

1. 蜗杆传动的类型

根据蜗杆形状的不同，蜗杆传动可分为圆柱蜗杆传动、环面蜗杆传动和锥蜗杆传动，如图 4-2 所示。圆柱蜗杆传动目前应用最为广泛，可分为普通圆柱蜗杆传动和圆弧齿圆柱蜗杆传动，本书重点介绍普通圆柱蜗杆传动。

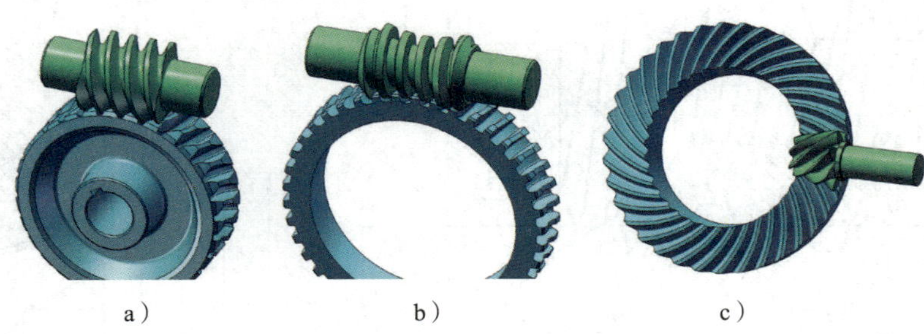

a）　　b）　　c）

图 4-2　蜗杆传动的类型

a）圆柱蜗杆传动　b）环面蜗杆传动　c）锥蜗杆传动

根据垂直于轴线的横截面上蜗杆的齿廓曲线的形状，普通圆柱蜗杆又可分为阿基米德蜗杆（见图 4-3a）、法向直廓蜗杆（见图 4-3b）和渐开线蜗杆（见图 4-3c）等。

2. 蜗杆传动的特点

蜗杆传动与齿轮传动一样能够保证准确的传动比，而且可以获得很大的传动比；结构紧凑，传动平稳，无噪声；具有自锁性，蜗杆的螺旋升角很小时，蜗杆只能带动蜗轮转动，而蜗轮不能带动蜗杆转动。

在制造精度和传动比相同的条件下，蜗杆传动的效率比齿轮传动低，蜗杆和蜗轮齿间发热量较大，会导致润滑失效，加剧磨损。因此，蜗杆传动不适用于大功率、长时间工作的场合。

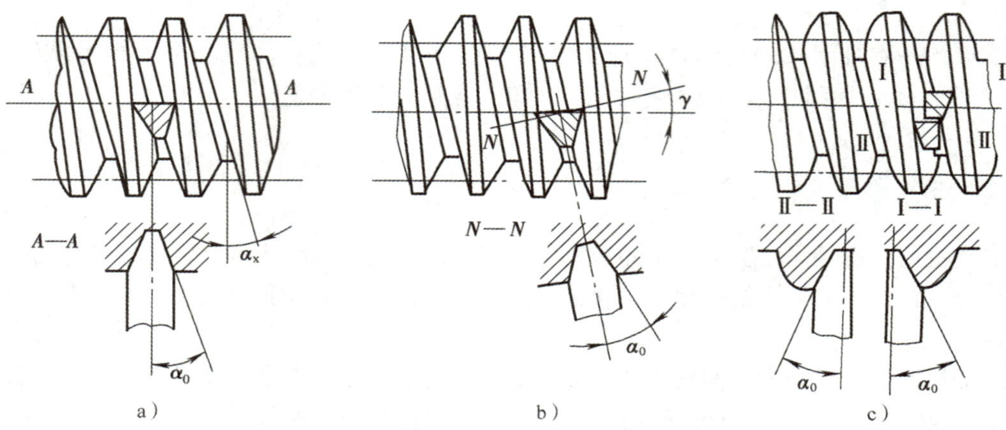

图 4-3 普通圆柱蜗杆的类型

a）阿基米德蜗杆 b）法向直廓蜗杆 c）渐开线蜗杆

二、蜗杆传动主要参数及几何尺寸计算

在蜗杆传动中，其主要参数及几何尺寸计算均以中间平面为准。通过蜗杆轴线并与蜗轮轴线垂直的平面称为中间平面，如图 4-4 所示。在此平面内，阿基米德蜗杆相当于齿条，蜗轮相当于渐开线齿轮，蜗杆与蜗轮的啮合相当于渐开线齿轮与齿条的啮合。国家标准规定，蜗杆以轴面（x）的参数为标准参数，蜗轮以端面（t）的参数为标准参数。

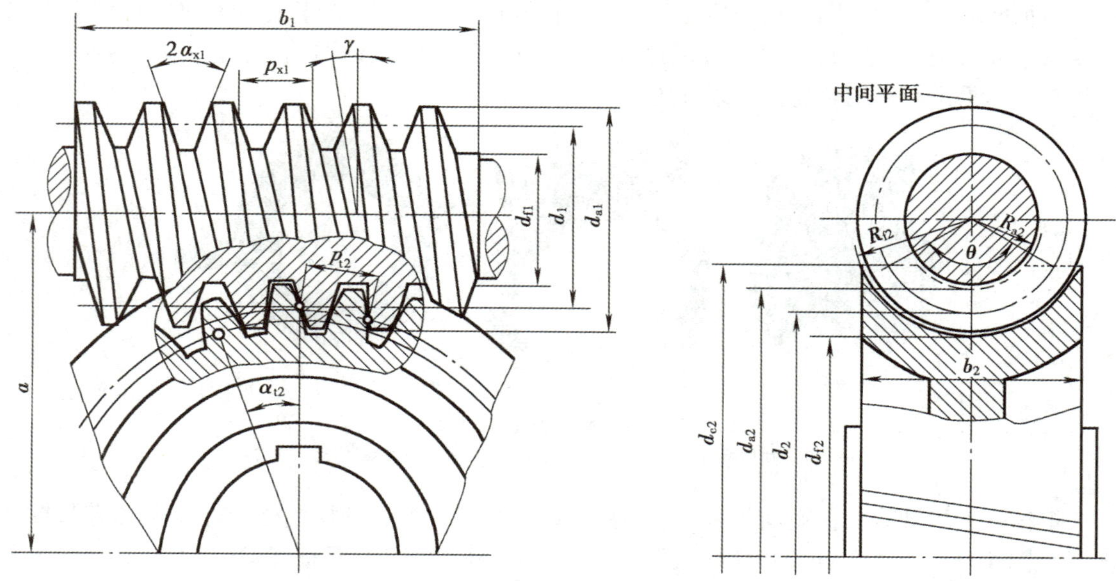

图 4-4 蜗杆传动的几何参数

1. 普通圆柱蜗杆传动的主要参数

普通圆柱蜗杆传动的主要参数有模数 m、压力角 α、蜗杆分度圆直径 d_1、蜗杆直径系数 q、导程角 γ、蜗杆头数 z_1 和蜗轮齿数 z_2 等。

（1）模数 m 和压力角 α 及齿距 p

和齿轮传动一样，蜗杆传动的几何尺寸也以模数为主要计算参数。蜗杆和蜗轮啮合时，在中间平面内，蜗杆的轴向模数 m_{x1}、轴向压力角 α_{x1}、齿距 p_{x1} 和蜗轮的端面模数 m_{t2}、端面压力角 α_{t2}、齿距 p_{t2} 应相等，为标准值。

$$m_{x1}=m_{t2}=m \tag{4-1}$$

$$\alpha_{x1}=\alpha_{t2}=\alpha=20° \tag{4-2}$$

$$p_{x1}=p_{t2}=\pi m \tag{4-3}$$

式中 m、m_{x1}、m_{t2}——标准模数、蜗杆的轴向模数、蜗轮的端面模数，mm；

α、α_{x1}、α_{t2}——规定压力角、蜗杆的轴向压力角、蜗轮的端面压力角，(°)；

p_{x1}、p_{t2}——蜗杆的轴向齿距、蜗轮的端面齿距，mm。

蜗杆基本参数见表 4-1。

表 4-1　　蜗杆基本参数（$\Sigma=90°$）

模数 m/mm	分度圆直径 d_1/mm	蜗杆头数 z_1	直径系数 q	m^2d_1/mm³	模数 m/mm	分度圆直径 d_1/mm	蜗杆头数 z_1	直径系数 q	m^2d_1/mm³
1	18	1	18.000	18	8	(63)	1、2、4	7.875	4 032
1.25	20	1	16.000	31.25		80	1、2、4、6	10.000	5 120
	22.4	1	17.920	35		(100)	1、2、4、6	12.500	6 400
1.6	20	1、2、4	12.500	51.2		140	1	17.500	8 960
	28	1	17.500	71.8	10	(71)	1、2、4	7.100	7 100
2	(18)	1、2、4	9.000	72		90	1、2、4、6	9.000	9 000
	22.4	1、2、4、6	11.200	89.6		(112)	1、2、4	11.200	11 200
	(28)	1、2、4	14.000	112		160	1	16.000	16 000
	35.5	1	17.750	142	12.5	(90)	1、2、4	7.200	14 062
2.5	(22.4)	1、2、4	8.960	140		112	1、2、4	8.960	17 500
	28	1、2、4、6	11.200	175		(140)	1、2、4	8.960	17 500
	(35.5)	1、2、4	14.200	221.9		200	1	16.000	31 250
	45	1	18.000	281	16	(112)	1、2、4	7.000	28 675
3.15	(28)	1、2、4	8.889	278		140	1、2、4	8.750	35 940
	35.5	1、2、4、6	11.27	352		(180)	1、2、4	11.250	46 080
	(45)	1、2、4	14.286	447.5		250	1	15.625	64 000
	56	1	17.778	556	20	(140)	1、2、4	7.000	56 000
4	(31.5)	1、2、4	7.875	504		160	1、2、4	8.000	64 000
	40	1、2、4、6	10.000	640		(224)	1、2、4	11.200	89 600
	(50)	1、2、4	12.500	800		315	1	15.750	126 000
	71	1	17.750	1 136	25	(180)	1、2、4	7.200	112 500
5	(40)	1、2、4	8.000	1 000		200	1、2、4	8.000	125 000
	50	1、2、4、6	10.100	1 250		(280)	1、2、4	11.200	175 000
	(63)	1、2、4	12.610	1 575		400	1	16.00	250 000
	90	1	18.000	2 350	—	—	—	—	—
6.3	(50)	1、2、4	10.000	2 500					
	63	1、2、4、6	10.000	2 500					
	(80)	1、2、4	12.698	3 275					
	112	1	17.778	4 445					

注：Σ 为蜗轮、蜗杆轴线的交错角。

（2）蜗杆分度圆直径 d_1

为了使蜗轮刀具尺寸标准化，减少刀具规格数量，国家标准《圆柱蜗杆、蜗轮精度》

（GB/T 10089—2018）中将蜗杆分度圆直径 d_1 规定为标准值，见表 4-1。

（3）蜗杆直径系数 q

蜗杆分度圆直径 d_1 与模数 m 的比值称为蜗杆直径系数，用 q 表示，见表 4-1。即：

$$q=\frac{d_1}{m} \tag{4-4}$$

式中 d_1——蜗杆分度圆直径，mm。

由于 d_1、m 已标准化，q 为导出量，所以 q 不一定为整数。对于传递动力的蜗杆，q 值为 8～18。

（4）导程角 γ

导程角 γ 是指圆柱蜗杆分度圆柱螺旋线上任一点的切线与端平面之间所夹的锐角。

$$\tan\gamma=\frac{mz_1}{d_1}=\frac{z_1}{q} \tag{4-5}$$

式中 z_1——蜗杆头数。

导程角的大小直接影响蜗杆的传动效率。导程角大，效率高；导程角小，效率低。当导程角 $\gamma \leqslant 3°30'$ 时，蜗杆传动具有自锁性能。但在实际工作中，若有冲击和振动时，仍可能导致自锁性能不可靠，故应另加制动装置。

（5）蜗轮螺旋角 β

蜗轮轮齿和斜齿轮相似，齿的旋向与轴线之间的夹角称为螺旋角，用 β 表示。规定蜗杆分度圆柱面上的导程角 γ 应等于蜗轮分度圆柱面上的螺旋角 β，且两者的螺旋方向必须相同，即：

$$\gamma=\beta \tag{4-6}$$

（6）传动比 i

对于蜗杆传动，设蜗杆头数为 z_1、蜗轮齿数为 z_2，当蜗杆为主动件时，传动比为：

$$i=\frac{n_1}{n_2}=\frac{z_2}{z_1} \tag{4-7}$$

式中 n_1——蜗杆转速，r/min；

n_2——蜗轮转速，r/min；

z_1——蜗杆头数；

z_2——蜗轮齿数。

一般圆柱蜗杆传动减速装置的传动比 i 的公称值应按下列数值选取：5、7.5、10、12.5、15、20、25、30、40、50、60、70、80。

其中，10、20、40、80 为基本传动比，应优先采用。

蜗杆头数通常取 $z_1=1$、2、4、6，最多不超过 10，可根据传动比和效率两个因素来选定。单头蜗杆传动比大，易切削，导程角小，自锁性能好，但效率低，多用于自锁蜗杆传动或分度传动；多头蜗杆则相反，可用于动力传动以获得较高的传动效率。

蜗轮齿数 $z_2=iz_1$。为了避免蜗轮出现根切，保证传动的平稳性，通常取 $z_{2\min}\geqslant 28$。但 z_2 也不宜过大，因为当 m 一定时，z_2 越大则蜗轮直径越大，蜗杆支撑跨距也越大，使蜗杆的刚度降低，工作中易发生挠曲而使啮合情况恶化。当蜗轮直径一定时，z_2 越大则模数越小，使弯曲强度降低。通常取 $z_2=28$～80。

不同传动比时蜗杆头数的推荐值见表 4-2。

表 4-2　　不同传动比时蜗杆头数的推荐值

传动比 i	5~8	7~16	15~32	30~83
蜗杆头数 z_1	6	4	2	1

（7）中心距 a

中心距 a 即蜗杆轴线与蜗轮轴线间的距离。非变位的蜗杆传动的中心距 a 为：

$$a=\frac{d_1+d_1}{2}=\frac{qm+z_2m}{2}=\frac{m(q+z_2)}{2} \tag{4-8}$$

式中　d_1、d_2——蜗杆、蜗轮的分度圆直径，mm；

q——蜗杆直径系数；

z_2——蜗轮齿数。

一般圆柱蜗杆传动减速装置的中心距 a 应按下列数值选取：40、50、63、80、100、125、160、(180)、200、(225)、250、(280)、315、(355)、400、(450)、500 mm。括号中的数字尽量不采用。

2. 蜗杆传动的正确啮合条件

（1）在中间平面内，蜗杆的轴向模数 m_{x1} 和蜗轮的端面模数 m_{t2} 相等，即 $m_{x1}=m_{t2}=m$。

（2）在中间平面内，蜗杆的轴向压力角 α_{x1} 和蜗轮的端面压力角 α_{t2} 相等，即 $\alpha_{x1}=\alpha_{t2}=\alpha=20°$。

（3）蜗杆分度圆柱面的导程角 γ_1 和蜗轮分度圆柱面的螺旋角 β_2 相等，并且旋向一致，即 $\gamma_1=\beta_2$。

3. 圆柱蜗杆传动几何尺寸计算

标准圆柱蜗杆传动的基本几何尺寸见表 4-3。

表 4-3　　标准圆柱蜗杆传动的基本几何尺寸

名称	代号	公　式
蜗杆轴向模数或蜗轮端面模数	m	由强度条件确定，取标准值（见表 4-1）
中心距	a	$a=m(q+z_2)/2$
传动比	i	$i=z_2/z_1$
蜗杆轴向齿距	p_x	$p_x=\pi m$
蜗杆分度圆导程角	γ	$\tan\gamma=z_1/q$
蜗杆分度圆直径	d_1	$d_1=mq$
蜗杆压力角	α	$\alpha_x=20°$（阿基米德蜗杆），其余 $\alpha_n=20°$
蜗杆齿顶高	h_{a1}	$h_{a1}=h_a^* m$
蜗杆齿根高	h_{f1}	$h_{f1}=(h_a^*+c^*)m$
蜗杆全齿高	h_1	$h_1=h_{a1}+h_{f1}=(2h_a^*+c^*)m$
齿顶高系数	h_a^*	一般 $h_a^*=1$，短齿 $h_a^*=0.8$
顶隙系数	c^*	一般 $c^*=0.2$

续表

名称	代号	公　式
蜗杆齿顶圆直径	d_{a1}	$d_{a1}=d_1+2h_{a1}=m(q+2h_a^*)$
蜗杆齿根圆直径	d_{f1}	$d_{f1}=d_1-2h_{f1}=m(q-2h_a^*-2c^*)$
蜗杆齿宽	b_1	当 $z_1=1$、2 时，$b_1 \geqslant (11+0.06z_2)m$ 当 $z_1=3$、4 时，$b_1 \geqslant (12.5+0.09z_2)m$
蜗轮分度圆直径	d_2	$d_2=mz_2$
蜗轮齿顶高	h_{a2}	$h_{a2}=h_a^* m$
蜗轮齿根高	h_{f2}	$h_{f2}=(h_a^*+c^*)m$
蜗轮齿顶圆直径	d_{a2}	$d_{a2}=d_2+2h_a^* m= m(z_2+2h_a^*)$
蜗轮齿根圆直径	d_{f2}	$d_{f2}=d_2-2m(h_a^*+c^*)=m(z_2-2h_a^*-2c^*)$
蜗轮顶圆直径	d_{e2}	当 $z_1=1$ 时，$d_{e2} \leqslant d_{a2}+2m$ 当 $z_1=2\sim3$ 时，$d_{e2} \leqslant d_{a2}+1.5m$ 当 $z_1=4\sim6$ 时，$d_{e2} \leqslant d_{a2}+m$，或按结构设计
蜗轮齿宽	b_2	当 $z_1 \leqslant 3$ 时，$b_2 \leqslant 0.75d_{a1}$ 当 $z_1=4\sim6$ 时，$b_2 \leqslant 0.67d_{a1}$

三、蜗杆传动回转方向的判定

在蜗杆传动中，蜗轮、蜗杆齿的旋向应是一致的，即同为左旋或右旋。蜗轮回转方向的判定取决于蜗杆的旋向和蜗杆的回转方向，可用左（右）手定则来判定，见表 4-4。

表 4-4　　蜗轮、蜗杆齿的旋向及蜗轮回转方向的判定方法

要求	图　例	判定方法
判断蜗杆或蜗轮的旋向	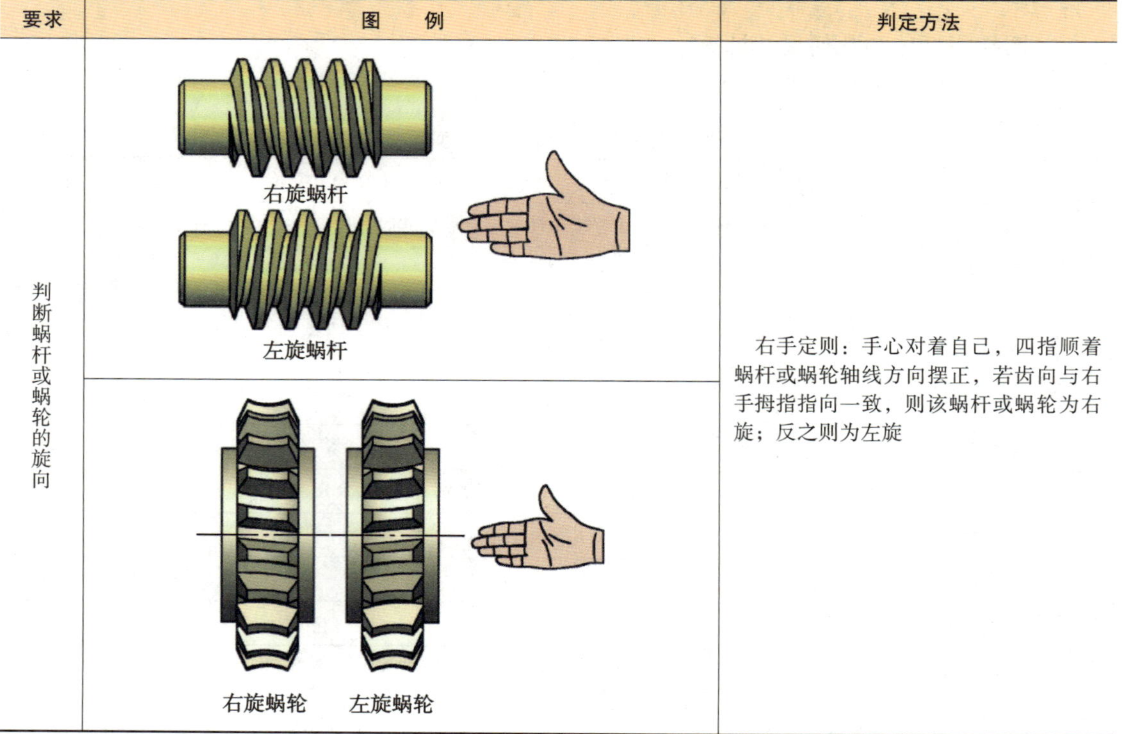	右手定则：手心对着自己，四指顺着蜗杆或蜗轮轴线方向摆正，若齿向与右手拇指指向一致，则该蜗杆或蜗轮为右旋；反之则为左旋

续表

要求	图　　例	判定方法
判断蜗轮的回转方向	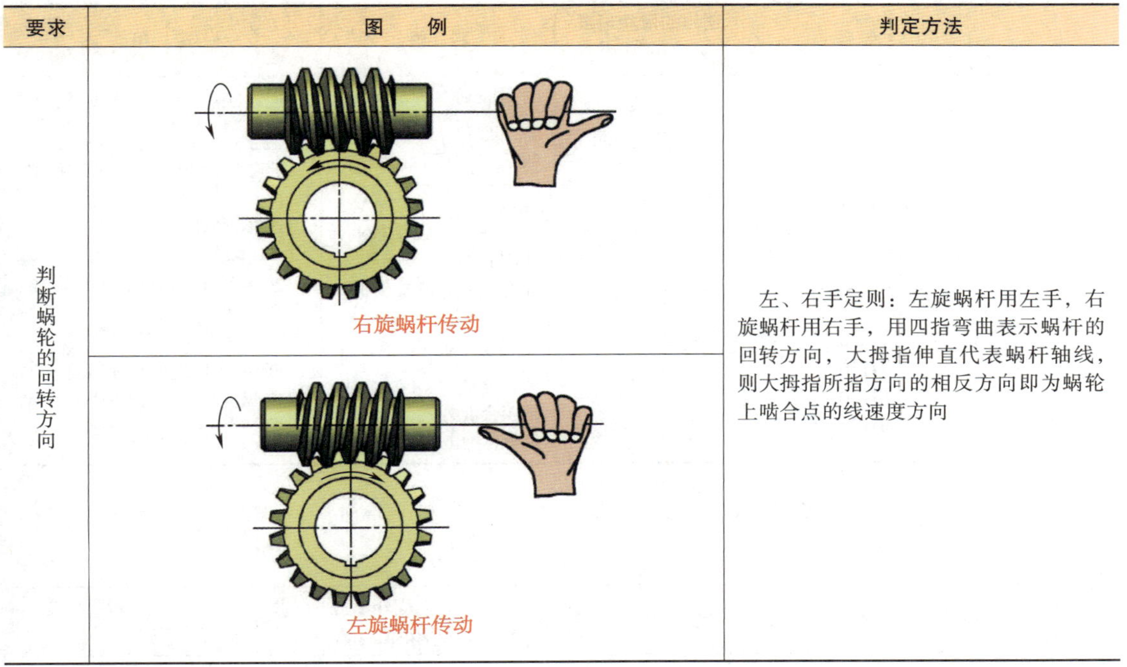 右旋蜗杆传动 左旋蜗杆传动	左、右手定则：左旋蜗杆用左手，右旋蜗杆用右手，用四指弯曲表示蜗杆的回转方向，大拇指伸直代表蜗杆轴线，则大拇指所指方向的相反方向即为蜗轮上啮合点的线速度方向

四、蜗杆传动的失效形式、设计准则及常用材料

1. 蜗杆传动的失效形式

蜗杆传动的失效形式与斜齿轮传动相似，有轮齿折断、齿面点蚀、齿面磨损和胶合等，但由于蜗杆、蜗轮的齿廓间相对滑动速度较大、发热量大而效率低，因此传动的主要失效形式为胶合、磨损和点蚀。由于蜗杆的齿是连续的螺旋线，且蜗杆的强度高于蜗轮，因而失效多发生在蜗轮轮齿上。在闭式传动中，蜗轮的主要失效形式是胶合与点蚀；在开式传动中，蜗轮的主要失效形式是磨损。

由于胶合和磨损的计算目前尚无较完善的方法和数据，而滑动速度及接触应力的增大将会加剧胶合的磨损。为了防止胶合和减缓磨损，除选用减磨性的配对材料和保证良好的润滑外，还应限制其接触应力。

2. 蜗杆传动的设计准则

闭式蜗杆传动按齿面接触疲劳强度设计，并校核齿根弯曲疲劳强度，为避免发生胶合失效还必须进行热平衡计算；开式蜗杆传动通常只需按齿根弯曲疲劳强度设计。实践证明，对于闭式蜗杆传动，当载荷平稳无冲击时，蜗轮轮齿因弯曲强度不足而失效的情况多发生于齿数 $z_2>80$ 时，所以在齿数小于以上数值时，可不考虑弯曲强度校核。

3. 蜗杆传动的常用材料

考虑到蜗杆传动难于保证高的接触精度，滑动速度又比较大，以及蜗杆变形等因素，蜗杆、蜗轮不能都用硬材料制造，其中之一（通常为蜗轮）应该用减摩性良好的软材料来制造。

蜗轮材料通常是指蜗轮齿冠部分的材料，见表 4-5。

表 4-5 蜗轮材料及工艺要求

材料	牌号	适用的滑动速度 $v_s/(\mathrm{m \cdot s^{-1}})$	特 性	应 用
锡青铜	ZCuSn10Pb1	≤25	耐磨性、跑合性、抗胶合能力、切削性能均较好，但强度低，成本高	连续工作的高速、重载的重要传动
	ZCuSn5Pb5Zn5	≤12		速度较高的轻、中、重载传动
无锡青铜	ZCuAl10Fe3	≤10	耐冲击，强度较高，切削性能好，抗胶合能力较差，价格较低	速度较低的重载传动
	ZCuAl10Fe3Mn2	≤10		
黄铜	ZCuZn38Mn2Pb2	≤10		速度较低，载荷稳定的轻、中载传动
灰铸铁	HT150 HT200 HT250	≤2	铸造性能、切削性能好，价格低，抗点蚀和抗胶合能力强，抗弯强度低，冲击韧度差	低速、不重要的开式传动，蜗轮尺寸较大的传动，手动传动

蜗杆材料分为碳钢和合金钢，见表 4-6。

表 4-6 蜗杆材料及工艺要求

蜗杆材料	热处理	硬度	齿面粗糙度 Ra 值/μm	应用
45、42SiMn、37SiMn2MoV、40Cr、38SiMnMo、42CrMo、40CrNi	表面淬火	45~55HRC	1.6~0.8	中速、中载、一般传动
15CrMn、20CrMn、20Cr、20CrNi、20CrMnTi	表面渗碳淬火	58~63HRC	1.6~0.8	高速、重载、重要传动
45	调质	≤270HB	6.3	低速，轻、中载，不重要的传动

五、蜗杆传动精度等级的确定

蜗杆传动根据国家标准 GB/T 10089—2018 规定了 12 个精度等级，第 1 级精度最高，第 12 级精度最低。按照公差的特性对传动性能的主要保证作用，将公差（或极限偏差）分成三个公差组：第Ⅰ公差组、第Ⅱ公差组和第Ⅲ公差组。根据使用的不同，允许各公差组选用不同的精度等级，但在同一公差组中，各项公差与极限偏差应保持相同的精度等级。蜗杆和配对的蜗轮的精度等级一般取成相同，也允许取成不相同。

由于蜗杆传动啮合轮齿的刚度较齿轮传动大，所以制造精度对传动的影响比齿轮传动更显著。对于动力传动，要按照 6~9 级精度制造。表 4-7 中列出了 6~9 级精度等级的应用范围、加工方法、滑动速度。对于测量、分度等要求运动精度高的传动，要按照 5 级或 5 级以上的精度制造。

表 4-7 蜗杆传动的精度等级及应用

精度等级	滑动速度 $v_s/(\mathrm{m \cdot s^{-1}})$	加工方法		应用
		蜗杆	蜗轮	
6	>10	淬火，磨光和抛光	滚切后用蜗杆形剃齿刀精加工，加载跑合	速度较高的精密传动，中等精密机床分度机构，发动机调速器的传动

续表

精度等级	滑动速度 $v_s/(\mathrm{m\cdot s^{-1}})$	加工方法		应用
		蜗杆	蜗轮	
7	≤10	淬火，磨光和抛光	滚切后用蜗杆形剃齿刀精加工，加载跑合	速度较高的中等功率传动，中等精度的工业运输机的传动
8	≤5	调质，精车	滚切后建议加载跑合	速度较低或短时间工作的动力传动，不太重要的传动
9	≤2	调质，精车	滚切后建议加载跑合	不重要的低速传动或手动

六、蜗杆传动的承载能力计算

1. 蜗杆传动的受力分析

蜗杆传动的受力分析与斜齿圆柱齿轮的受力分析相似，齿面上的法向力 $\boldsymbol{F}_{\mathrm{n}}$ 可分解为三个相互垂直的分力：圆周力 $\boldsymbol{F}_{\mathrm{t}}$、轴向力 $\boldsymbol{F}_{\mathrm{x}}$ 和径向力 $\boldsymbol{F}_{\mathrm{r}}$，如图 4-5 所示。

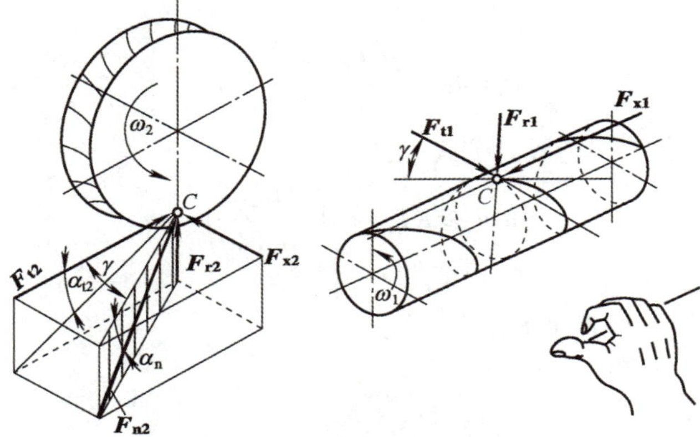

图 4-5 蜗杆传动的受力分析

当蜗杆为主动件时各力的方向为：

（1）蜗杆上的圆周力 $\boldsymbol{F}_{\mathrm{t1}}$的方向与蜗杆的转向相反。

（2）蜗轮上的圆周力 $\boldsymbol{F}_{\mathrm{t2}}$的方向与蜗轮的转向相同。

（3）蜗杆和蜗轮径向力 $\boldsymbol{F}_{\mathrm{r}}$ 的方向，分别指向各自的轴心。

（4）蜗杆轴向力 $\boldsymbol{F}_{\mathrm{x1}}$ 的方向与蜗杆的转向及螺旋方向有关，由左（右）手定则确定。即蜗杆为右（左）旋时用右（左）手，四指弯曲方向与蜗杆转向相同，拇指所指方向就是轴向力 $\boldsymbol{F}_{\mathrm{x1}}$ 的方向，如图 4-5 所示。

各力的大小可按下式计算：

$$\left.\begin{aligned}F_{\mathrm{t2}}&=\frac{2T_2}{d_2}\approx -F_{\mathrm{x1}}\\F_{\mathrm{x2}}&=F_{\mathrm{t2}}\tan\gamma\approx -F_{\mathrm{t1}}\\F_{\mathrm{r2}}&=F_{\mathrm{t2}}\tan\alpha_{\mathrm{t2}}\approx -F_{\mathrm{r1}}\end{aligned}\right\}\qquad(4-9)$$

$$F_{\mathrm{n2}}=\frac{F_{\mathrm{t2}}}{\cos\gamma\tan\alpha_{\mathrm{n}}}=\frac{2T_2}{d_2\cos\gamma\tan\alpha_{\mathrm{n}}}$$

式中 F_{t2}、F_{t1}——蜗轮、蜗杆圆周力，N；

F_{x2}、F_{x1}——蜗轮、蜗杆轴向力，N；

F_{r2}、F_{r1}——蜗轮、蜗杆径向力，N；

F_{n2}——蜗轮法向力，N；

T_2——蜗轮转矩，N·mm；

α_{t2}——蜗轮端面压力角；

α_n——蜗轮法向压力角，$\tan\alpha_n=\tan\alpha_{t2}\cos\gamma$。

$$T_2=9.55\times10^6\frac{P_1\eta_1 i}{n_1}=T_1\eta_1 i \tag{4-10}$$

T_1——蜗杆转矩，N·mm；

P_1——蜗杆输入功率，kW；

η_1——传动啮合效率。

2. 蜗轮齿面接触疲劳强度计算

蜗轮齿面接触疲劳强度计算与斜齿轮相似，当用青铜蜗轮与钢制蜗杆配对时，蜗轮齿面接触强度的校核公式为：

$$\sigma_H=480\sqrt{\frac{KT_2\cos\gamma}{d_1{d_2}^2}}\leqslant[\sigma_H] \tag{4-11}$$

将 $d_2=mz_2$ 代入上式，可得设计公式为：

$$m^2d_1\geqslant KT_2\cos\gamma\left(\frac{480}{z_2[\sigma_H]}\right)^2 \tag{4-12}$$

式中 σ_H——蜗轮齿面的接触应力，MPa；

K——载荷系数，按表 4-8 选取；

T_2——蜗轮轴的转矩，N·mm；

γ——蜗杆导程角，按表 4-9 选取；

$[\sigma_H]$——蜗轮齿面的许用接触应力，MPa，按表 4-10 和表 4-11 选取。

计算出 m^2d_1 后，按表 4-1 查取相应的 m 和 d_1 值。

当采用灰铸铁蜗轮与钢制蜗杆配对时，式（4-11）和式（4-12）中的数字 480 用 500 代替。

表 4-8　载荷系数 K

原动机	工作机		
	均匀	中等冲击	严重冲击
电动机、汽轮机	0.8~1.95	0.9~2.34	1.0~2.75
多缸内燃机	0.9~2.34	1.0~2.75	1.25~3.12
单缸内燃机	1.0~2.75	1.25~3.12	1.5~3.51

注：1. 每日间断工作取较小值，长期连续工作取较大值。
2. 载荷变化大、速度大、蜗杆刚度大时取较大值，反之取较小值。

表 4-9　蜗杆导程角 γ 的推荐范围

蜗杆头数 z_1	1	2	3	4
γ	3°~8°	8°~16°	16°~30°	28°~33.5°

表 4-10 蜗轮材料的许用接触应力 [σ_H] 和许用弯曲应力 [σ_F] MPa

蜗轮材料	铸造方法	适用的滑动速度 $v_s/(m\cdot s^{-1})$	力学性能		[σ_H]		[σ_F]	
					蜗杆齿面硬度			
			$\sigma_{0.2}$	R_m	≤350HBW	>45HRC	一侧受载	两侧受载
ZCuSn10Pb1	砂　模	≤12	130	220	180	200	51	32
	金属模	≤25	170	310	200	220	70	40
ZCuSn5Pb5Zn5	砂　模	≤10	90	200	110	125	33	24
	金属模	≤12	100	250	135	150	40	29
ZCuAl10Fe3	砂　模	≤10	180	490	见表 4-11		82	84
	金属模		200	540			90	80
ZCuAl10Fe3Mn2	砂　模	≤10	—	490			—	—
	金属模			540			100	90
ZCuZn38Mn2Pb2	砂　模	≤10	—	245			62	56
	金属模			345			—	—
HT150	砂　模	≤2	—	150			40	25
HT200	砂　模	≤2~5	—	200			48	30
HT250	砂　模	≤2~5	—	250			56	35

表 4-11 无锡青铜、黄铜及铸铁的许用接触应力 [σ_H] MPa

蜗轮材料	蜗杆材料	滑动速度 $v_s/(m\cdot s^{-1})$							
		0.25	0.5	1	2	3	4	6	8
ZCuAl10Fe3、ZCuAl10、Fe3Mn2	钢经淬火	—	250	230	210	180	160	120	90
ZCuZn38Mn2Pb2	钢经淬火	—	215	200	180	150	135	95	75
HT200、HT150（120~150HBW）	渗碳钢	160	130	115	90	—	—	—	—
HT150（120~150HBW）	调质或淬火钢	140	110	90	7	—	—	—	—

注：蜗杆如未经淬火，[σ_H] 值需降低 20%。

3. 蜗轮轮齿齿根弯曲疲劳强度计算

由于蜗轮轮齿的齿形比较复杂，要精确计算轮齿的弯曲应力比较困难，通常近似地将蜗轮看作斜齿轮，按斜齿圆柱齿轮弯曲强度公式来计算，化简后齿根弯曲强度的校核公式为：

$$\sigma_F=\frac{1.56KT_2}{d_1d_2m}Y_{Fa}\leqslant[\sigma_F] \tag{4-13}$$

将 $d_2=mz_2$ 代入上式可得设计公式为：

$$m^2d_1\geqslant\frac{1.56KT_2}{z_2[\sigma_F]}Y_{Fa} \tag{4-14}$$

式中 σ_F——蜗轮齿根弯曲应力，MPa；

Y_{Fa}——蜗轮的齿形系数，用当量齿数 $z_{v2}=z_2/\cos^3\gamma$ 按表 4-12 选取；

$[\sigma_F]$——蜗轮材料的许用弯曲应力，MPa，按表 4-10 选取。

表 4-12 蜗轮的齿形系数 Y_{Fa}

z_v	Y_{Fa}	z_v	Y_{Fa}	z_v	Y_{Fa}	z_v	Y_{Fa}
20	2.24	30	1.99	40	1.76	80	1.52
24	2.12	32	1.94	45	1.68	100	1.47
26	2.10	35	1.86	50	1.64	150	1.44
28	2.04	37	1.82	60	1.59	300	1.40

七、蜗杆传动的效率

蜗杆传动的效率为：

$$\eta=\eta_1\eta_2\eta_3 \tag{4-15}$$

式中 η_1——蜗杆传动的啮合效率，可按螺旋传动效率公式计算；

η_2——考虑搅油损耗的效率，一般取 $\eta_2=0.96\sim0.99$；

η_3——轴承效率，每对滚动轴承为 $\eta_3=0.98\sim0.995$；

每对滑动轴承为 $\eta_3=0.97\sim0.99$。

当蜗杆主动时：

$$\eta_1=\frac{\tan\gamma}{\tan(\gamma+\rho_v)} \tag{4-16}$$

式中 ρ_v——当量摩擦角，由表4-13查取。

表4-13中的滑动速度 v_s 如图4-6所示，按下式计算：

$$v_s=\frac{v_1}{\cos\gamma}=\frac{v_2}{\sin\gamma}=\frac{\pi d_1 n_1}{60\times1\,000\cos\gamma} \tag{4-17}$$

式中 v_s——蜗杆传动的滑动速度，m/s；

v_1、v_2——蜗杆、蜗轮的圆周速度，m/s。

设计之初，η 可按表4-14初步选取。

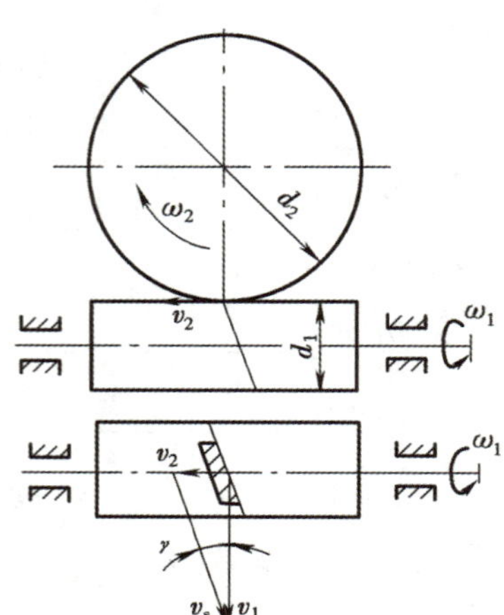

图4-6 蜗杆传动的滑动速度

表4-13 蜗杆传动的当量摩擦角 ρ_v

蜗轮材料		锡青铜		无锡青铜	灰铸铁	
钢蜗杆齿面硬度		≥45HRC	其他情况	≥45HRC	≥45HRC	其他情况
滑动速度 v_s/(m·s^{-1})	0.01	6°17′	6°51′	10°12′	10°12′	10°45′
	0.05	5°09′	5°43′	7°58′	7°58′	9°05′
	0.10	4°34′	5°09′	7°24′	7°24′	7°58′
	0.25	3°43′	4°17′	5°43′	5°43′	6°51′
	1.0	2°35′	3°43′	4°00′	4°00′	5°09′
	1.5	2°17′	2°52′	3°43′	3°43′	4°34′
	2.0	2°00′	2°35′	3°09′	3°09′	4°00′
	2.5	1°43′	2°17′	2°52′	—	—
	3.0	1°36′	2°00′	2°35′	—	—
	4	1°22′	1°47′	2°17′	—	—
	5	1°16′	1°40′	2°00′	—	—
	8	1°02′	1°29′	1°43′	—	—
	10	0°55′	1°22′	—	—	—
	15	0°48′	1°09′	—	—	—
	24	0°45′	—	—	—	—

注：蜗杆螺旋表面粗糙度 *Ra* 值为1.6~0.4 μm。

表4-14 蜗杆传动效率（η）估算值

蜗杆头数 z_1	1	2	4、6
蜗杆传动效率 η	0.7~0.8	0.80~0.86	0.82~0.87

八、蜗杆、蜗轮的结构

蜗杆一般与轴做成一体，如图 4-7 所示，只有当 $d_{f1}>1.7d_h$ 时（d_h 为轴径），才采用蜗杆齿套装在轴上的结构。

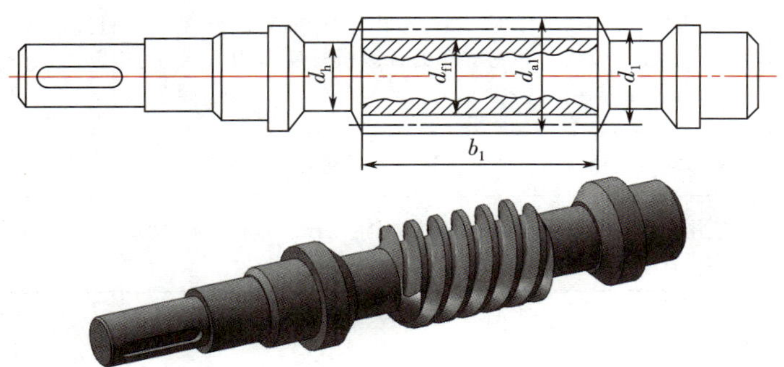

图 4-7　蜗杆的整体结构

蜗轮的典型结构见表 4-15。

表 4-15　　蜗轮的典型结构

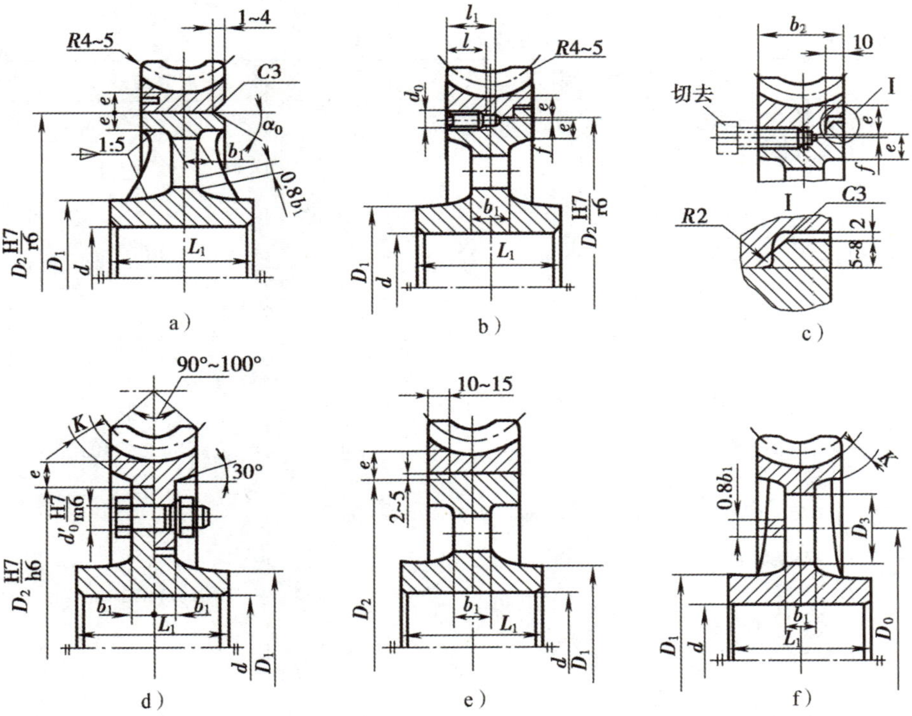

a）　b）　c）

d）　e）　f）

经验公式	$K=2m>10$ mm	$l=3d_0$	$D_1=(1.6\sim2)d$	
	$e=2m>10$ mm	$l_1=l+0.5d_0$	$D_0\approx\frac{1}{2}(D_1+D_2)$	$D_3=\frac{D_0}{4}$
	$f=2\sim3$ mm	$\alpha_0=10°$	$L_1=(1.2\sim1.8)d$	
	$d_0=(1.2\sim1.5)m$	$b_1=1.7m$	d_0' 按螺栓强度计算确定	

续表

结构形式	特点及应用范围
轮箍式：a）b）c）	青铜轮缘与铸铁心组合，通常采用 H7/r6 配合，为防止轮缘滑动，加台肩和螺钉固定，螺钉数目可取 4~6 个
螺栓连接式：d）	采用铰制孔用螺栓连接，螺栓与孔用 H7/m6 配合，螺栓数目经抗剪强度计算确定，并以轮缘受挤压条件校核，蜗轮材料的许用挤压应力为 $[\sigma_P]=0.3\sigma_s$（σ_s——轮缘材料的屈服强度），这种方法应用较多
镶铸式：e）	青铜轮缘镶铸在铸铁心上，轮心上预制出榫槽防止滑动，这种方式适用于大批生产
整体式：f）	适用于直径小于 100 mm 的青铜蜗轮和任意直径的铸铁蜗轮，直径小时可用实体或腹板结构，直径较大时可用腹板加肋结构

任务实施

此蜗杆传动属于一般用途，按表 4-6 蜗杆材料选用 45 钢，表面淬火，硬度大于 45HRC。蜗轮齿圈材料按表 4-5 选用锡青铜 ZCuSn5Pb5Zn5，砂模铸造。设计结果见表 4-16。

表 4-16　　蜗杆传动的设计结果

序号	计算项目	计算结果	计算依据
1	蜗轮齿面接触强度计算 （1）蜗杆头数 z_1、蜗轮齿数 z_2 由表 4-2 查取 $z_1=2$，$z_2=iz_1=20\times2=40$ （2）许用接触应力 $[\sigma_H]$ 由表 4-10 查得 $[\sigma_H]=125$ MPa （3）蜗轮转矩 由表 4-14 初设　$\eta_1=0.85$ 由式（4-10）得 $T_2=9.55\times10^6\dfrac{P_1\eta_1 i}{n_1}$ $=\left(9.55\times10^6\times\dfrac{4}{1\ 440}\times0.85\times20\right)\ \text{N}\cdot\text{mm}\approx4.51\times10^5\ \text{N}\cdot\text{mm}$ （4）载荷系数 K 查表 4-8 取 $K=1.1$ （5）蜗杆导程角 γ 由表 4-9 初取 $\gamma=12°$ （6）计算 m^2d_1 值 由式（4-12）得 $m^2d_1\geqslant KT_2\cos\gamma\left(\dfrac{480}{z_2[\sigma_H]}\right)^2$ $=\left[1.1\times4.51\times10^5\times\cos12°\times\left(\dfrac{480}{40\times125}\right)^2\right]\ \text{mm}^3\approx4\ 472\ \text{mm}^3$	$z_1=2$ $z_2=40$ $[\sigma_H]=125$ MPa $T_2=4.51\times10^5$ N·mm $K=1.1$ $\gamma=12°$ $m^2d_1\geqslant4\ 472\ \text{mm}^3$	表 4-2 表 4-10 表 4-14 式（4-10） 表 4-8 表 4-9 式（4-12）

续表

序号	计 算 项 目	计算结果	计算依据
2	确定基本几何尺寸 （1）模数 m 和蜗杆分度圆直径 d_1 由表 4-1 查得 $m^2d_1=5\ 120\ \text{mm}^3$，$m=8$ mm，$d_1=80$ mm （2）蜗杆导程角 γ 以下均按表 4-3 的关系式计算 $\gamma=\arctan\dfrac{z_1m}{d_1}=\arctan\dfrac{2\times8}{80}\approx11.31°$ （3）蜗轮分度圆直径 d_2 $d_2=mz_2=8\times40=320$ mm （4）中心距 a $a=\dfrac{1}{2}(d_1+d_2)=\dfrac{1}{2}\times(80+320)\ \text{mm}=200\ \text{mm}$ （5）蜗杆螺纹部分长度 b_1 $b_1=(11+0.06z_2)m=(11+0.06\times40)\times8\ \text{mm}=107.2\ \text{mm}$ （6）蜗杆齿顶圆直径 d_{a1} $d_{a1}=d_1+2m=80\ \text{mm}+2\times8\ \text{mm}=96\ \text{mm}$ （7）蜗轮宽度 b_2 $b_2=0.75d_{a1}=0.75\times96\ \text{mm}=72\ \text{mm}$	$m^2d_1=5\ 120\ \text{mm}^3$ $m=8$ mm $d_1=80$ mm $\gamma=11.31°$ $d_2=320$ mm $a=200$ mm $b_1=107.2$ mm $d_{a1}=96$ mm $b_2=72$ mm	表 4-1 表 4-3
3	确定精度等级 （1）蜗轮切向速度 v_2 $v_2=\dfrac{\pi d_2n_2}{60\times1\ 000}=\dfrac{\pi\times320\times1\ 440}{60\times1\ 000\times20}\ \text{m/s}\approx1.206\ \text{m/s}$ （2）滑动速度 v_s 由式（4-17）得 $v_s=\dfrac{v_2}{\sin\gamma}=\dfrac{1.206}{\sin11.31°}\ \text{m/s}\approx6.149\ \text{m/s}$ （3）精度等级 因 $v_s\leqslant10$，由表 4-7，蜗杆选用 7 级精度	$v_2=1.206$ m/s $v_s=6.149$ m/s 蜗杆选用 7 级精度	式（4-17） 表 4-7
4	计算传动效率 η （1）传动啮合效率 η_1 由表 4-13 查得当量摩擦角 $\rho_v=1.18°$ 由式（4-16）得 $\eta_1=\dfrac{\tan\gamma}{\tan(\gamma+\rho_v)}=\dfrac{\tan11.31°}{\tan(11.31°+1.18°)}\approx0.904$ （2）搅油损失效率 $\eta_2=0.97$ （3）滚动轴承效率 $\eta_3=0.99$ （4）蜗杆传动的效率 η 由式（4-15）得 $\eta=\eta_1\eta_2\eta_3=0.904\times0.97\times0.99\approx0.868$	$\eta_1=0.904$ $\eta_2=0.97$ $\eta_3=0.99$ $\eta=0.868$	表 4-13 式（4-16） 式（4-15）

续表

序号	计算项目	计算结果	计算依据
5	复核 m^2d_1 由式（4-12）得 $m^2d_1=KT_2\cos\gamma\left(\frac{480}{z_2[\sigma_H]}\right)^2$ $=\left[1.1\times4.51\times10^5\times\cos11.31°\times\left(\frac{480}{40\times125}\right)^2\right]\text{mm}^3\approx4\ 483.3\ \text{mm}^3$ $4\ 483.3\ \text{mm}^3<5\ 120\ \text{mm}^3$ 安全	$4\ 483.3\ \text{mm}^3<$ $5\ 120\ \text{mm}^3$ 安全	式（4-12）
6	蜗轮齿根弯曲强度校核 （1）蜗轮许用弯曲应力 $[\sigma_F]$ 由表4-10得 $[\sigma_F]=33$ MPa （2）蜗轮当量齿数 z_{v2} $z_{v2}=\frac{z_2}{\cos^3\gamma}=\frac{40}{\cos^3 11.31°}\approx42.4$ （3）蜗轮齿形系数 Y_{Fa} 由表4-12查得 $Y_{Fa}=1.72$ （4）蜗轮齿根弯曲应力 σ_F 由式（4-13）得 $\sigma_F=\frac{1.56KT_2}{d_1d_2m}Y_{Fa}=\frac{1.56\times1.1\times4.51\times10^5\times1.72}{80\times320\times8}\text{MPa}\approx6.5\ \text{MPa}$ 6.5 MPa<33 MPa 安全	6.5 MPa<33 MPa 安全	表4-10 表4-12 式（4-13）

练习题

1. 圆柱蜗杆有哪几种？常用的是哪种？
2. 蜗杆、蜗轮的材料应如何选择？
3. 蜗杆传动的正确啮合条件是什么？
4. 有一蜗杆传动，已知蜗杆头数 $z_1=2$，蜗杆转速 $n_1=980$ r/min，蜗轮齿数 $z_2=70$，求蜗轮转速 n_2。如要求蜗轮转速 $n_2=35$ r/min，蜗轮的齿数 z_2 应为多少？

课题二 蜗杆传动的维护

学习目标

◎ 了解蜗杆传动的润滑方式及热平衡计算。

◎ 能够正确润滑蜗轮蜗杆机构。

任务引入

一单级闭式蜗杆传动减速器，已知传动功率 $P_1=4$ kW，转速 $n_1=1\ 440$ r/min，蜗杆直径 $d_1=80$ mm，传动效率 $\eta=0.868$，滑动速度 $v_s=6.149$ m/s，连续工作。要求：通过热平衡计算确定散热面积 A，并选择润滑油黏度和润滑方式。

任务分析

蜗杆和蜗轮齿廓间相对滑动速度较大，摩擦、磨损远比齿轮传动严重，且发热量大，传动效率低。因此，应根据工作条件和工作环境来选择润滑油黏度、润滑和散热方式，从而保证蜗杆传动的正常运行，提高其使用寿命。

相关知识

一、蜗杆传动的润滑

1\. 蜗杆传动润滑油的选择

为了减小摩擦损失，提高传动效率，防止过度磨损和发热，提高抗胶合性能，保证机器正常工作，蜗杆蜗轮啮合处以及轴承的润滑是非常重要的。为了提高蜗杆传动的抗胶合性能，宜选用黏度较高的矿物油润滑。必要时可加入油性添加剂（如 5%的动物油脂），有利于提高油膜厚度，减小胶合危险。用青铜制造的蜗轮，则不允许采用活性大的极压添加剂，以免腐蚀青铜。采用聚乙二醇、聚醚合成油时，摩擦因数较小，有利于提高传动效率，可承受较高的工作温度，减少磨损。

蜗杆传动一般用黏度较大、油性好的润滑油。其黏度值可按表 4-17 选取。对于压力喷油润滑，应选用黏度稍低的润滑油，喷油压力为 0.15~0.25 MPa。循环系统中如有过滤式冷却器，可选用黏度 $v_{40}=90\sim165$ mm^2/s 的润滑油。无回油冷却器时，选用黏度 $v_{40}=220$ mm^2/s 的润滑油。

表 4-17 蜗杆传动润滑油黏度值的选择

滑动速度 v_s/(m·s^{-1})	≤1.5	>1.5~3.5	>3.5~10	>10
黏度 v_{40}/(mm^2·s^{-1})	>612	414~506	288~352	198~242

2\. 蜗杆传动润滑方式的选择

蜗杆传动的润滑方式可根据蜗杆分度圆直径 d_1 和转速 n_1 按图 4-8 选择。当 $d_1>100$ mm，$z_1>4$ 时，尚需按滑动速度同时校核图中右上角的曲线范围。

采用浸油润滑，当 $v_s\leq5$ m/s 时，常用蜗杆下置式（见图 4-9a、b），浸油深度约为一个齿高，但油面不得超过蜗杆轴承的最低滚动体中心；当 $v_s>5$ m/s 时，搅油阻力太大，可采用压力喷油循环润滑，也可采用蜗杆上置式（见图 4-9c），油面最高允许达到蜗轮半径的 1/3 处（从蜗轮最低点计算）。

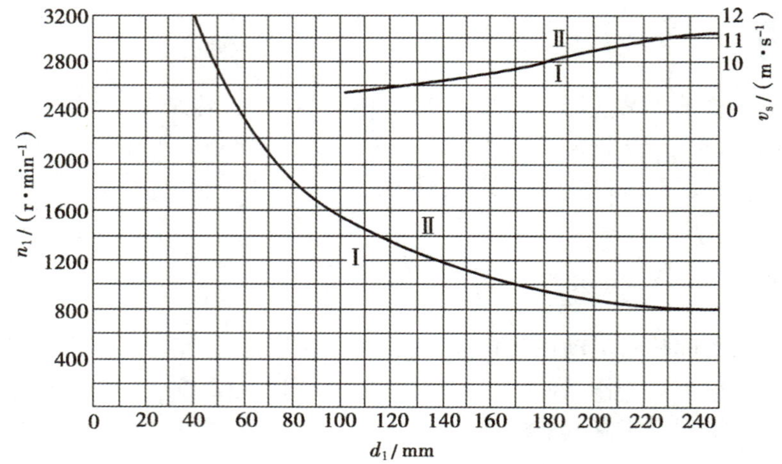

图 4-8 蜗杆传动的润滑方式选择线

Ⅰ—浸油润滑区 Ⅱ—喷油润滑区

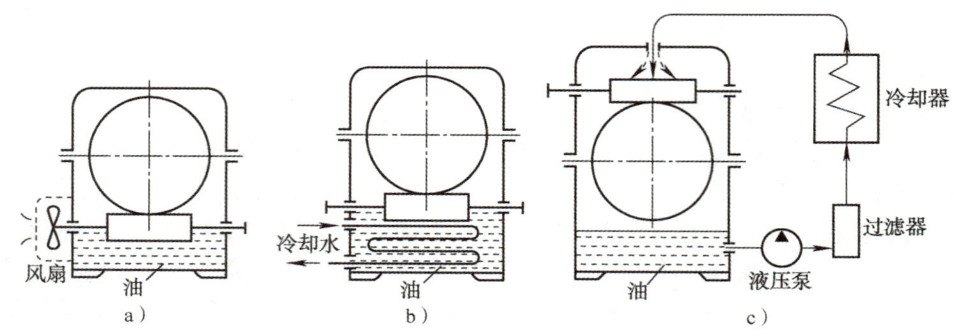

图 4-9 蜗杆减速器的散热方法

a）、b）蜗杆下置式 c）蜗杆上置式

二、蜗杆传动的热平衡计算

由于蜗杆传动效率低，发热量大，对于连续工作的闭式传动，会使箱体内润滑油温升过高，使润滑失效，导致齿面胶合，所以对连续工作的闭式蜗杆传动要进行热平衡计算。蜗杆传动中损耗的功率为：

$$P_S = 1\,000P_1(1-\eta) \tag{4-18}$$

式中 P_S——蜗杆传动中损耗的功率，W；

P_1——蜗杆传动输入功率，kW。

此损耗功率转化为热量，使箱体内润滑油温度升高，同时由于箱体内外的温差而散热。自然通风时，箱体外表面散出的热量折合的相当功率为：

$$P_C = \kappa A(t_1 - t_2) \tag{4-19}$$

式中 κ——散热率，散热率 κ 一般取 8.7~17.5 W/(m^2·℃)，通风条件良好（如箱体周围空气循环好，外壳上无灰尘杂物等）时取大值，14~17.5 W/(m^2·℃)，否则取小值；

A——箱体散热面积，$A = A_1 + 0.5A_2$；

A_1——箱体内表面能被润滑油浸着，而外表面又能被自然循环的空气所冷却的面积，m^2；

A_2——箱体凸缘、散热片、加强肋等的表面积，m^2；

t_1——润滑油的工作温度，℃，一般 t_1 应小于 75~85 ℃，最高不超过 95 ℃；

t_2——箱体外周围空气的温度，℃，常取 $t_2=20$ ℃。

热平衡条件是：在允许的润滑油工作温升范围内，箱体外表面所能散发出热量的相当功率应大于或等于传动损耗的功率，即：

$$P_C \geqslant P_S$$

即

$$\kappa A(t_1-t_2) \geqslant 1\,000P_1(1-\eta) \tag{4-20}$$

由此可得

$$t_1 \geqslant \frac{1\,000P_1(1-\eta)}{\kappa A}+t_2 \tag{4-21}$$

或

$$A \geqslant \frac{1\,000P_1(1-\eta)}{\kappa(t_1-t_2)} \tag{4-22}$$

若润滑油的工作温度 t_1 超过允许值或散热面积不足，应采取下列方法提高散热能力。

1. 在箱体外表面加散热片以增加散热面积。
2. 在蜗杆的端部安装风扇（见图 4-9a），加速空气流通，提高散热率，可取 $\kappa=18\sim35$ W/(m^2·℃)。
3. 在油池中安装蛇形管，用循环水冷却，如图 4-9b 所示。
4. 采用压力喷油循环润滑，如图 4-9c 所示。

任务实施

蜗杆传动的润滑及热平衡计算结果见表 4-18。

表 4-18　蜗杆传动的润滑及热平衡计算结果

序号	计算项目	计算结果	计算依据
1	热平衡计算 （1）箱体外周围空气温度 $t_2=20$ ℃ （2）闭式蜗杆传动，润滑油工作温度取较低值 $t_1=75$ ℃ （3）通风条件良好，散热率取较大值 $\kappa=15$ W/(m^2·℃) （4）计算散热面积 A 已知传动功率 $P_1=4$ kW，传动效率 $\eta=0.868$ 由式（4-22）得 $A \geqslant \frac{1\,000P_1(1-\eta)}{\kappa(t_1-t_2)}=\frac{1\,000\times4\times(1-0.868)}{15\times(75-20)}\ m^2 \approx 0.64\ m^2$	$t_1=75$ ℃ $\kappa=15$ W/(m^2·℃) $A\geqslant0.64\ m^2$	式（4-22）
2	润滑油黏度及润滑方式的选择 （1）润滑油黏度 已知滑动速度 $v_s=6.149$ m/s 由表 4-17 查得 $v_{40}\approx314\ mm^2/s$ （2）润滑方式 已知 $d_1=80$ mm，$n_1=1\,440$ r/min 由图 4-8，可选择润滑方式为浸油润滑	$v_{40}\approx314\ mm^2/s$ 浸油润滑	表 4-17 图 4-8

练习题

1. 如何选择蜗杆传动润滑油？
2. 润滑油温升过高，会对蜗杆传动产生什么影响？

模块小结

在机械传动中，蜗杆传动应用广泛。本模块学习了蜗杆传动设计及维护两方面的内容。

1. 蜗杆传动的主要参数和几何尺寸计算。
2. 蜗杆传动的正确啮合条件以及回转方向的判定。
3. 确定蜗杆、蜗轮的材料和结构，确定蜗杆传动的精度等级、润滑方式，并能对蜗杆传动的失效形式进行分析。
4. 能对蜗杆传动进行强度、传动效率、热平衡的计算。

轮 系

如图 5-1 所示为轮系的传动简图。图中蜗杆 1 为首轮，齿轮 6 为末轮。蜗杆 1 与蜗轮 2、直齿锥齿轮 3 与 4、直齿圆柱齿轮 5 与 6 相互啮合。由该图可以看出，首轮 1 到末轮 6 之间的传动，即主动轴到从动轴的传动，是通过上述各对齿轮依次传动完成的。这种由一系列相互啮合的齿轮组成的传动系统称为轮系。

在许多机械传动中都应用了轮系。本模块将介绍轮系的分类、应用，并结合实例着重介绍各种轮系传动的计算方法。

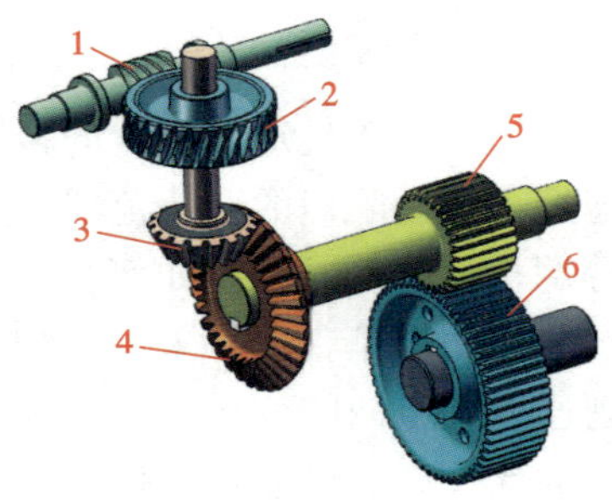

图 5-1 轮系传动

1—蜗杆 2—蜗轮

3、4—直齿锥齿轮 5、6—直齿圆柱齿轮

课题一 定轴轮系

学习目标

◎ 了解轮系的分类及应用。

◎ 了解定轴轮系的组成及传动比。

◎ 掌握定轴轮系的基本计算方法。

◎ 能够按要求进行任意轮转速的计算。

任务引入

图 5-2a 所示为北京切诺基吉普车，图 5-2b 所示为其变速器结构示意图，该车采用的是 AX4 型手动变速器，设有 4 个前进挡和一个倒挡，那么该车能实现几种车速？并计算各挡车速。

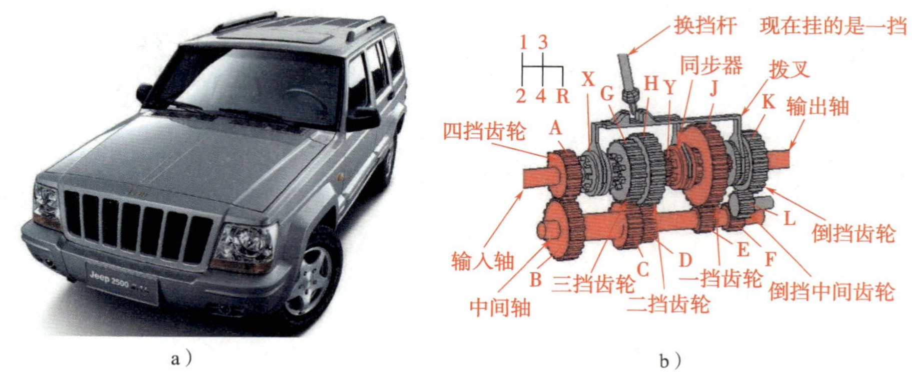

图 5-2　北京切诺基吉普车及变速器结构

a）实物图　b）变速器结构

任务分析

目前该汽车上动力装置的转矩和转速变化范围都较小，而车辆的行驶条件非常复杂，行驶速度和行驶阻力的变化范围非常大，那么如何解决这一矛盾？如何满足汽车掉头、出入车库等倒车行驶的需要？如何实现转弯时两后轮转速不同的需要？

北京切诺基吉普车采用 AX4 型手动变速器，主要通过传动系统的轮系结构和差速器来实现速度和方向的变化。本任务通过对轮系的概念、类型、应用与传动比的学习，掌握定轴轮系的计算方法，能进行任意轮的转速计算。

相关知识

一、轮系的分类

轮系根据各齿轮轴线的位置是否固定可分为定轴轮系和周转轮系两大类。

轮系中各个齿轮在运转中轴线位置都是固定不动的属于定轴轮系。轮系中至少有一个齿轮的轴线不是固定的则称为周转轮系。轮系的分类见表 5-1。

表 5-1　轮系的分类

分类	结构特点	举例
定轴轮系	各齿轮轴线均固定不动	

续表

分类	结构特点	举例
周转轮系	至少有一个齿轮的轴线不固定	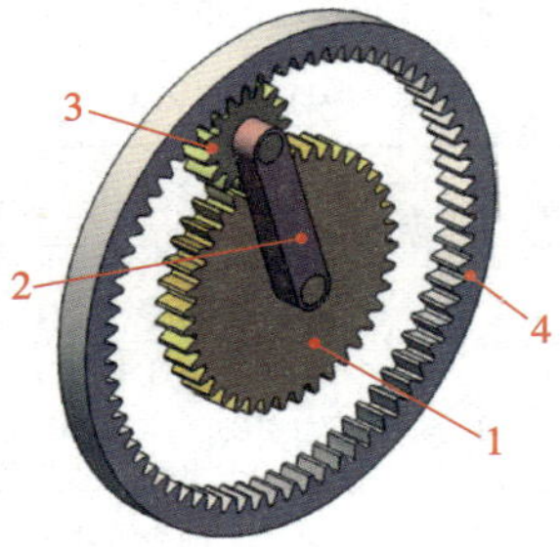 1、4—太阳轮　2—行星架　3—行星齿轮

二、定轴轮系的概念及分类

轮系的形式很多，组成各异，其中以定轴轮系在工程中应用最为广泛。定轴轮系根据各轴线是否平行又可分为平面定轴轮系和空间定轴轮系，见表 5-2。

表 5-2　　定轴轮系的分类

分类		结构特点	图例
定轴轮系	平面定轴轮系	各齿轮轴线相互平行	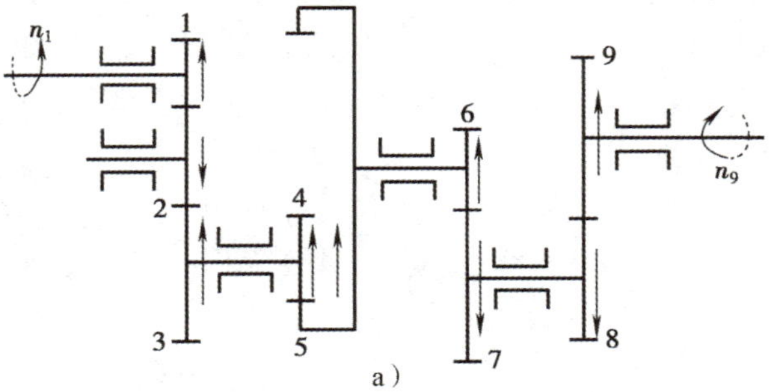 a)
	空间定轴轮系	各齿轮轴线不平行（含锥齿轮传动、蜗杆传动等）	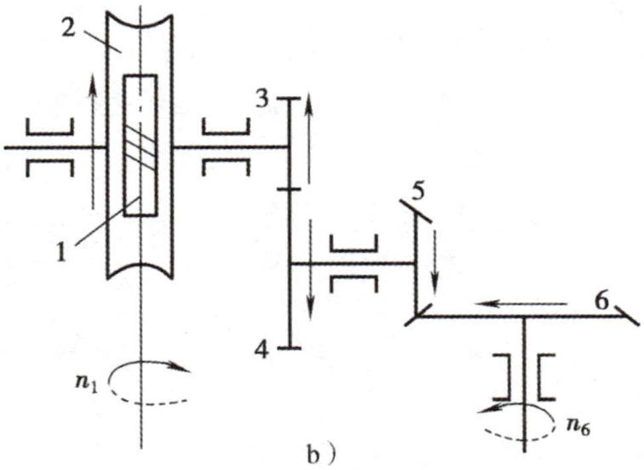 b)

三、定轴轮系传动比及任意从动轮转速的计算

在讨论轮系时，把轮系中首、末两轮（表 5-2 中图 a 的齿轮 1 和齿轮 9，表 5-2 中图 b

的蜗杆 1 和齿轮 6）的转速之比称为轮系的传动比。

定轴轮系传动比的计算是其他类型轮系传动比计算的基础，它包括计算轮系传动比的大小和确定末轮的回转方向。定轴轮系传动比、转速的计算及回转方向的判定见表 5-3。

表 5-3　　定轴轮系传动比、转速的计算及回转方向的判定

分类	平面定轴轮系	空间定轴轮系
传动比的计算	$i_{1k}=\dfrac{n_1}{n_k}=(-1)^m\dfrac{所有从动轮齿数连乘积}{所有主动轮齿数连乘积}$ m——轮系中所有外啮合齿轮的对数	$i_{1k}=\dfrac{n_1}{n_k}=\dfrac{所有从动轮齿数连乘积}{所有主动轮齿数连乘积}$
任意从动轮或末轮转速的计算	$n_k=n_1\dfrac{1}{i_{1k}}=n_1\dfrac{k轮前所有主动轮齿数连乘积}{k轮前（含k轮）所有从动轮齿数连乘积}$	$n_k=n_1\dfrac{1}{i_{1k}}=n_1\dfrac{k轮前所有主动轮齿数连乘积}{k轮前（含k轮）所有从动轮齿数连乘积}$
末轮旋转方向的判定	传动比为正值说明首、末两轮转向相同，负值则相反。惰轮（如表 5-2 中图 a 的齿轮 2）：只改变从动轮的转向，不改变主从动轮传动比的大小。每增加一个惰轮改变一次转向	用画箭头方法确定： 外啮合圆柱齿轮（两轮方向相反） 内啮合圆柱齿轮（两轮方向相同） 齿轮齿条啮合（节点处线速度相同） 锥齿轮啮合（箭头同时指向或背离节点） 蜗杆蜗轮啮合［左（右）手定则］

［例 5-1］ 如表 5-2 中图 a 所示的定轴轮系，已知 $z_1=20$，$z_2=20$，$z_3=40$，$z_4=20$，$z_5=80$，$z_6=20$，$z_7=50$，$z_8=30$，$z_9=60$，若 $n_1=1\ 000$ r/min，求轮系的传动比 i_{19} 和轮 9 的转速 n_9。

解：$i_{19}=(-1)^m\dfrac{所有从动轮齿数连乘积}{所有主动轮齿数连乘积}=(-1)^4\dfrac{z_3z_5z_7z_9}{z_1z_4z_6z_8}=\dfrac{40\times80\times50\times60}{20\times20\times20\times30}=40$

首、末两轮转向一致。

$$n_9=n_1\frac{1}{i_{19}}=\frac{1\ 000}{40}\text{ r/min}=25\text{ r/min}$$

［例 5-2］ 如表 5-2 中图 b 所示的定轴轮系，已知 $z_1=2$，$z_2=60$，$z_3=20$，$z_4=40$，$z_5=30$，$z_6=60$，若 $n_1=1\ 000$ r/min，试计算该轮系中的传动比 i_{16} 和轮 6 的转速 n_6，并判断轮 6 的转向。

解：$i_{16}=\dfrac{所有从动轮齿数连乘积}{所有主动轮齿数连乘积}=\dfrac{z_2z_4z_6}{z_1z_3z_5}=\dfrac{60\times40\times60}{2\times20\times30}=120$

$n_6=n_1\dfrac{1}{i_{16}}=\dfrac{1\ 000}{120}\text{ r/min}=8.33\text{ r/min}$（轮 6 的转向由箭头法标出，见表 5-2 中图 b 所示）

四、定轴轮系末端带有移动件的计算

在实际应用定轴轮系的各种设备中，末端常带有移动件，如末端为螺旋传动（见表 5-4 图 a）、齿轮齿条传动（见表 5-4 图 b）或接一个鼓轮成为卷扬机（见表 5-4 图 c）等。此时，一般需计算末端移动件（螺母或丝杠、齿轮或齿条、鼓轮上所带重物）的移动速度及移动方向，具体计算方法见表 5-4。

表 5-4　　定轴轮系末端带有移动件的计算

分类	应用实例	结构简图	移动速度的计算	说　明
末端是螺旋传动	 外圆磨床	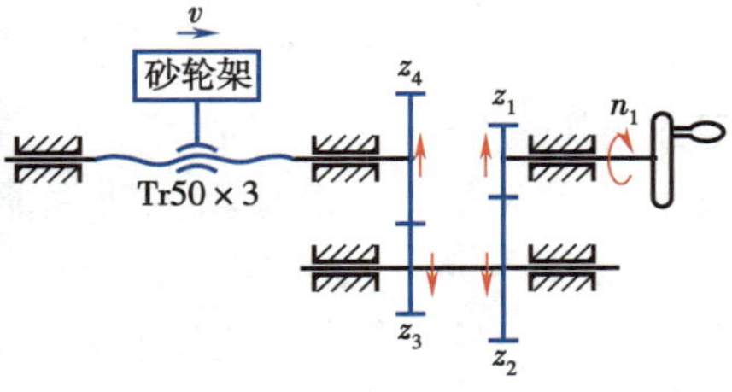 a)	$v=n_kL$（mm/min） $L=P_h$（mm）	式中 P_h 为螺杆的导程
末端是齿轮齿条传动	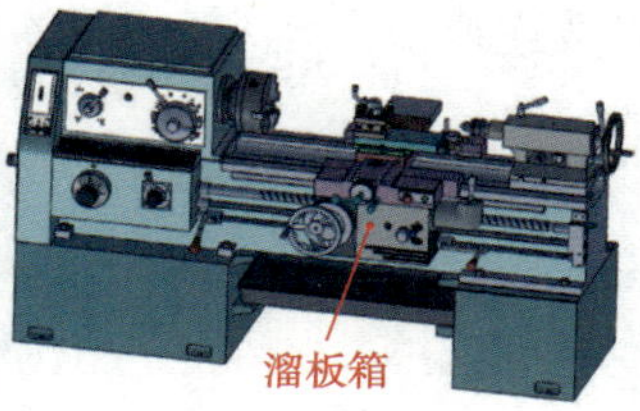 溜板箱 普通车床	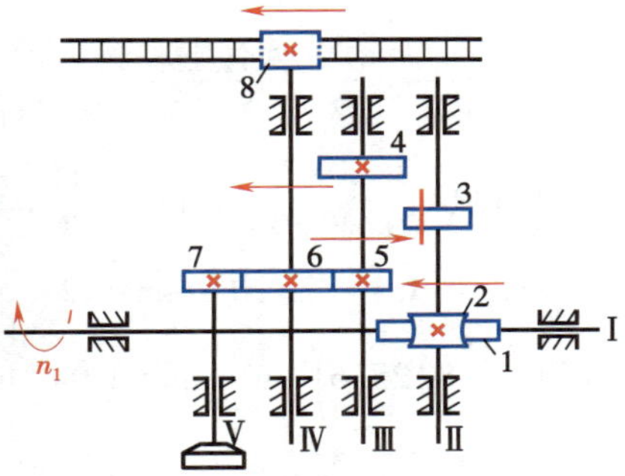 b)	$v=n_kL$（mm/min） $L=\pi mz$（mm）	式中 m 为小齿轮的模数，z 为小齿轮的齿数
末端是蜗杆传动	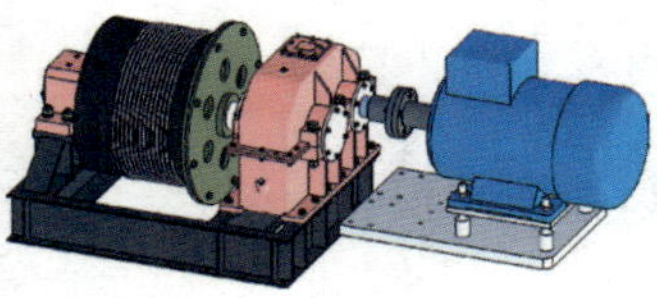 卷扬机	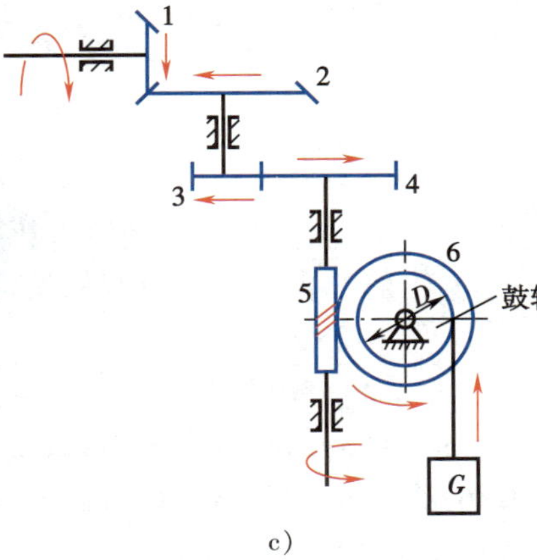 c)	$v=n_kL$（mm/min） $L=\pi D$（mm）	式中 D 为鼓轮的直径

注：表中 v 为末端线速度（mm/min），n_k 为末轮转速（r/min），L 为每转移动的距离（mm）。

［例 5-3］　表 5-4 中图 a 所示为磨床砂轮架进给机构，末端是螺旋传动。已知 $z_1=28$，$z_2=56$，$z_3=38$，$z_4=57$，丝杠为 Tr50×3。当手轮按图示方向以 $n_1=50$ r/min 速度回转时，求砂轮架的移动速度及方向。

解：

$$v=n_kL$$

$$n_k=n_1\frac{1}{i_{1k}}=n_1\frac{k\text{ 轮前所有主动轮齿数连乘积}}{k\text{ 轮前（含 }k\text{ 轮）所有从动轮齿数连乘积}}$$

$$=\left(50\times\frac{28\times38}{56\times57}\right)\ \text{r/min}=\frac{50}{3}\ \text{r/min}$$

$$L=P_h=3\ \text{mm}$$

$$v=n_kL=\left(\frac{50}{3}\times3\right)\ \text{mm/min}=50\ \text{mm/min}$$

砂轮架向右移动，判定方法如表 5-4 中图 a 所示。

[例 5-4] 表 5-4 中图 b 所示为某车床溜板箱传动系统，末端是齿轮齿条传动。已知 $z_1=2$ 且右旋，$z_2=60$，$z_3=20$，$z_4=40$，$z_5=30$，$z_6=90$，$z_8=20$，$m_8=2$ mm，若 $n_1=$ 1 500 r/min 且转向如图中所示，求齿轮 8 的移动速度及移动方向。

解：

$$v=n_kL$$

$$n_k=n_1\frac{1}{i_{1k}}=n_1\frac{k\text{ 轮前所有主动轮齿数连乘积}}{k\text{ 轮前（含 }k\text{ 轮）所有从动轮齿数连乘积}}$$

$$=\left(1\ 500\times\frac{2\times20\times30}{60\times40\times90}\right)\ \text{r/min}=\frac{25}{3}\ \text{r/min}$$

$$L=\pi mz=(3.14\times2\times20)\ \text{mm}=125.6\ \text{mm}$$

$$v=n_kL=\left(\frac{25}{3}\times125.6\right)\ \text{mm/min}=1\ 047\ \text{mm/min}$$

齿轮 8 的运动方向向左，判定方法如表 5-4 中图 b 所示。

[例 5-5] 表 5-4 中图 c 所示为一卷扬机的传动系统，末端是蜗杆传动。已知 $z_1=18$，$z_2=36$，$z_3=20$，$z_4=40$，$z_5=2$，$z_6=50$，$n_1=1\ 000$ r/min，鼓轮直径 $D=200$ mm，求重物的移动速度及方向。

解：

$$v=n_kL$$

$$n_k=n_1\frac{1}{i_{1k}}=n_1\frac{k\text{ 轮前所有主动轮齿数连乘积}}{k\text{ 轮前（含 }k\text{ 轮）所有从动轮齿数连乘积}}$$

$$=\left(1\ 000\times\frac{18\times20\times2}{36\times40\times50}\right)\ \text{r/min}=10\ \text{r/min}$$

$$L=\pi D=(3.14\times200)\ \text{mm}=628\ \text{mm}$$

$$v=n_kL=(10\times628)\ \text{mm/min}=6\ 280\ \text{mm/min}=6.28\ \text{m/min}$$

重物向上运动，判定方法如表 5-4 中图 c 所示。

五、含有滑移齿轮的定轴轮系的计算

如图 5-3 所示为某机床由滑移齿轮组成的变速机构。该变速机构由一个滑移齿轮 z_{13}、两个双联滑移齿轮 z_{11-12}、z_{14-15} 和一个三联滑移齿轮 z_{3-4-5} 组成。运动由齿轮 1 输入，通过一系列的齿轮传动，带动从动齿轮 z_{16} 或 z_{17} 转动。改变各滑移齿轮的啮合位置，可以改变该轮系的传动比，将轴 Ⅰ 的 1 种转速变换为从动轴 Ⅴ 的 18 种转速，以适应不同情况下的工作需要。该定轴轮系为典型的含有滑移齿轮的平面定轴轮系，广泛应用于各类机床的主轴变速。

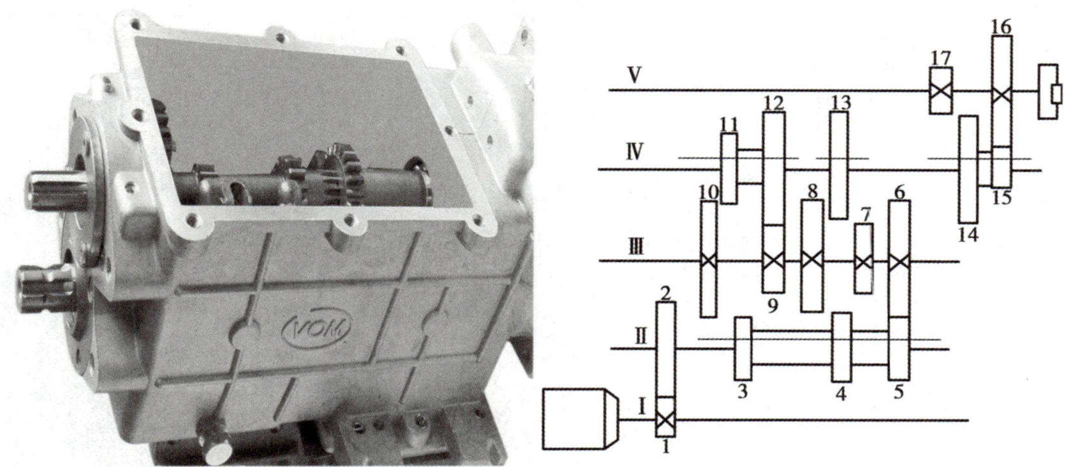

图 5-3 由滑移齿轮组成的变速机构

注意：在变速机构的轮系中，须确定末轮有多少种转速及各种转速的大小，以及变速范围（即最高转速与最低转速）。

含有滑移齿轮的定轴轮系末轮的转速种数与轮系中相邻各轴的传动比有关。输出的转速种数应等于各相邻轴间传动比种数的连乘积。输出的最高转速是由有滑移齿轮的相邻轴间大轮带小轮而得到的，输出的最低转速是由有滑移齿轮的相邻轴间小轮带大轮而得到的。

[例 5-6] 如图 5-3 所示，已知 $z_1=26$，$z_2=54$，$z_3=16$，$z_4=22$，$z_5=19$，$z_6=36$，$z_7=18$，$z_8=33$，$z_9=28$，$z_{10}=39$，$z_{11}=26$，$z_{12}=37$，$z_{13}=47$，$z_{14}=82$，$z_{15}=29$，$z_{16}=91$，$z_{17}=38$，$n_1=1\ 500$ r/min，试计算轴Ⅴ可输出多少种转速？输出的最高转速 n_{max} 和最低转速 n_{min} 各为多少？

解：轴Ⅱ与轴Ⅲ有 3 种传动比，轴Ⅲ与轴Ⅳ有 3 种传动比，轴Ⅳ与轴Ⅴ有 2 种传动比，故轴Ⅴ的输出转速种数为 3×3×2=18 种。

轴Ⅴ得到最高转速 n_{max} 的传动路线为：$z_1 \to z_2 \to z_4 \to z_8 \to z_{10} \to z_{11} \to z_{14} \to z_{17}$。

$$n_{max}=n_1\frac{1}{i_{1k}}=n_1\frac{k\text{ 轮前所有主动轮齿数连乘积}}{k\text{ 轮前（含 }k\text{ 轮）所有从动轮齿数连乘积}}=n_1\times\frac{z_1z_4z_{10}z_{14}}{z_2z_8z_{11}z_{17}}$$

$$=1\ 500\ \text{r/min}\times\frac{26\times22\times39\times82}{54\times33\times26\times38}\approx1\ 558.5\ \text{r/min}$$

轴Ⅴ得到最低转速 n_{min} 的传动路线为：$z_1 \to z_2 \to z_3 \to z_{10} \to z_7 \to z_{13} \to z_{15} \to z_{16}$。

$$n_{min}=n_1\frac{1}{i_{1k}}=n_1\frac{k\text{ 轮前所有主动轮齿数连乘积}}{k\text{ 轮前（含 }k\text{ 轮）所有从动轮齿数连乘积}}=n_1\times\frac{z_1z_3z_7z_{15}}{z_2z_{10}z_{13}z_{16}}$$

$$=1\ 500\ \text{r/min}\times\frac{26\times16\times18\times29}{54\times39\times47\times91}\approx36.2\ \text{r/min}$$

六、轮系的应用

轮系的应用十分广泛，大致可归纳为以下几个方面（见表 5-5）。

表 5-5 轮系的应用

序号	应用实例	说 明	举 例
1	可获得很大的传动比，结构紧凑	一对齿轮传动时，一般传动比 $i<8$。采用轮系传动，传动比 i 可达 10 000	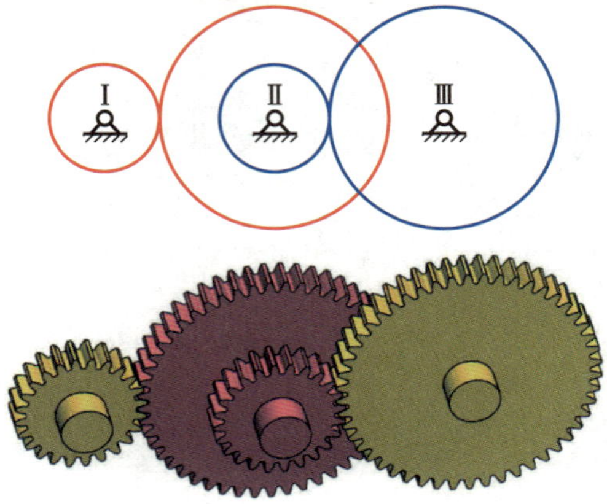
2	可做较远距离传动	一对齿轮传动的结构超大且小轮易坏，轮系则可克服上述缺点	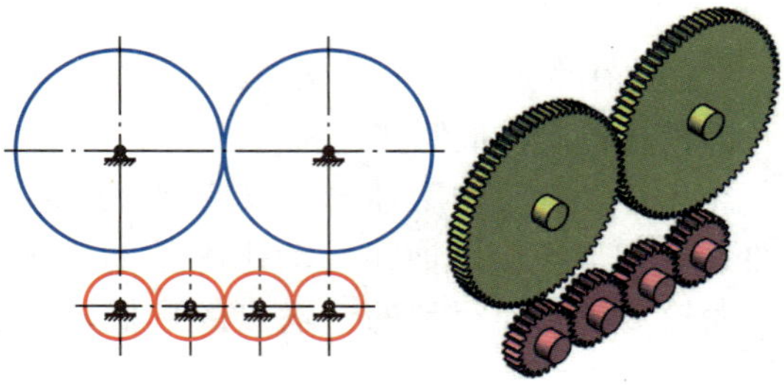
3	可实现变速要求	主动轴转速不变时，利用轮系可使从动轴获得多种工作转速	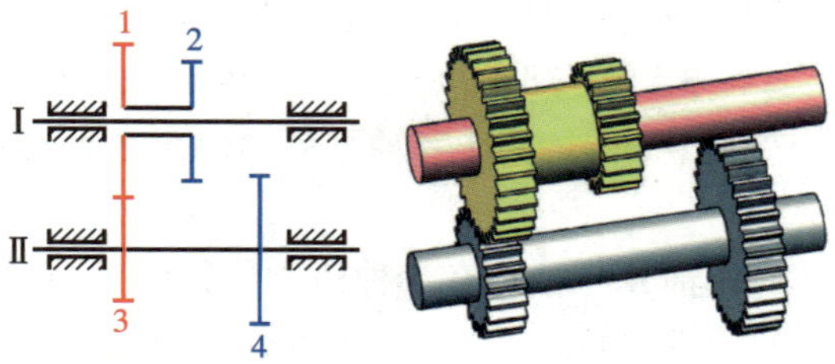
4	可实现变向要求	主动轴转向不变时，利用轮系可使从动轴实现换向	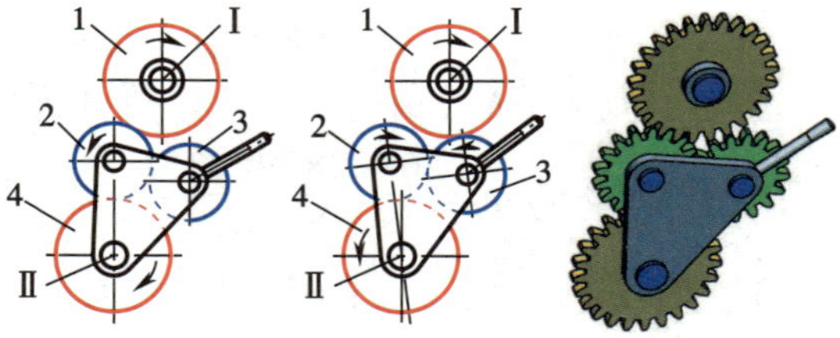
5	可合成或分解运动	在汽车后桥上采用差动轮系（差速器），就能根据汽车不同的行驶状态，自动改变两后轮的转速	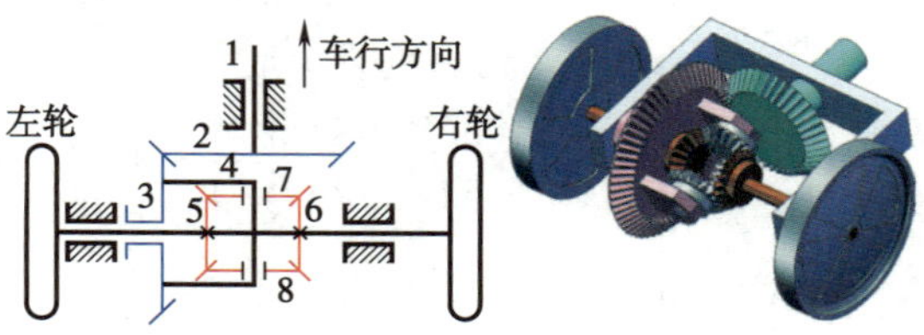

任务实施

如图 5-2b 所示，北京切诺基吉普采用 AX4 型手动变速器，变速器是传动系中的重要组成部分之一，通过对该车变速器轮系结构简图的分析可知，该轮系属于定轴轮系，并通过该轮系实现变速（变传动比）和变向的要求。

已知 $z_A=19$，$z_B=38$，$z_C=31$，$z_G=26$，$z_D=21$，$z_H=36$，$z_E=19$，$z_J=38$，$z_F=12$，$z_L=14$，$z_K=31$，轴Ⅰ（输入轴）的转速 $n_{\mathrm{I}}=1\ 000\ \mathrm{r/min}$，则轴Ⅲ（输出轴）的四挡转速及倒挡转速计算如下：

1. 实现四挡转速变速要求

（1）高速挡

当滑接齿套 X 向左移动时，轴Ⅰ和轴Ⅲ以同一转速转动，这时汽车高速前进（轴Ⅲ和轴Ⅰ转向相同）。

$$n_{\mathrm{III}}=n_{\mathrm{I}}=1\ 000\ \mathrm{r/min}$$

（2）三挡

从齿轮 A、B、C、G 经滑接齿套 X（向右移动）到输出轴

$$i_{\mathrm{I-III}}=\frac{n_{\mathrm{I}}}{n_{\mathrm{III}}}=\frac{z_B z_G}{z_A z_C}=\frac{38\times 26}{19\times 31}=\frac{52}{31}$$

$$n_{\mathrm{III}}=\frac{31}{52}n_{\mathrm{I}}=\frac{31}{52}\times 1\ 000\ \mathrm{r/min}\approx 596\ \mathrm{r/min}$$

（3）二挡

从齿轮 A、B、D、H 经滑接齿套 Y（向左移动）到输出轴

$$i_{\mathrm{I-III}}=\frac{n_{\mathrm{I}}}{n_{\mathrm{III}}}=\frac{z_B z_H}{z_A z_D}=\frac{38\times 26}{19\times 21}=\frac{24}{7}$$

$$n_{\mathrm{III}}=\frac{7}{24}n_{\mathrm{I}}=\frac{7}{24}\times 1\ 000\ \mathrm{r/min}\approx 292\ \mathrm{r/min}$$

（4）低速挡

从齿轮 A、B、E、J 经滑接齿套 Y（向右移动）到输出轴：

$$i_{\mathrm{I-III}}=\frac{n_{\mathrm{I}}}{n_{\mathrm{III}}}=\frac{z_B z_J}{z_A z_E}=\frac{38\times 38}{19\times 19}=4$$

$$n_{\mathrm{III}}=\frac{1}{4}n_{\mathrm{I}}=\frac{1}{4}\times 1\ 000\ \mathrm{r/min}=250\ \mathrm{r/min}$$

2. 实现变向要求

倒挡：从齿轮 A、B、F、L、K 经齿轮 K（向左移动）到输出轴Ⅲ，这时汽车以低速倒车（轴Ⅲ和轴Ⅰ转向相反）。

$$i_{\mathrm{I-III}}=\frac{n_{\mathrm{I}}}{n_{\mathrm{III}}}=\frac{z_B z_L z_K}{z_A z_F z_L}=\frac{38\times 31}{19\times 12}=\frac{31}{6}$$

$$n_{\mathrm{III}}=-\frac{6}{31}n_{\mathrm{I}}=-\frac{6}{31}\times 1\,000\ \mathrm{r/min}\approx -194\ \mathrm{r/min}$$

练习题

1. 什么是轮系？什么是定轴轮系？轮系的主要功用有哪些？

2. 什么是惰轮？惰轮对轮系传动比的计算有什么影响？

3. 在定轴轮系中，如何确定首、末两轮转向之间的关系？

4. 如题图 5-1 所示的定轴轮系中，已知 $z_1=30$，$z_2=45$，$z_3=20$，$z_4=48$。试求轮系传动比 i，并用箭头在图上标明各齿轮的回转方向。

5. 如题图 5-2 所示的轮系，已知 $z_1=24$，$z_2=28$，$z_3=20$，$z_4=60$，$z_5=20$，$z_6=20$，$z_7=28$，求轮系的传动比 i_{17}。若 n_1 的转向已知，试判定轮 7 的转向。

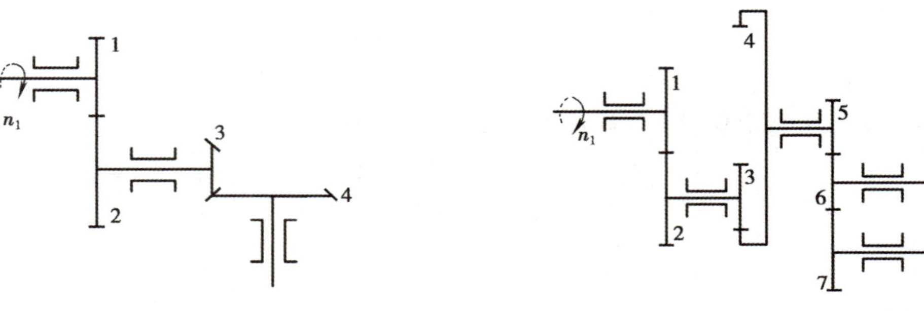

题图 5-1　　　　题图 5-2

6. 如题图 5-3 所示的定轴轮系，已知 $n_1=1\,000$ r/min，$z_1=z_3=z_6=20$，$z_2=z_7=40$，$z_4=z_5=30$。

（1）求在图示位置时工作台的运动速度。

（2）说明 z_{4-5} 双联滑移锥齿轮在该轮系中的作用，并在图上标出工作台的运动方向。

7. 题图 5-4 所示的滑移齿轮变速机构输出轴Ⅴ的转速有（　　）种。

A. 18　　　B. 16　　　C. 12　　　D. 9

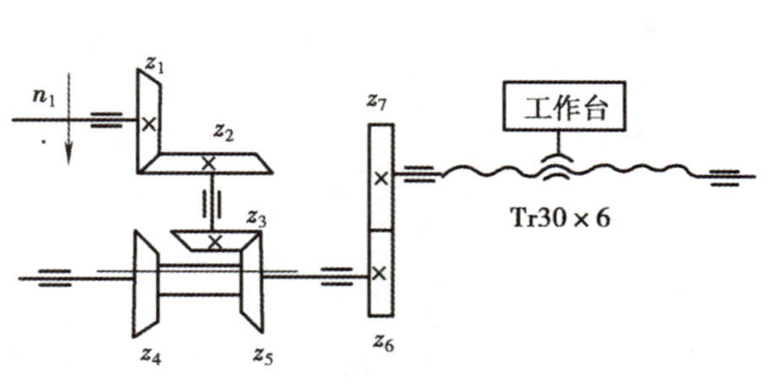

题图 5-3

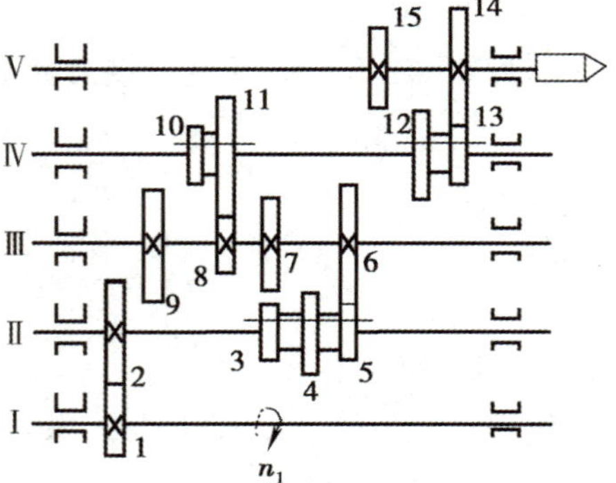

题图 5-4

课题二 周转轮系

学习目标

◎ 了解周转轮系的组成、分类、应用特点及传动比。
◎ 掌握周转轮系的基本计算方法。
◎ 能够按要求进行任意轮转速的计算。

任务引入

如图 5-4 所示，已知 $z_1=20$，$z_2=15$，$z_3=50$，中心轮 3 固定不动，试求行星轮系传动比 i_{1H}。当中心轮 1 的转速 $n_1=70$ r/min 时，求行星架的转速 n_H。

任务分析

如图 5-4 所示的轮系中齿轮 2 的几何轴线不是固定的，而是绕齿轮 1 回转，这种轮系中至少有一个齿轮的轴线不是固定的，称为周转轮系。周转轮系与定轴轮系的运动关系不同，传动比的计算方法也不同，但它们之间又有内在的联系。本任务主要解决周转轮系传动比的计算问题。

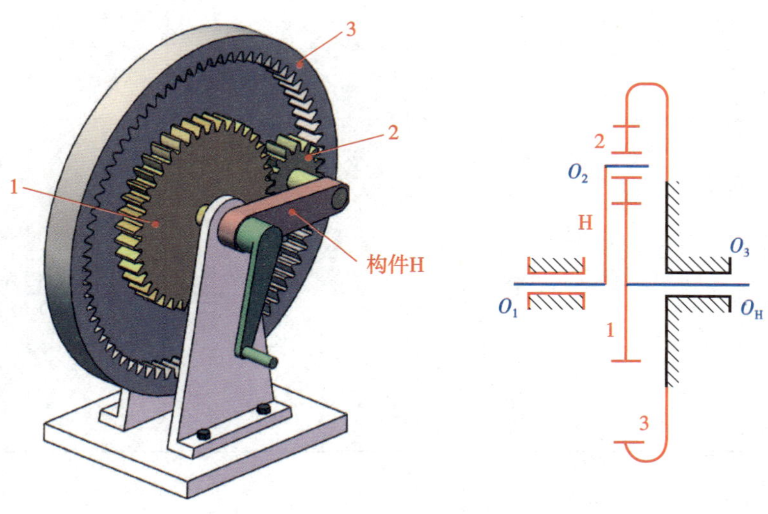

图 5-4　周转轮系

1、3—中心轮　2—行星轮　构件 H—行星架

相关知识

一、周转轮系的组成及分类

周转轮系在实际机械中采用最多的是 2K-H 型周转轮系，它是由两个中心轮（2K）和一个行星架（H）组成的。

由图 5-4 可以看出，一个周转轮系由中心轮、行星架（又称系杆）和行星轮三种基本构件组成。其中，中心轮和行星架的运转轴线必须重合，否则无法运动。周转轮系的组成见表 5-6，其类型见表 5-7。图 5-4 所示的轮系中若中心轮 3 固定不动，则该轮系为行星轮系。

表 5-6　　周转轮系的组成

基本构件	运动特性	表示方法	实　例　说　明
中心轮	具有固定几何轴线的齿轮	用 K 表示	如图 5-4 中的外齿轮 1、内齿轮 3
行星架	支撑行星轮做自转并带动行星轮做公转的构件	用 H 表示	如图 5-4 中的构件 H
行星轮	几何轴线绕中心轮轴线回转的齿轮		如图 5-4 中的外齿轮 2

表 5-7　　周转轮系的类型

分类		特点	图例
周转轮系	行星轮系	有一个中心轮的转速为零（即固定不动）	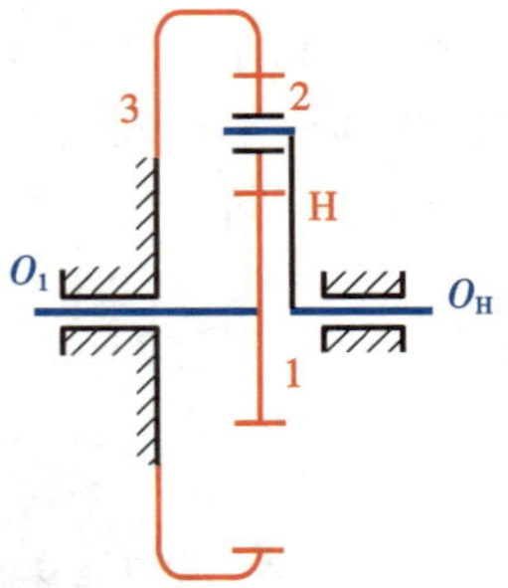
	差动轮系	中心轮的转速都不为零	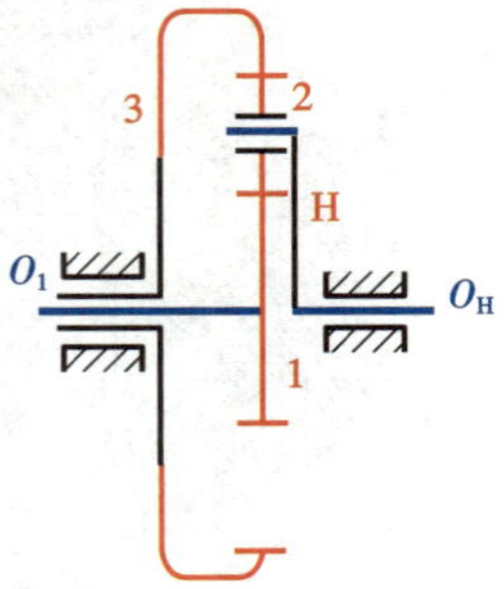

二、周转轮系的传动比计算

由图 5-4 的分析可知，行星轮的运动有自转和公转，因此周转轮系的运动关系与定轴轮系不同，其传动比的计算方法也不同，但它们之间又有内在的联系。

为了能够利用定轴轮系传动比的计算公式间接求出单级行星齿轮系的传动比，可采用转化机构法。即利用相对运动原理，当给整个轮系加上一个与行星架的转速相等、转向相反的附加转速（$-n_H$）后，假想行星架相对固定，则周转轮系转化为假想的定轴轮系，这个轮系称为周转轮系的转化轮系，如图 5-5 所示。此时，其传动比的计算方法与定轴轮系相同。

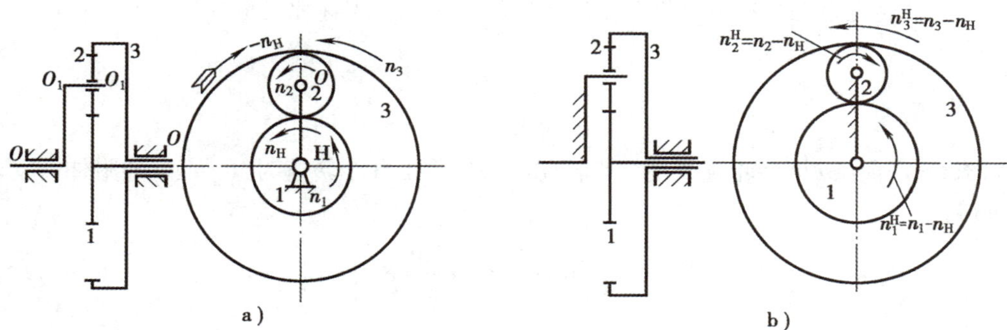

图 5-5 周转轮系的转化轮系

a）周转轮系 b）转化轮系

各构件转化前后的转速关系见表 5-8。

表 5-8 周转轮系加附加转速（$-n_H$）前后各构件转速对照

构件名称	原周转轮系中各构件的转速	加附加转速（$-n_H$）后各构件的转速
中心轮 1	n_1	$n_1-n_H=n_1^H$
行星轮 2	n_2	$n_2-n_H=n_2^H$
中心轮 3	n_3	$n_3-n_H=n_3^H$
行星架 H	n_H	$n_H-n_H=n_H^H=0$

注：转化轮系中各构件转速带有上角标 H，表示该转速是各构件对行星架 H 的相对转速。

由以上分析可得周转轮系传动比的计算公式，见表 5-9。

表 5-9 周转轮系传动比的计算公式

轮 系		传动比的计算	转速的计算
周转轮系	行星轮系	$i_{1H}=\dfrac{n_1}{n_H}=1+\dfrac{z_3}{z_1}$ $(n_3=0)$	$n_1=n_H\left(1+\dfrac{z_3}{z_1}\right)$
	差动轮系	转化机构的传动比为： $i_{13}^H=\dfrac{n_1^H}{n_3^H}=\dfrac{n_1-n_H}{n_3-n_H}$ $=(-1)^1\times\dfrac{z_2\times z_3}{z_1\times z_2}$ $=-\dfrac{z_3}{z_1}$	$n_1=n_H\left(1+\dfrac{z_3}{z_1}\right)-n_3\dfrac{z_3}{z_1}$

注：公式只适用于输入轴、输出轴轴线与行星架 H 的回转轴线重合或平行时的情况。

三、周转轮系的应用特点

通过对图 5-5 所示的周转轮系的分析及实例的讲解可知，周转轮系可以用较少的齿轮和紧凑的结构得到很大的传动比，质量较小，并具有传动效率高、传动平稳、传递功率大、使用寿命长等优点，在各类机械设备中应用广泛，常用作大速比的减速器。

任务实施

如图 5-4 所示的周转轮系，用机构转化法对轮系加一个转速为（$-n_H$）的附加转动，由公式可得：

$$i_{1H}=\frac{n_1}{n_H}=1+\frac{z_3}{z_1}=1+\frac{50}{20}=3.5$$

当 $n_1=70$ r/min 时，$n_H=\frac{n_1}{i_{1H}}=\frac{70}{3.5}$ r/min$=20$ r/min。

练习题

1. 周转轮系分为哪两种？它们的主要区别是什么？

2. 什么是转化轮系？其传动比如何计算？

3. 如题图 5-5 所示的行星减速器中，已知 $n_3=2\ 400$ r/min，$z_1=105$，$z_3=135$，试求行星架（系杆）H 的转速 n_H。

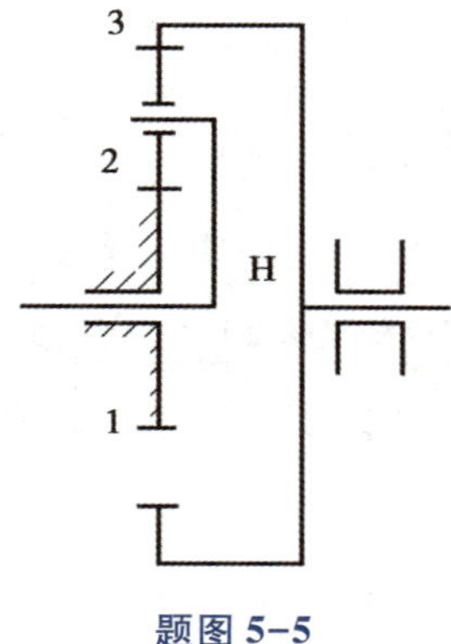

题图 5-5

模块小结

1. 定轴轮系在传动中所有齿轮的回转轴线都有固定的位置，可用作较远距离的传动，获得较大的传动比，可改变从动轴的转向，获得多种传动比。

2. 在定轴轮系中，首轮与末轮的转速比等于各从动齿轮齿数的连乘积与各主动齿轮齿数的连乘积之比。

3. 用标注箭头的方法来区分首轮与末轮的转向时，要注意箭头方向表示齿轮可见侧的圆周速度方向。当箭头同向时，转向相同；反向时，转向相反。还可采用数齿轮外啮合的对数的方法来确定转向（该方法仅适用于外啮合的轴线平行的圆柱齿轮传动），如果为偶数对外啮合，首、末两轮的转向相同；如果为奇数对外啮合，首、末两轮的转向相反。需要注意的是，当轮系中有锥齿轮或蜗杆蜗轮时，其转向只能用画箭头的方法确定，因为各轮的运动不在同一平面内，所以不能用数齿轮外啮合对数的方法确定转向。

4. 周转轮系是指传动中有一个或几个齿轮的回转轴线的位置不固定，而是绕着其他齿轮的固定轴线回转。周转轮系具有很大的传动比，并能把一个转动分解为两个转动，或把两个转动合成为一个转动。如果周转轮系中有两个构件具有独立的运动规律（两个主动件）则称为差动轮系。如果只有一个构件为主动件则称为行星轮系。

轴系零部件

轴是机械设备中的重要零件之一，各种做回转运动的传动零件（如齿轮、带轮等）都必须安装在轴上才能传递运动和动力。如图 6-1a 所示为一齿轮减速器，图 6-1b 所示为减速器中的输出轴，轴承 2、6 将轴 1 支撑在减速器的箱体中，齿轮 3 通过键 4 与轴 1 相连，轴 1 通过键 8 与联轴器 7 相连，共同实现运动和动力的传递。轴及轴上起支撑或连接作用的轴承、联轴器、键等统称为轴系零部件。轴系零部件在机械中起着重要的作用。

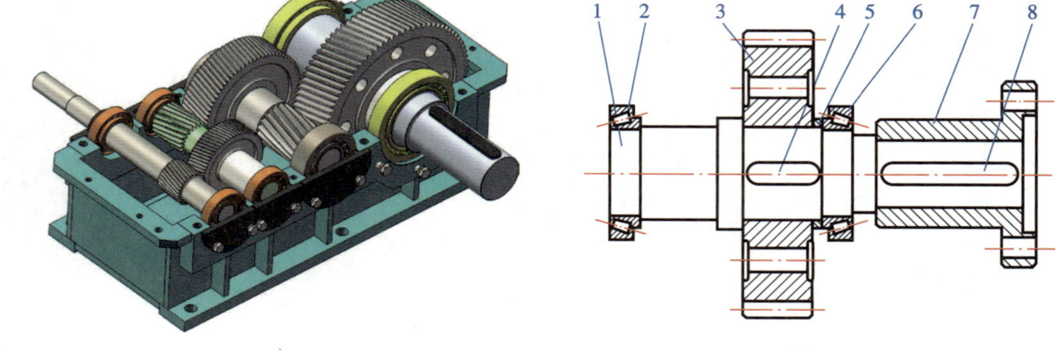

图 6-1 齿轮减速器及其输出轴

a）减速器 b）减速器输出轴

1—轴 2、6—轴承 3—齿轮 4、8—键 5—套筒 7—联轴器

本模块将介绍轴系零部件的相关知识，重点是轴和平键的强度计算。

课题一 轴

学习目标

◎ 了解轴的类型和材料。
◎ 了解轴的结构设计方法。
◎ 了解轴的强度计算方法。
◎ 能够根据工作条件进行轴的设计，并校验轴的强度。

任务引入

如图 6-2 所示为一电动机带动一级直齿圆柱齿轮减速器传动。已知传递的功率 $P=10$ kW，从动齿轮转速 $n=202$ r/min，齿轮所受的圆周力 $F_t=2\ 640$ N，径向力 $F_r=980$ N，齿轮单向传动，居中安装，采用深沟球轴承，轴承跨距 $l=140$ mm。试确定从动齿轮轴的最小直径，并对该轴进行强度校核。

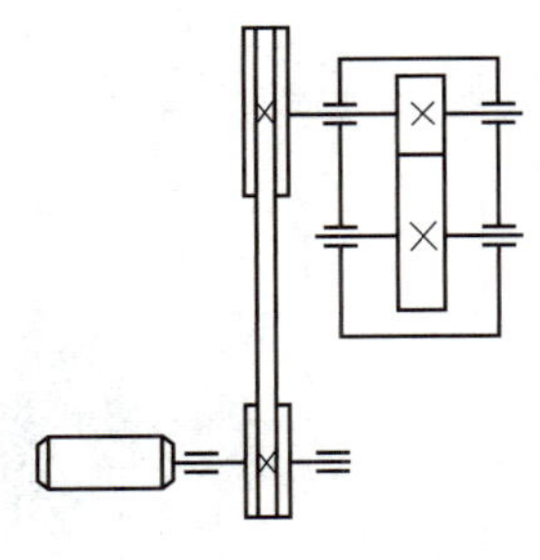

图 6-2　减速器传动

任务分析

轴在减速器中起到支撑齿轮等工作零件，并传递运动和转矩的作用。因此，在设计轴时，既要考虑轴的材料和承载能力，满足轴的强度和刚度要求，又要考虑轴的结构、形状和尺寸，满足轴上零件固定安装和加工工艺性等方面的要求。

在设计减速器轴时，一般要根据机器工作要求和轴的受力情况，先选择轴的材料，初步确定轴的最小直径，再进行轴的结构设计，然后进行轴的强度校核（验算最小直径轴的强度是否足够）。

相关知识

轴的设计主要包括了轴的材料选择、轴的结构设计及强度计算等内容。轴的材料选择是否合适，结构设计是否正确、合理，将直接影响轴的工作能力及各传动零件的工作可靠性，从而影响整台机器的工作性能。

一、轴的类型和材料

轴是机械设备中的重要零件之一，其主要功用是支撑旋转零件，如齿轮、带轮、凸轮等，并传递运动和动力。

1. 轴的类型

（1）按照所受载荷的不同，轴可分为心轴、转轴和传动轴三类。

1）心轴。只受弯矩而不受转矩的轴称为心轴。

当心轴随轴上回转零件一起转动时称为转动心轴，如火车轮轴（见图 6-3a）；而相对于机架固定不动的心轴称为固定心轴，如自行车前轮轴（见图 6-3b）。

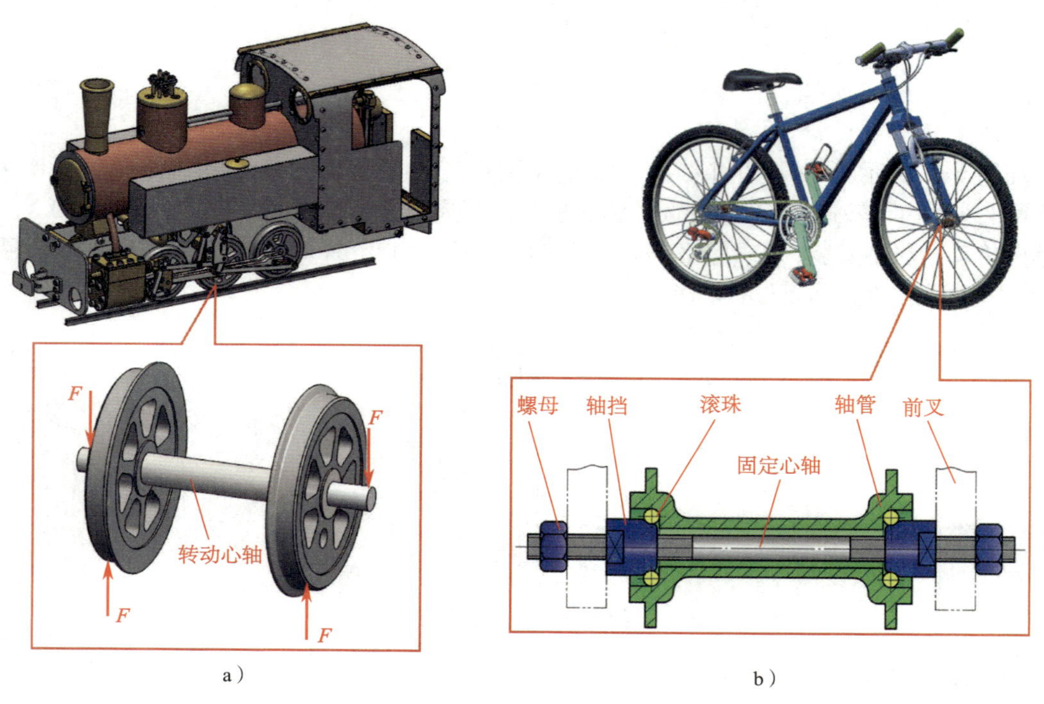

图 6-3 心轴

a）火车轮轴 b）自行车前轮轴

2）转轴。既受弯矩又受转矩的轴称为转轴，如光轴和阶梯轴（见图 6-4），转轴是机械中最为常见的轴。

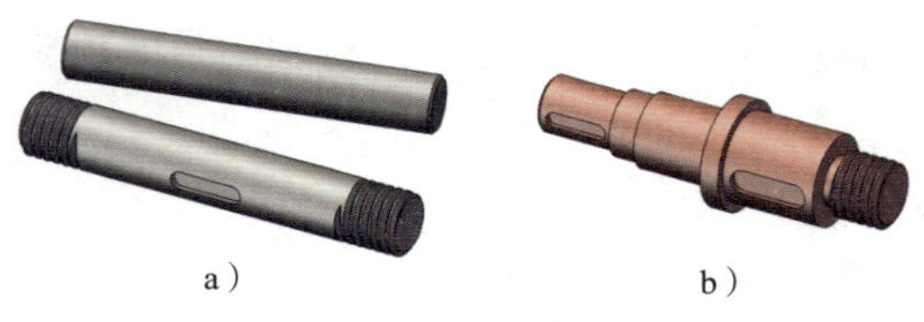

图 6-4 光轴和阶梯轴

a）光轴 b）阶梯轴

3）传动轴。只受转矩而不受弯矩或所受弯矩很小的轴称为传动轴，如汽车传动轴（见图 6–5）。

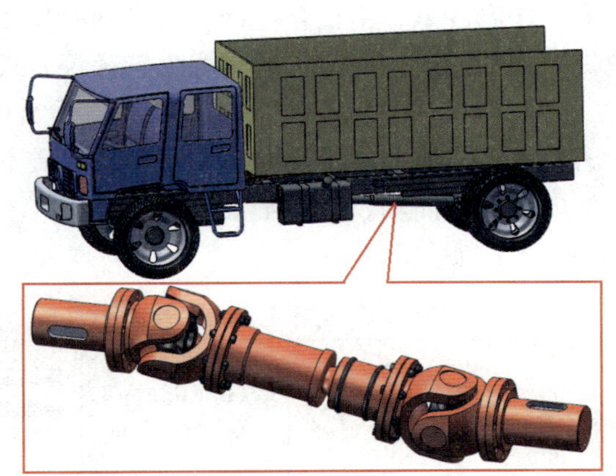

图 6–5 汽车传动轴

（2）按照轴线的形状不同，轴一般可分为直轴（见图 6–6a）、曲轴（见图 6–6b）和挠性钢丝轴（见图 6–6c）。其中，直轴又可分为等直径的轴（即光轴）和阶梯轴，光轴主要用作心轴和传动轴，而阶梯轴主要用作转轴。在一般机械传动中，阶梯轴通常做成中间直径大、两端直径小的形状，既可以使轴上零件的定位可靠，装拆方便，又能使轴接近于等强度轴，因而得到了广泛应用。

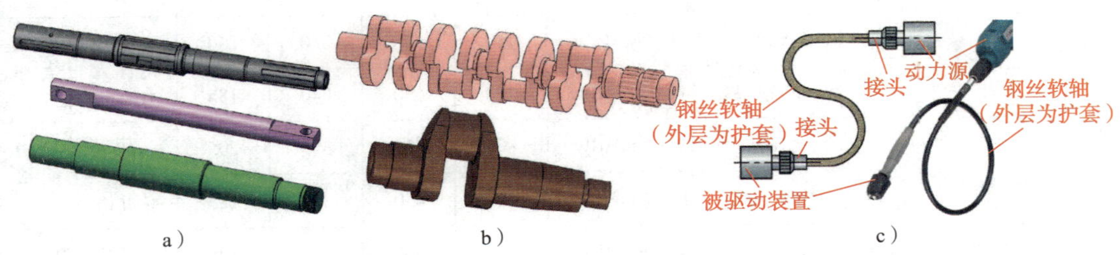

图 6–6 轴的类型

a）直轴 b）曲轴 c）挠性钢丝轴

2. 轴的材料

机械设备中的轴多受弯曲和扭转作用，载荷情况比较复杂，因此要求轴应具有良好的综合力学性能。轴的材料是决定其承载能力的重要因素之一，选用适当的材料和热处理方法能有效提高轴的承载能力。轴的常用材料主要有碳素钢、合金钢、球墨铸铁等。

（1）碳素钢

优质中碳钢经调质（或正火）后可获得良好的综合力学性能，对应力集中的敏感性相对较低，故一般机器中的轴多选用优质中碳钢制造，其中 45 钢最为常用。对于轻载或不重要的轴，可选用 Q235、Q275 等普通碳素钢制造。

（2）合金钢

合金钢的综合性能优于碳素钢，但价格较高，对应力集中较敏感，故对于强度和耐磨性要求较高的轴，或在高温、低温、腐蚀等特殊环境中工作的轴，应选用合金钢制造。例如，对于耐磨性和韧性要求较高的轴，可选用 20Cr 等低碳合金钢并经表面渗碳淬火处理；对于在高速重载下工作的轴，可选用 38SiMnMo、40CrNi 等中碳合金钢并经调质处理。

需要注意的是，在一般工作温度下，由于合金钢和碳素钢的弹性模量十分接近，用合金钢代替碳素钢并不能有效提高轴的刚度，此时可通过增大轴径等方式来解决。

（3）球墨铸铁

球墨铸铁吸振性、耐磨性好，对应力集中不敏感，但铸造品质不易控制，韧性差，常用于制造外形较复杂的轴，如内燃机的曲轴、凸轮轴等。

轴的常用材料及其主要力学性能见表 6-1。

表 6-1　轴的常用材料及其主要力学性能

类别	材料牌号	热处理	毛坯直径/mm	硬度	抗拉强度 R_m	屈服强度 R_{eL}	弯曲疲劳强度 σ_D	扭转疲劳强度 τ_D	用途
					不低于/MPa				
碳素钢	Q235	—	>16~40	—	418	225	174	100	用于不重要或承载不大的轴
	Q275	—	>16~40	—	550	265	220	127	
	45	正火、回火	≤100	170~217HBW	600	300	240	140	用于强度高、韧性中等的较重要的轴，应用最广泛
			>100~300	162~217HBW	580	290	235	135	
		调质	≤200	217~255HBW	650	360	270	155	
合金钢	40Cr	调质	≤100	241~266HBW	750	550	350	200	用于承载较大且无很大冲击的重要轴
			>100~300	241~266HBW	700	550	340	185	
	35SiMn 42SiMn	调质	≤100	229~286HBW	800	520	355	205	用于中、小型轴，性能接近 40Cr
			>100~300	217~269HBW	750	450	320	185	
	40MnB	调质	≤200	241~286HBW	750	500	335	195	用于重要的轴
	35CrMo	调质	≤100	207~269HBW	750	550	350	200	用于重载的轴
			>100~300	207~269HBW	700	500	320	185	
	38SiMnMo	调质	≤100	229~286HBW	750	600	360	210	用于重要的轴
			>100~300	217~269HBW	700	550	335	195	
	20Cr	渗碳淬火、回火	15	50~60HRC	850	550	375	215	用于要求强度高、韧性好的轴
			≤60		650	400	280	160	
	1Cr18Ni9Ti	淬火	≤60	≤192HBW	550	200	205	120	用于高温、低温及强腐蚀条件下工作的轴
			>60~100		540	200	195	115	
球墨铸铁	QT500-7	—	—	187~255HBW	500	380	180	155	用于制造外形复杂的轴
	QT600-3	—	—	197~269HBW	600	420	215	185	

二、轴的结构设计

轴的结构设计包括确定轴的合理外形和结构尺寸。虽然具体工作要求不同，但轴的结构都应满足下列条件：轴上的零件要有确定的工作位置并且能牢固、可靠地相对固定，轴上的零件应便于安装、拆卸和调整，轴应具有良好的制造工艺性等。下面介绍轴的各部分名称和轴的结构设计中应注意的几个主要问题。

1. 轴的各部分名称

如图 6-7 所示为减速器输出轴的结构。其中，安装轴承的轴段部分称为轴颈；安装齿轮、联轴器等回转零件的轴段部分称为轴头（其中外伸的轴头又称为轴伸）；连接轴头和轴颈的轴段部分称为轴身；轴上截面尺寸发生变化的阶梯部位称为轴肩或轴环，轴肩又分为定位轴肩和非定位轴肩两类。

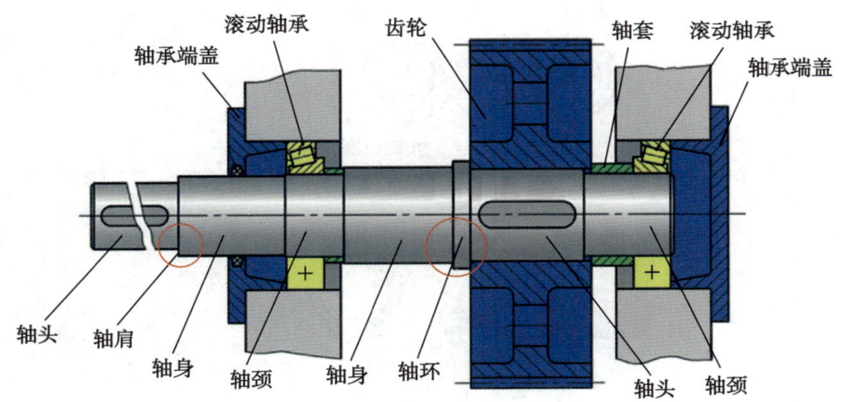

图 6-7 轴的各部分名称

2. 零件在轴上的固定

为了保证零件在轴上具有确定的工作位置并能与轴连接为一体，零件在轴上既要轴向固定，又要周向固定。

（1）轴上零件的轴向固定方法

轴上零件的轴向固定方法有轴肩、轴环、套筒、圆螺母、弹性挡圈、轴端挡圈、圆锥形轴头、紧定螺钉等，其固定方法见表 6-2。

表 6-2 轴上零件的轴向固定方法及应用

轴向固定方法	结 构 简 图	特点及应用
轴肩或轴环		结构简单，固定可靠，能承受较大的轴向力，常用于齿轮、带轮、轴承等零件的定位，应用最为广泛

续表

轴向固定方法	结 构 简 图	特点及应用
套筒	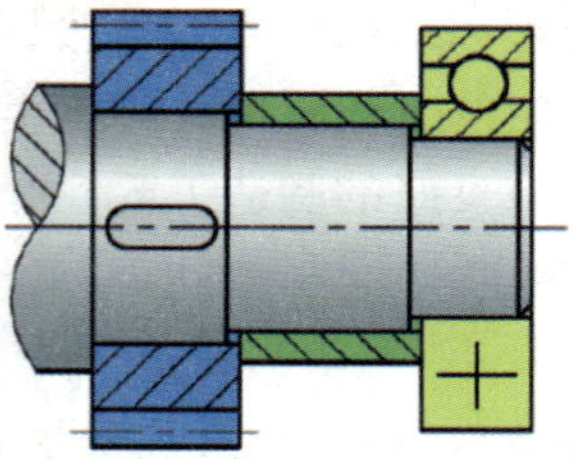	结构简单，固定可靠，不会削弱轴的强度，多用于轴上两零件近距离的相对固定，但轴的转速很高时不宜采用
圆螺母	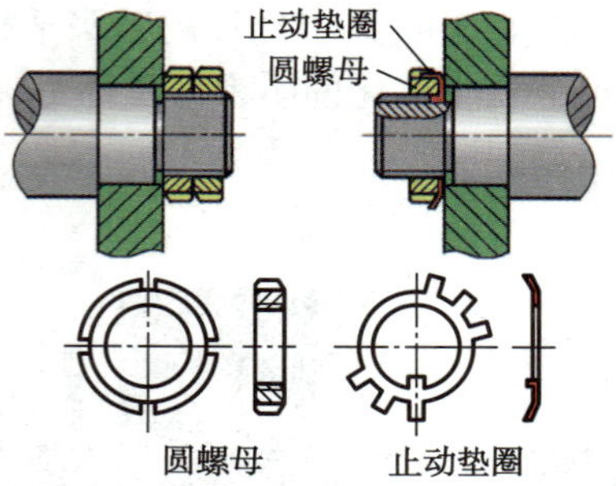 止动垫圈 圆螺母 圆螺母　止动垫圈	固定可靠，可承受较大的轴向力，但对轴的强度削弱较大，常用于轴的中部或端部，可使用双螺母或止动垫圈防松
弹性挡圈	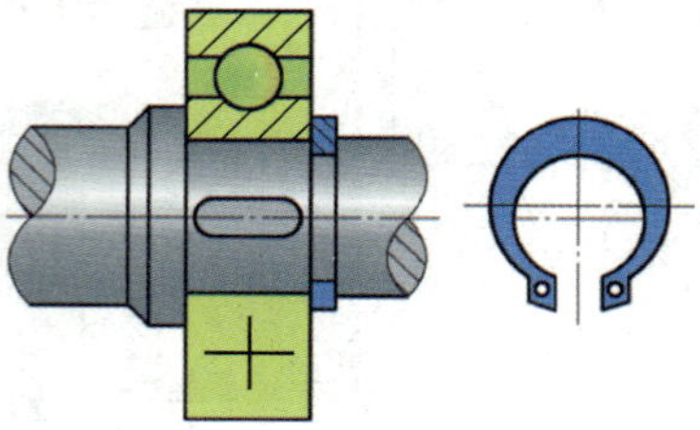	结构简单、紧凑，装拆方便，只能承受很小的轴向力，且轴槽将引起应力集中，常用于滚动轴承的固定
轴端挡圈	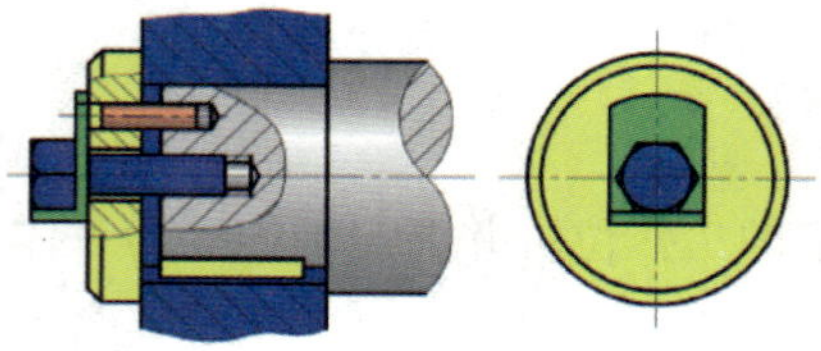	固定可靠，装拆方便，只适用于轴端上零件需要轴向固定的场合
圆锥形轴头	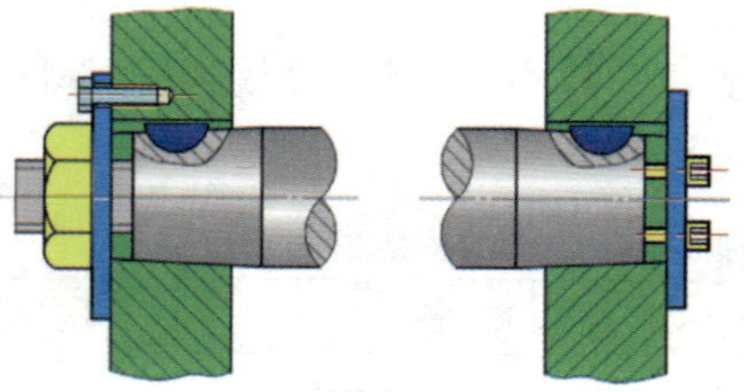	装拆方便，可兼作轴向固定，适用于高速、冲击及对中性要求较高的场合，常用于轴的端部
紧定螺钉	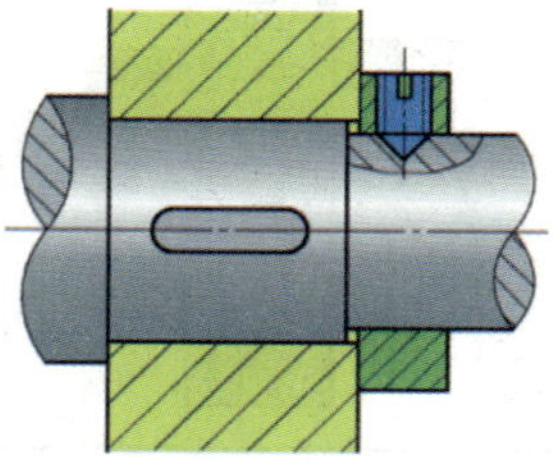	结构简单，但受力较小，只用于承受轴向力较小或不受轴向力的场合，不宜用于高速场合

（2）轴上零件的周向固定方法

为了可靠地传递运动和动力，防止轴上零件与轴发生相对转动，常采用键连接、销连接或过盈配合连接等方式对轴上零件进行周向固定。齿轮与轴一般采用键连接或过盈配合连接；滚动轴承与轴常采用过盈配合连接；受力较大且要求零件做轴向移动时常采用花键连接。

3. 轴的结构工艺性

为了便于轴的加工和测量，方便轴上零件的装配、调整和维修，轴的结构应具有良好的工艺性。设计时应注意以下几个方面：

（1）轴的形状和结构应力求简单，为便于零件的装配，避免擦伤配合表面，轴的两端及过盈配合的台阶处都应制出倒角。

（2）为减少应力集中，相邻轴段的直径变化不应过大，并采用圆角过渡且圆角半径不宜过小；同时为了保证零件定位可靠，定位轴肩或轴环处的过渡圆角半径 r 必须小于相配合零件的圆角半径 R 或倒角 C，轴肩或轴环的高度 h 必须大于 C 或 R，如图 6-8 所示。对定位轴肩一般取 $h=(1.5\sim2)C$ 或 $h=(1.5\sim2)R$，但安装滚动轴承处的轴肩高度另有规定，应在滚动轴承标准中查取。对非定位轴肩一般取 $h=(1\sim2)$ mm 或更小值。

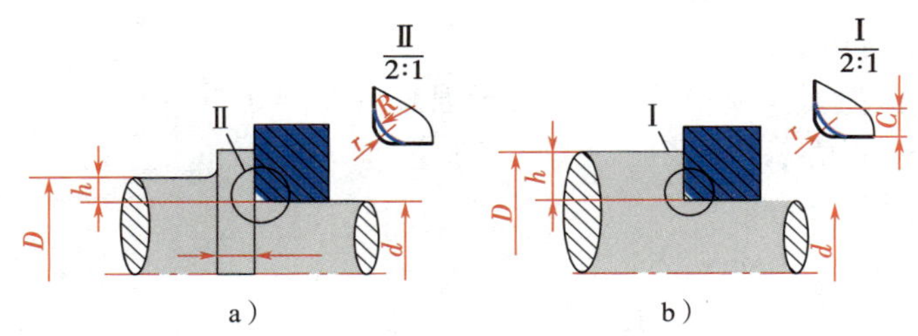

图 6-8　轴环或轴肩过渡圆角与相配合零件圆角（或倒角）的关系

a）轴环　b）轴肩

（3）在用套筒、圆螺母、弹性挡圈等做轴向固定时，应把与零件配合的轴段长度做得比零件轮毂略短 2～3 mm，以确保套筒、螺母或轴端挡圈等能靠紧零件端面，如图 6-9 所示。

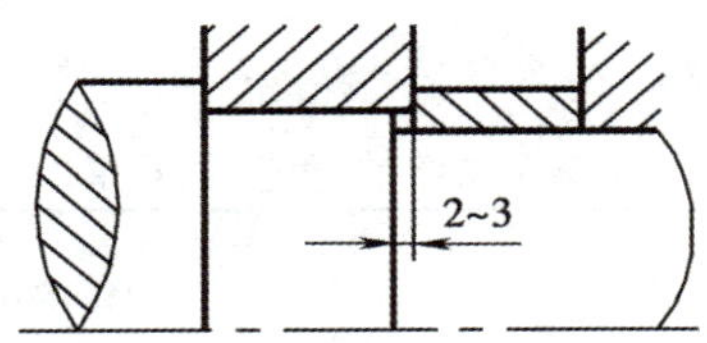

图 6-9　轴段长度与相配合零件轮毂宽度的关系

（4）为加工和装配方便，轴上的键槽应设计在同一条加工直线上，并尽可能采用同一规格的键槽截面尺寸（见图 6-10a）；轴上需磨削的部分应有砂轮越程槽（见图 6-10b）；车削螺纹的部分应有退刀槽（见图 6-10c）。同一轴上所有圆角半径、倒角尺寸、退刀槽宽度应尽可能统一。

（5）当采用过盈配合连接时，与零件相配合的轴段部分常加工成导向锥面。若还附加键连接，则键槽的长度应延长到锥面处，以便于轮毂上键槽与键对中，如图 6-10d 所示。

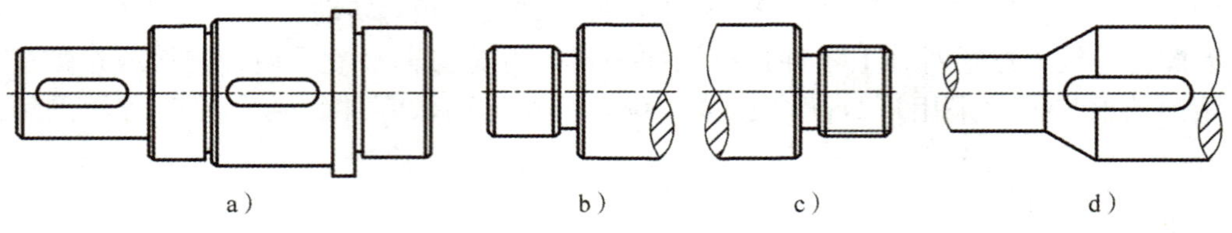

图 6-10 轴的结构工艺性

三、轴的强度计算

1. 传动轴的强度计算

对于只受转矩的传动轴可按扭转强度条件进行计算，对于实心圆截面的传动轴，其强度条件为：

$$\tau = \frac{T}{W_T} = \frac{9.55 \times 10^6 P}{0.2d^3 n} \leqslant [\tau] \tag{6-1}$$

式中 τ ——轴的扭应力，MPa；

T——轴传递的转矩，N · mm；

W_T——轴的抗扭截面模量，mm^3，对于圆截面 $W_T = 0.2d^3$；

P ——轴传递的功率，kW；

d ——轴的直径，mm；

n ——轴的转速，r/min；

$[\tau]$——轴的许用扭应力，MPa。

2. 转轴的最小直径估算

对于既受弯矩又受转矩的转轴，可先按转矩条件初步估算轴的最小直径，待轴的结构设计确定后，再对轴的强度进行校核。

为计算转轴的最小直径，可将式（6-1）改成轴径的设计公式：

$$d \geqslant \sqrt[3]{\frac{9.55 \times 10^6 P}{0.2[\tau]n}} = C\sqrt[3]{\frac{P}{n}} \tag{6-2}$$

式中 C——按 $[\tau]$ 确定的系数，见表 6-3。

表 6-3 轴常用材料的 $[\tau]$ 及 C 值

轴的材料	Q235A、20	Q275、35	45	1Cr18Ni9Ti	40Cr、35SiMn、42SiMn、40MnB、38SiMnMo、30Cr13
$[\tau]$/MPa	15～25	20～35	25～45	15～25	35～55
C	126～149	112～135	103～126	125～148	97～112

注：在下列情况下 C 取较小值：弯矩较小或只受扭转作用，载荷较平稳，无轴向载荷或只有较小的轴向载荷，减速器的低速轴、轴单向旋转；反之，C 取较大值。

由式（6-2）求得直径的轴段有键槽时，应将直径适当增大，单键槽增大 5%，双键槽增大 10%，然后按表 6-4 圆整成标准直径，作为转轴的最小直径。但对于轴与滚动轴承、螺纹、联轴器等标准零件相配合的轴段，实际轴径应与配合零件的孔径相符合。

表 6-4 标准直径（摘自 GB/T 2822—2005） mm

10	12*	14	16	18	20	22	24	25*	26	28	30	32*	34	36
38	40*	42	45	48	50*	53	56	60	63*	67	71	75	80*	85
90	95	100*	105	110	120	125*	130	140	150	160*	170	180	190	200*

注：1. 带 * 号者为 R10 系列，优先选用。

2. 本标准不适用于另有其他标准的机械零件（如滚动轴承、螺纹、联轴器等）。

此外，轴的直径还可以采用经验公式来估算。例如，在一般减速器中，高速输入轴的直径可按与其相连的电动机轴的直径 D 估算，$d=(0.8\sim1.2)D$；各级低速轴的轴径可按同级齿轮传动的中心距 a 估算，$d=(0.3\sim0.4)a$。

3. 转轴的强度校核

当转轴的结构确定后，作用在轴上的外载荷和支座反力的作用位置便可确定，顺序求出支座反力，画出弯矩图、扭矩图和当量弯矩图，可按弯矩组合强度对轴的危险截面进行强度校核。通常外载荷是一空间作用力，先将其分解成铅垂面 V 和水平面 H 上的两个分力后，分别在铅垂面和水平面内求出各支点反力，并作出铅垂面弯矩图 M_V 和水平面弯矩图 M_H，则合成弯矩 $M=\sqrt{M_H{}^2+M_V{}^2}$。考虑到转矩 T 对轴的影响，将其折合成弯矩，求出当量弯矩 $M_e=\sqrt{M^2+(\alpha T)^2}$，作出当量弯矩图，根据当量弯矩图找出危险截面，进行轴的强度校核。校核时对于有键槽的危险截面，应将轴径加大，单键槽加大 5%，双键槽加大 10%。对于钢制实心圆轴，校核公式如下：

$$\sigma=\frac{M_e}{W}=\frac{1}{0.1d^3}\sqrt{M^2+(\alpha T)^2}\leqslant[\sigma_{-1b}] \tag{6-3}$$

$$d\geqslant\sqrt[3]{\frac{M_e}{0.1[\sigma_{-1b}]}} \tag{6-4}$$

式中 d——危险截面直径，mm；

W——危险截面抗弯截面系数，mm^3，对实心圆轴有 $W=0.1d^3$；

M——合成弯矩，MPa；

M_e——当量弯矩，MPa；

T——转矩，MPa；

α——应力校正因数，根据转矩性质确定，转矩不变时，取 $\alpha=0.3$；转矩脉动循环变化时，取 $\alpha=0.6$；转矩对称循环变化时，取 $\alpha=1$；

$[\sigma_{-1b}]$——对称循环状态下的许用弯曲应力，MPa，见表 6-5。

表 6-5 轴的许用弯曲应力 MPa

材料	抗拉强度 R_m	许用弯曲应力		
		静应力或近于静应力 $[\sigma_{+1b}]$	脉动循环应力 $[\sigma_{0b}]$	对称循环应力 $[\sigma_{-1b}]$
碳素钢	400	130	70	40
	500	170	75	45
	600	200	95	55
	700	230	110	65

续表

材料	抗拉强度 R_m	许用弯曲应力		
		静应力或近于静应力 $[\sigma_{+1b}]$	脉动循环应力 $[\sigma_{0b}]$	对称循环应力 $[\sigma_{-1b}]$
合金钢	800	270	130	75
	1 000	330	150	90
铸钢	400	100	50	30
	500	120	70	40

任务实施

1. 选择轴的材料及最小直径

轴采用 45 钢并进行正火，查表 6-1，$R_m = 600$ MPa，根据表 6-3，取 $C = 110$。根据式（6-2），按扭转强度估算轴的最小直径得：

$$d \geqslant C\sqrt[3]{\frac{P}{n}} = 110 \times \sqrt[3]{\frac{10}{202}}\ \text{mm} \approx 40.4\ \text{mm}$$

考虑到键槽对轴的削弱，取：

$d = 40.4 \times 1.05 \approx 42.4$ mm

由表 6-4，取 $d = 45$ mm。

2. 校核轴的强度

该轴同时受弯矩和转矩作用，可按弯扭合成强度校核（见图 6-11）。

（1）作轴的空间受力图

（2）作铅垂面受力图

$$R_{AV} = R_{BV} = \frac{F_r}{2} = \frac{980}{2}\ \text{N} = 490\ \text{N}$$

（3）作铅垂面弯矩图

$$M_{DV} = R_{AV} \times \frac{l}{2} = 490\ \text{N} \times \frac{0.14\ \text{m}}{2} = 34.3\ \text{N} \cdot \text{m}$$

（4）作水平面受力图

$$R_{AH} = R_{BH} = \frac{F_t}{2} = \frac{2\ 640}{2}\ \text{N} = 1\ 320\ \text{N}$$

（5）作水平面弯矩图

$$M_{DH} = R_{AH} \times \frac{l}{2} = 1\ 320\ \text{N} \times \frac{0.14\ \text{m}}{2} = 92.4\ \text{N} \cdot \text{m}$$

（6）作合成弯矩图

$$M_D = \sqrt{{M_{DV}}^2 + {M_{DH}}^2} = \sqrt{34.3^2 + 92.4^2}\ \text{N} \cdot \text{m} \approx 98.6\ \text{N} \cdot \text{m}$$

（7）作扭矩图

$$T = 9\ 550\frac{P}{n} = 9\ 550 \times \frac{10}{202}\ \text{N} \cdot \text{m} \approx 472.8\ \text{N} \cdot \text{m}$$

（8）作当量弯矩图

由于是单向传动，可认为扭矩为脉动循环，故取应力校正系数 $\alpha=0.6$。

危险截面 D 处的当量弯矩为：

$$M_{De}=\sqrt{M_D^2+(\alpha T)^2}=\sqrt{98.6^2+(0.6\times 472.8)^2}\ \text{N}\cdot\text{m}\approx 300.3\ \text{N}\cdot\text{m}$$

（9）计算危险截面 D 处的轴径

由表 6-5 查得 $[\sigma_{-1b}]=55$ MPa

$$d\geqslant\sqrt[3]{\frac{M_e}{0.1[\sigma_{-1b}]}}=\sqrt[3]{\frac{300.3}{0.1\times 55\times 10^6}}\ \text{m}\approx 0.037\,94\ \text{m}=37.94\ \text{mm}$$

因 D 处有键槽，将轴径增大 5%，即 $d=37.94\ \text{mm}\times 1.05\approx 39.8\ \text{mm}<45\ \text{mm}$，故强度足够。

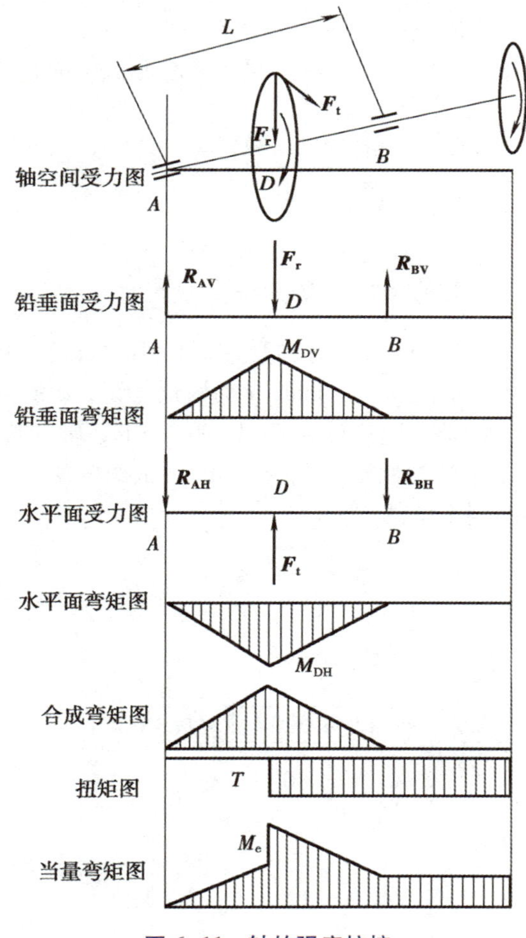

图 6-11 轴的强度校核

知识链接

轴的刚度计算

轴受弯矩作用会产生弯曲变形，其变形量用挠度 γ 和偏转角 θ 来度量；受转矩作用会产生扭转变形，其变形量用扭转角 φ 度量（见图 6-12）。如果轴的刚度不够、变形过大会影响轴正常工作，例如，机床主轴的挠度过大会影响工件的加工精度，轴在支承点处的偏转角过大会使轴承磨损不均匀，而轴在安装齿轮处的扭转角过大会造成齿轮歪斜或偏载。因此，对于精密传动或对刚度要求较高的轴，应进行刚度校核。

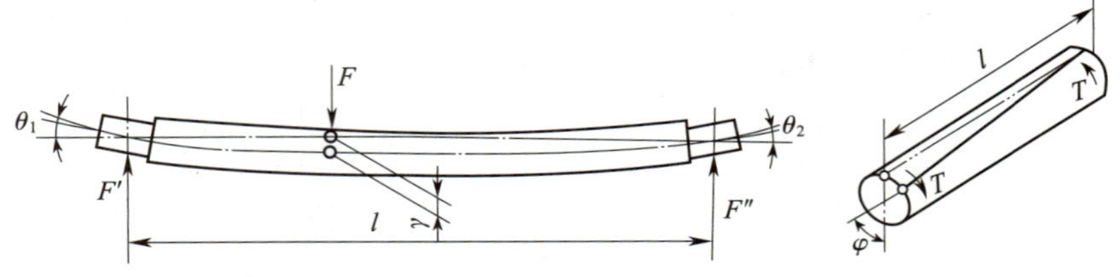

图 6-12 轴的挠度、偏转角和扭转角

轴在受弯矩作用时可按挠度或偏转角条件校核。

轴在受转矩作用时可按扭转角条件校核。刚度条件为 $\varphi \leqslant [\varphi]$，其中，$[\varphi]$ 为轴长每米的许用扭转角。取值如下：

一般传动：$[\varphi]=(0.5°\sim1.0°)/m$；

较精密的传动：$[\varphi]=(0.25°\sim0.5°)/m$；

重要传动：$[\varphi]<0.25°/m$。

对于等直径轴，其受扭转时的扭转角为：$\varphi=\dfrac{Tl}{GI}=\dfrac{32Tl}{G\pi d^4}$。

其中：T 为转矩，单位为 N · mm；l 为轴受转矩作用的长度，单位为 mm；G 为剪切弹性模量，单位为 MPa；d 为轴径，单位为 mm；I 为极惯性矩；φ 的单位为 rad。

[例 6-1] 一钢制等直径轴传递的转矩 $T=4\ 000$ N · m，轴的长度 $l=1\ 500$ mm，轴在全长上的扭转角不得超过 1°，钢的弹性模量 $G=80$ GPa，试确定轴的直径。

解：根据钢受扭转时的刚度条件：

$$\varphi=\frac{32Tl}{G\pi d^4}\leqslant[\varphi]$$

根据题意，$[\varphi]=1°=\dfrac{\pi}{180}$ rad，故轴径：

$$d\geqslant\sqrt[4]{\frac{32Tl}{\pi G[\varphi]}}=\sqrt[4]{\frac{32\times4\ 000\times10^3\times1\ 500}{\pi\times80\times10^3\times\dfrac{\pi}{180}}}\ \text{mm}\approx81.4\ \text{mm}$$

圆整后取轴径 $d=85$ mm。

练习题

1. 什么是心轴、传动轴和转轴？自行车前轮轴属于哪一种轴？

2. 轴的常用材料有哪些？工程上最常用的材料是哪一种？

3. 为了提高轴的刚度，把轴的材料由 45 钢换成 40Cr 合金钢是否合适？

4. 在如图 6-2 所示的减速器中，已知轴传递的功率 $P=5.5$ kW，轴的转速 $n=500$ r/min，单向回转，试按扭转强度条件估算轴的最小直径。

课题二 键连接与销连接

学习目标

◎ 了解键连接、花键连接及销连接的类型及特点。
◎ 了解键连接及销连接的强度计算方法。
◎ 能够根据工作条件，校验键连接的强度。

任务引入

如图 6-13 所示的减速器输出轴，轴与齿轮采用键连接方式。已知传递的转矩 $T=350\ \mathrm{N\cdot m}$，齿轮的材料为铸钢，有轻微冲击。试确定键连接的类型和尺寸，并校核其强度。

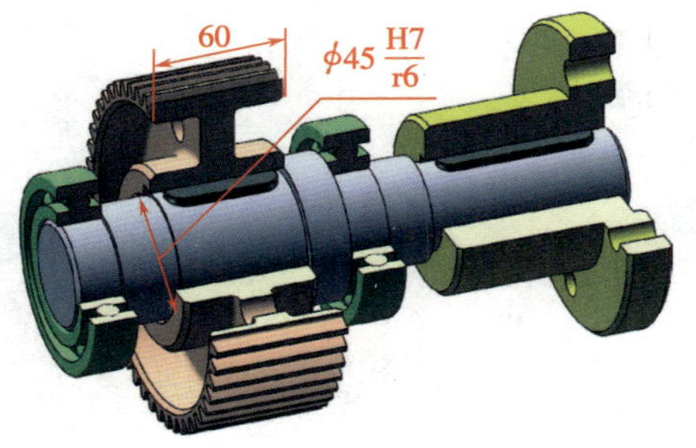

图 6-13 减速器输出轴

任务分析

键连接、销连接是齿轮与轴最常用的轴毂连接方式，可以实现齿轮在轴上的周向固定，并传递运动和转矩。

键是标准件，有多种类型，其特点和使用要求各不相同。其中，平键连接具有结构简单、装拆方便、对中性好等优点，得到了广泛应用。键的选用主要根据传递的转矩和使用要求，结合键连接的特点，确定键的类型和尺寸，必要时进行强度校核。

相关知识

一、键连接的类型、特点及应用

键连接按键参与工作的表面不同可分为两大类：一类以键的两侧面为工作面，如平键连接、半圆键连接；另一类以键的上、下表面为工作面，如楔键连接、切向键连接。

1. 平键连接

如图 6-14 所示，平键工作时，键安装在轴槽中，利用键的侧面与轴槽及轮毂槽间相互挤压传递转矩，而键的上表面与轮毂槽间留有间隙，因而键的工作表面是两侧面。这种连接方式不影响轴与零件的定位中心，对中性较好，装拆方便，但不能实现轴上零件的轴向固定，常用于传动精度要求较高的场合。

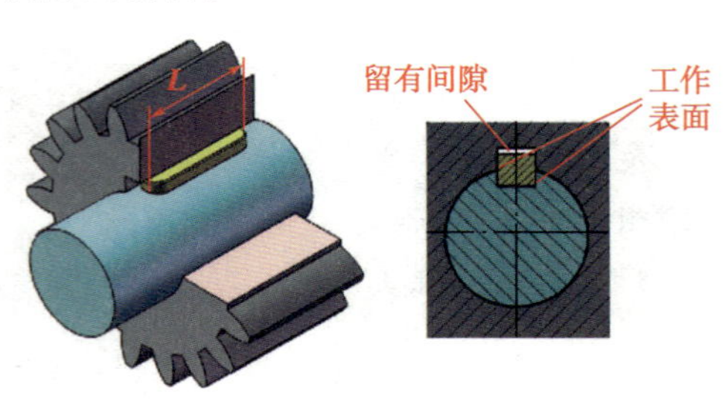

图 6-14　普通平键连接

平键按用途不同可分为普通平键、导向平键和滑键三种。

普通平键用于静连接。键的端部形状有圆头（A 型）、方头（B 型）和单圆头（C 型）三种，如图 6-15 所示。圆头平键的轴槽用端铣刀加工，键在槽中固定良好，其应用最广；方头平键的轴槽用盘形铣刀加工，轴的应力集中小，但对于尺寸较大的键应采用紧定螺钉压紧防松；单圆头平键只用于轴端。

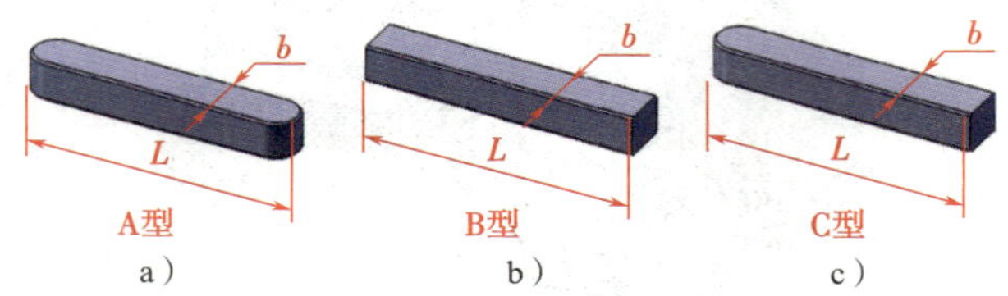

图 6-15　普通平键的形式

a）圆头　b）方头　c）单圆头

导向平键和滑键用于动连接。当零件（如变速器中的滑移齿轮）需在轴上沿轴向移动时，常采用导向平键或滑键连接。如图 6-16a 所示，导向平键用螺钉固定在轴槽中，而零件沿键做轴向移动，常用于移动距离不大的场合，为了拆卸方便，键中间设有起键螺孔。当移动距离较大时可采用滑键连接。滑键固定在轮毂零件上，并与轮毂一起沿轴上的键槽移动，故轴上应铣出较长的键槽，如图 6-16b 所示。

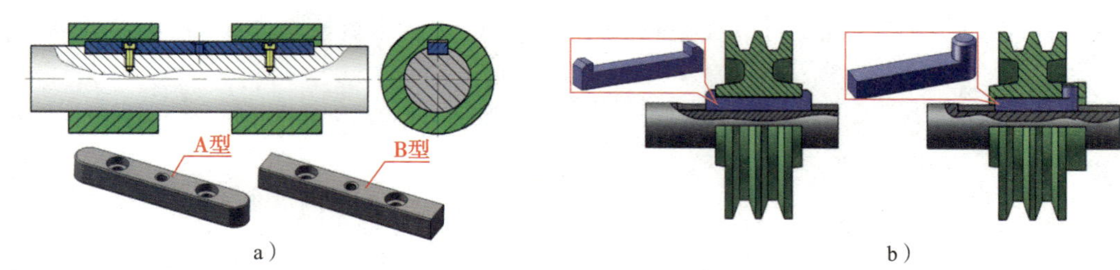

图 6-16　导向平键连接和滑键连接

a）导向平键连接　b）滑键连接

2. 半圆键连接

半圆键连接如图 6–17 所示。半圆键呈半圆形，轴上键槽也呈相应的半圆形，工作时靠两侧面传递转矩，键在轴槽中可绕其几何中心摆动，能自动适应轮毂上键槽的斜度。其安装方便，尤其适用于锥形轴与轮毂的连接。由于键槽较深，对轴的强度影响较大，一般只用于轻载的场合。

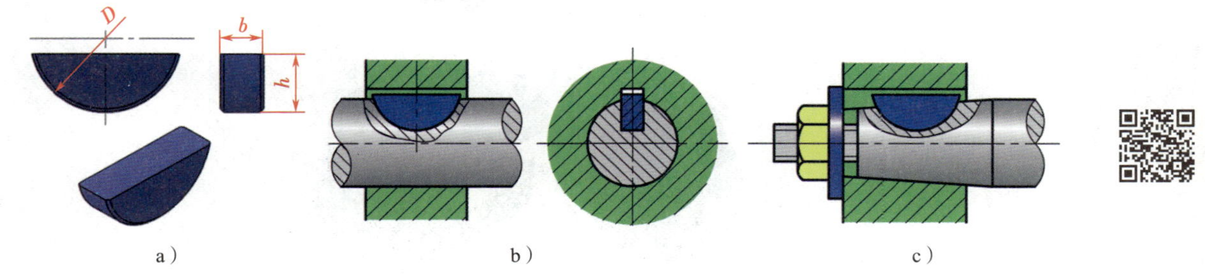

图 6–17 半圆键连接

a）半圆键 b）连接圆柱轴 c）连接圆锥轴

3. 楔键连接

楔键连接如图 6–18 所示，楔键分普通楔键和钩头楔键两种。楔键的上表面和轮毂槽的底面都有 1∶100 的斜度，装配时需靠外力打入。楔键打入轴和轮毂槽后，依靠上、下表面的摩擦力传递转矩，并能承受单向轴向力而起轴向固定作用。由于键楔紧时使轮毂与轴产生偏心，故常用于低速和精度要求不高的场合。

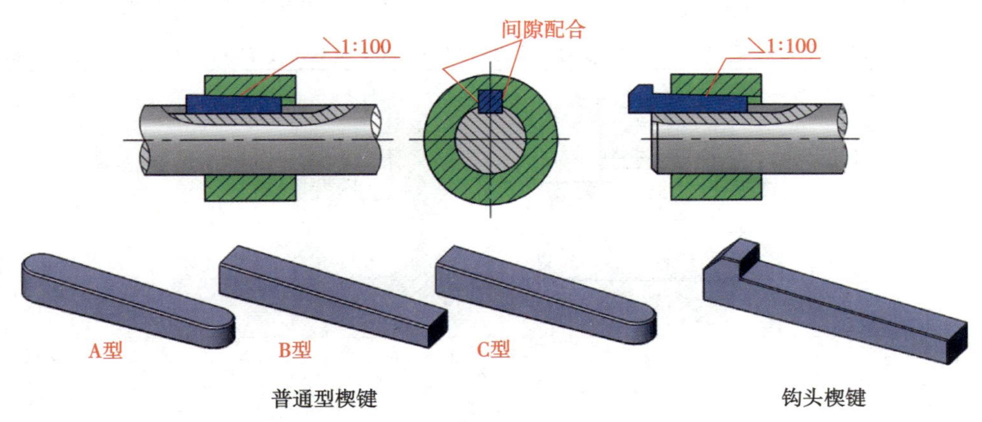

图 6–18 楔键连接

4. 切向键连接

切向键由一对普通楔键组成，装配时两个楔键分别从轮毂的两端打入，使其两斜面相互贴合，两键拼合后上、下两面互相平行，构成切向键的工作面。装配后应使其中一个面在通过轴线的平面内，从而使工作面上的压力沿轴的切线方向作用，最大限度地传递转矩。单个切向键只能单向传动，双向传动需用两个切向键，并分布成 120°~135°安装（见图 6–19）。

切向键承载能力很大，但由于键槽对轴的强度影响较大，常用于轴径较大（大于 100 mm）且对中性要求不高的重型机械中。

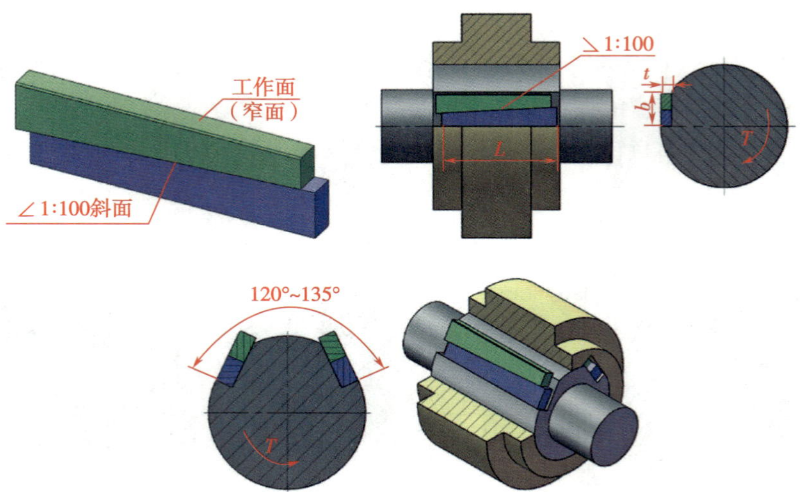

图 6-19　切向键连接

二、平键连接的选用及强度计算

1. 平键的选用及标记

平键是标准件，设计时可根据具体条件选择键的类型和尺寸。键的类型应根据键连接的结构特点、使用要求和工作条件来选择。键的主要尺寸为其截面尺寸（键宽 b×键高 h）与长度 L。键的截面尺寸按轴的直径 d 由标准中选定，见表 6-6。键的长度 L 一般应等于或略小于轮毂的长度，并符合标准规定的长度系列；导向平键的长度则应按零件所需滑动的距离确定。

表 6-6　　普通平键和键槽的尺寸（摘自 GB/T 1095—2003 和 GB/T 1096—2003）　　mm

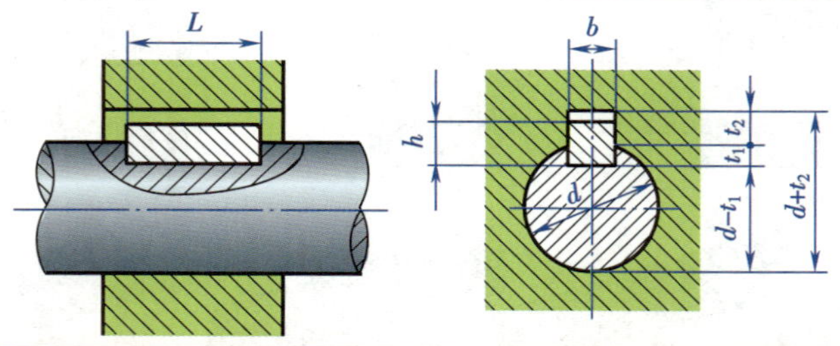

轴的直径 d	键		键槽		轴的直径 d	键		键槽	
	b×h	L	t_1	t_2		b×h	L	t_1	t_2
6~8	2×2	6~20	1.2	1	>38~44	12×8	28~140	5.0	3.3
>8~10	3×3	6~36	1.8	1.4	>44~50	14×9	36~160	5.5	3.8
>10~12	4×4	8~45	2.5	1.8	>50~58	16×10	45~180	6.0	4.3
>12~17	5×5	10~56	3.0	2.3	>58~65	18×11	50~200	7.0	4.4
>17~22	6×6	14~70	3.5	2.8	>65~75	20×12	56~220	7.5	4.9
>22~30	8×7	18~90	4.0	3.3	>75~85	22×14	63~250	9.0	5.4
>30~38	10×8	22~110	5.0	3.3	>85~95	25×14	70~280	9.0	5.4
键长 L 标准系列	6、8、10、12、14、16、18、20、22、25、28、32、36、40、45、50、56、63、70、80、90、100、110、125、140、160、180、200、220、250、280、320、360、400、450、500								

注：图中轴槽深用 $d-t_1$ 或 t_1 标注，毂槽深用 $d+t_2$ 标注。

平键标记为：GB/T 1096 键类型 $b \times h \times L$。对于圆头普通平键（A 型），标记字母 A 可以省略不标。

例如，键截面尺寸 $b \times h = 16 \times 10$，键长 $L = 100$ mm 的方头普通平键标记为：

GB/T 1096 键 B 16×10×100

2. 平键的强度计算

选定键的类型和尺寸后，对于重要的键连接应进行强度校核。普通平键为静连接，主要失效形式是工作面被压溃，一般不会出现键的剪断，应按工作面上的最大挤压应力进行强度校核计算；而导向平键、滑键为动连接，主要失效形式是工作面的过度磨损，应按工作面上的最大压强进行强度校核计算。

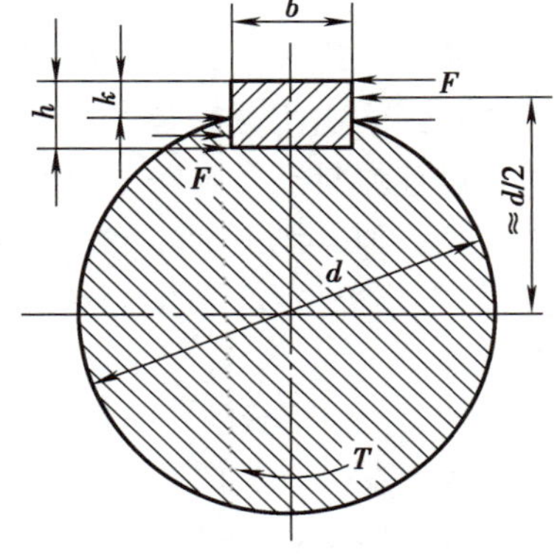

图 6-20 平键连接的受力分析

如图 6-20 所示，假定载荷在键的工作面上均匀分布，则普通平键连接的强度条件为：

$$\sigma_p = \frac{4T}{dhl} \leqslant [\sigma_p] \quad (6-5)$$

导向平键连接和滑键连接的强度条件为：

$$p = \frac{4T}{dhl} \leqslant [p] \quad (6-6)$$

式中 T——转矩，N · mm；

d——轴的直径，mm；

h——键的高度，mm；

l——键的工作长度，mm，A 型键 $l = L - b$，B 型键 $l = L$，C 型键 $l = L - b/2$；

$[\sigma_p]$——键、轴、轮毂中最弱材料的许用挤压应力，MPa，见表 6-7；

$[p]$——键、轴、轮毂中最弱材料的许用压强，MPa，见表 6-7。

表 6-7 键连接的许用挤压应力 $[\sigma_p]$ 和许用压强 $[p]$ MPa

量	连接方式	键或毂、轴的材料	载荷性质		
			静载荷	轻微冲击	冲击
$[\sigma_p]$	静连接	钢	125~150	100~120	60~90
		铸铁	70~80	50~60	30~45
$[p]$	动连接	钢	50	40	30

若单个键的强度不够，可适当增加轮毂及键的长度，或采用双键按 180°对称布置。考虑载荷分布不均匀性，在强度计算中双键应按 1.5 个键进行计算。

三、花键连接的组成、类型和特点

1. 花键连接的组成

花键连接由轴上加工出的外花键（花键轴）和轮毂孔上加工出的内花键（花键孔）组成，

如图 6-21 所示。键齿对称分布，键槽较浅，工作时依靠内、外花键齿侧面的相互挤压传递转矩。

2. 花键的类型和特点

花键是标准件，按齿形可分为矩形花键和渐开线花键。由于花键齿均匀分布且键槽较浅，因而花键连接具有定心好、导向性好、承载能力强等优点，但其制造成本较高，可用于静连接和动连接，适用于定心精度高、载荷大或经常滑移的场合。

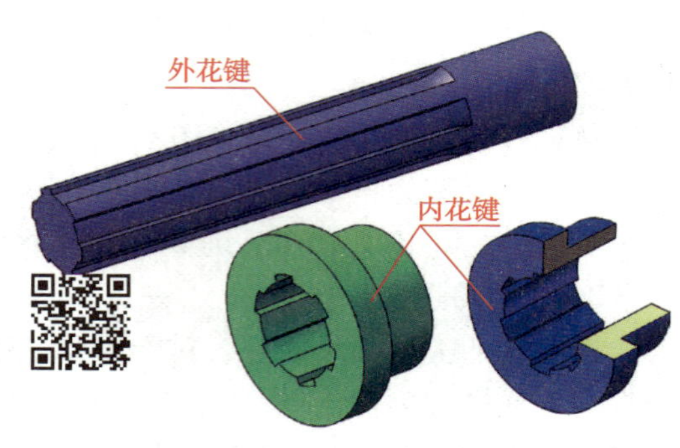

图 6-21　外花键和内花键

（1）矩形花键

矩形花键（见图 6-22a）的齿形是矩形，加工容易，承载能力高，应力集中较小，应用广泛。为了提高轴和轮毂的同轴度，常采用小径定心方式，其定心精度易保证，定心精度高。

根据齿数和键高的不同，矩形花键可分为轻、中两个系列。轻系列的承载能力小，多用于静连接或轻载连接；中系列用于中等载荷的连接。

（2）渐开线花键

渐开线花键的齿廓是渐开线，受载时齿上有径向分力，能起到自动定心作用。渐开线花键可利用加工齿轮的设备及刀具进行加工，制造精度高，互换性好。

渐开线花键的分度圆压力角有 30°和 45°两种。压力角为 30°的渐开线花键（见图 6-22c），齿根强度高，应力集中小，易于定心，适用于传递转矩较大的场合。压力角为 45°的渐开线花键（又称为三角形花键，见图 6-22d），键齿多而小，承载能力低，多用于轻载和直径小的静连接，特别适用于轴与薄壁零件的连接。

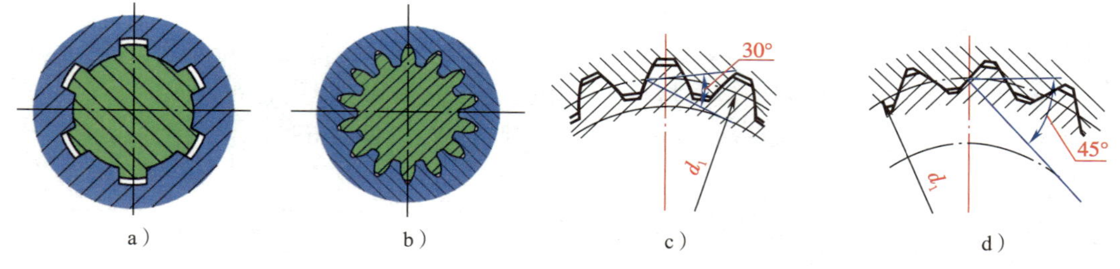

图 6-22　花键连接的类型

a）矩形花键　b）渐开线花键　c）30°压力角的渐开线花键　d）45°压力角的渐开线花键

四、销连接的类型、特点及应用

销是标准件，根据销连接的作用，销可分为连接销、定位销和安全销等。

连接销可以实现轴与轴上零件的固定或零件之间的连接，只能承受较小的载荷；定位销用于确定零件之间的相对位置，一般成对使用；安全销（见图 6-23 中的 2）可作为安全装置中的被剪断零件，起过载保护作用。

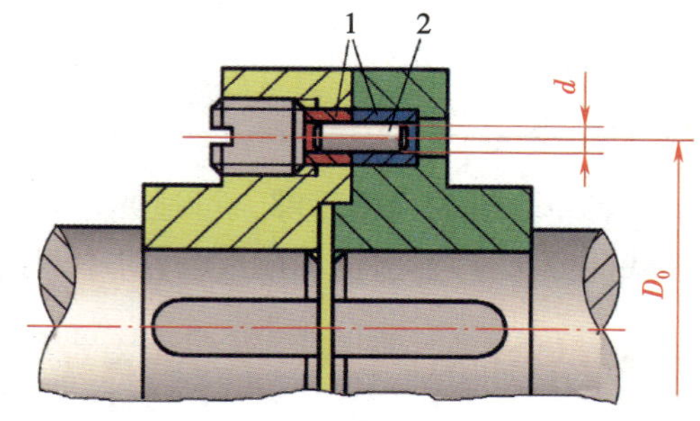

图 6-23　安全联轴器

1—销套　2—安全销

根据销的形状，销可分为圆柱销和圆锥销。

圆柱销（见图 6-24a）主要用作定位销，也可作为连接销和安全销，一般靠过盈配合固定在销孔中，多次装拆后精度会降低，故只适用于不经常拆卸的场合。圆锥销（见图 6-24b）主要用于定位，圆锥销和销孔均有 1∶50 的锥度，装拆方便，定位精度高，多次装拆不影响定位精度。图 6-24c 所示为大端带螺纹的圆锥销，便于装拆，可用于盲孔。图 6-24d 所示为小端带外螺纹的圆锥销，可用螺母锁紧，适用于有冲击的场合。

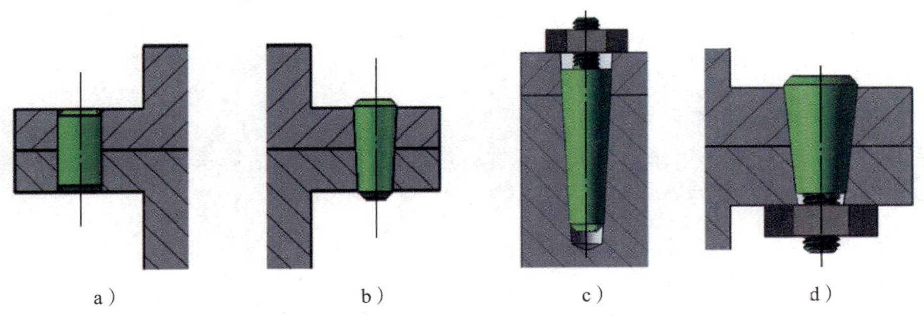

图 6-24 销连接

a）圆柱销 b）圆锥销 c）大端带螺纹的圆锥销 d）小端带螺纹的圆锥销

五、销连接的强度计算

在使用时可根据工作要求选择销的类型和尺寸，必要时校核其强度。连接销在工作时主要受挤压和剪切，可按其挤压和剪切强度校核。安全销的尺寸按过载时被剪断的条件确定。

如图 6-23 所示的安全联轴器，传递的最大转矩 $T_{max}=600$ N · m。已知安全销用 45 钢正火处理，销数 $z=2$，销中心所在圆的直径 $D_0=80$ mm，若销的剪切强度 $\tau_b=420$ MPa，试求此安全销的最大直径。

解：根据销的剪切强度条件，销剪断的条件为：

$$\tau=\frac{Q}{A}=\frac{2T_{max}}{D_0 z\dfrac{\pi d^2}{4}}=\tau_b$$

故销的最大直径为：

$$d=1.6\sqrt{\frac{T_{max}}{D_0 z\tau_b}}=1.6\times\sqrt{\frac{600\times10^3}{80\times2\times420}}\ \text{mm}\approx4.8\ \text{mm}$$

任务实施

1. 选择键的类型与尺寸

齿轮传动要求齿轮与轴对中性要好，因此选用普通平键（A 型）。

根据轴的直径 $d=45$ mm，轮毂宽度 60 mm，查表 6-6 取：键的尺寸 $b=14$ mm，$h=9$ mm，$L=56$ mm。

2. 强度校核

已知 $T=350\ \text{N}\cdot\text{m}=350\times10^3\ \text{N}\cdot\text{mm}$，又由表6-7查得 $[\sigma_p]=100$ MPa，A型键的工作长度 $l=L-b=56\ \text{mm}-14\ \text{mm}=42\ \text{mm}$，由式（6-5）可得：

$$\sigma_p=\frac{4T}{dhl}=\frac{4\times350\times10^3}{45\times9\times42}\ \text{MPa}\approx82.3\ \text{MPa}<[\sigma_p]$$

故选用普通平键：GB/T 1096　键　14×9×56，该键强度满足要求。

练习题

1. 如何选用平键的主要尺寸？
2. 平键连接时，如果采用单个键强度不够，应采取什么措施？若采用双键，应该如何布置？
3. 销连接有哪些类型？

课题三　联轴器与离合器

学习目标

◎ 了解联轴器的常见类型及特点。
◎ 了解离合器的常见类型及特点。
◎ 能够按要求正确选用联轴器和离合器的类型和型号。

任务引入

某离心式水泵与电动机用联轴器连接，已知电动机功率 $P=30$ kW，转速 $n=1\ 470$ r/min，电动机伸出轴端的直径 $d=42$ mm，水泵轴直径 $d'=40$ mm，试选择联轴器的类型和型号。

任务分析

联轴器是机械传动中的常用部件，多用于动力机（如电动机）输出轴与工作机（如泵）输入轴的连接，实现两轴共同转动，以传递动力和转矩。

联轴器类型较多，适用范围各不相同。常用联轴器多已标准化，在使用时可根据具体的工作要求选择适当的类型和型号。此外，离合器也可实现两轴之间的连接，但在功能和应用上与联轴器各有不同。

本任务主要学习常用联轴器和离合器的类型、结构特点，能够根据工况选择联轴器的类型和型号。

相关知识

联轴器和离合器可以实现轴与轴的连接，以传递运动和转矩。联轴器只有在机器停车并经拆卸后才能分离两轴，而离合器可在机器工作过程中随时分离或接合两轴。

一、联轴器的功能、类型及特点

1. 联轴器的功能和类型

联轴器是连接两轴（或轴与回转件）并与轴一起回转，以传递运动和动力的装置。联轴器所连接的两轴在机器运转过程中不能分离。

制造及安装误差、承载变形以及温度变化等，会引起两轴间的相对位移，出现轴线偏移或倾斜，使两轴不能保证严格对中，如图 6-25 所示。

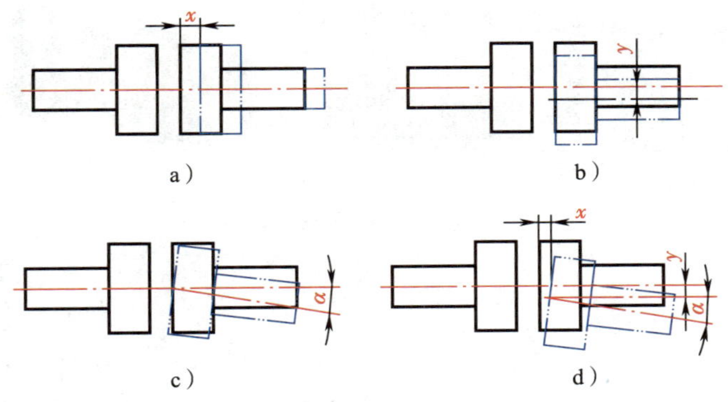

图 6-25 轴线的相对位移

a）轴向位移 b）径向位移 c）角位移 d）综合位移

按照能否补偿轴线的相对位移，联轴器可分为刚性联轴器和挠性联轴器。刚性联轴器不能补偿轴线的相对位移，如凸缘联轴器；挠性联轴器可以补偿两轴的相对位移。挠性联轴器又可分为无弹性元件的联轴器和有弹性元件的联轴器，前者如齿式联轴器、万向联轴器、滑块联轴器等，后者如弹性套柱销联轴器、尼龙柱销联轴器等。此外，安全联轴器还可用于过载保护。

2. 常用联轴器

（1）凸缘联轴器

凸缘联轴器由两个带有凸缘的半联轴器用螺栓连接而成，半联轴器与轴用键连接。凸缘联轴器有两种对中方式，一种是采用铰制孔用螺栓对中（见图 6-26a），另一种是采用两个半联轴器的凸肩与凹槽对中（见图 6-26b）。由于所有零件都是刚性的且不允许有相对运动，因此无法补偿轴线间的相对位移，属于刚性联轴器。这种联轴器结构简单、使用方便，可传递较大的转矩，但不能缓冲和减振，适用于载荷平稳、两轴严格对中的场合。

为了运行安全，凸缘联轴器可做成带防护边的形式（见图 6-26c）。

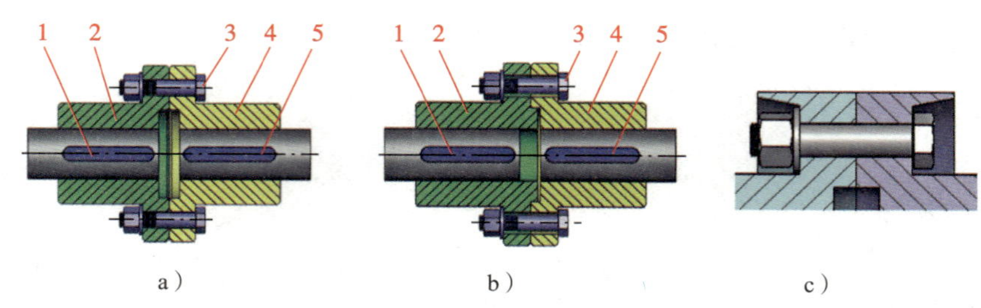

图 6-26　凸缘联轴器

1、5—普通型平键　2、4—半联轴器　3—螺栓组

（2）滑块联轴器

如图 6-27 所示，利用滑块 4 与两半联轴器 3、5 的端面径向槽配合以实现两轴连接。滑块可沿径向滑动以补偿两轴 1、7 的径向偏移和角偏移。滑块联轴器结构简单、径向尺寸小，但工作时会产生较大的离心力，常用于径向偏移较大、传递转矩较大的低速无冲击场合。

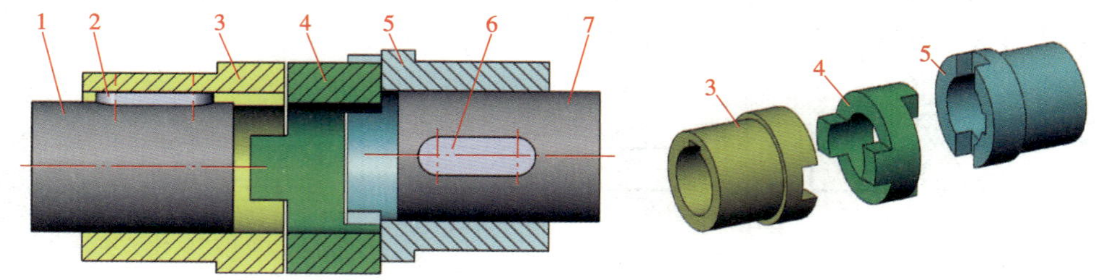

图 6-27　滑块联轴器

1、7—轴　2、6—平键　3、5—半联轴器　4—滑块

（3）齿式联轴器

如图 6-28 所示，齿式联轴器由两个具有外齿的半联轴器 1、4 和两个具有内齿的外壳 2、3 组成，外壳 2、3 通过螺栓 5 连接，外壳与半联轴器通过内、外齿相互啮合实现两轴的连接。外齿轮的齿顶做成球面，轮齿间有较大的侧隙和顶隙，能够补偿两轴的综合偏移。这种联轴器能传递较大的转矩，但结构较复杂，成本较高，适用于高速、重载、正反转频繁的场合。

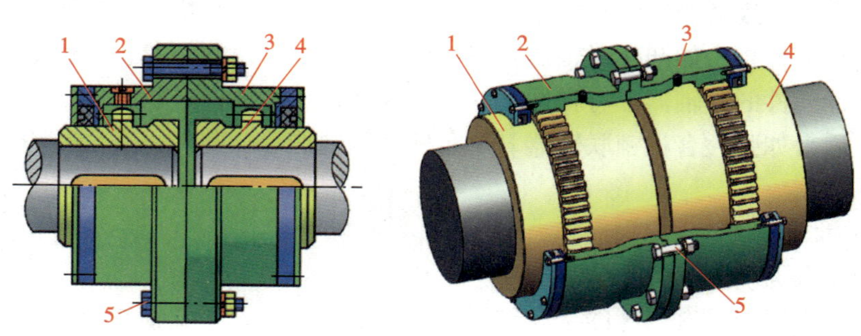

图 6-28　齿式联轴器

1、4—半联轴器　2、3—外壳　5—螺栓

（4）万向联轴器

如图 6-29a 所示，万向联轴器由两个分别固定在主、从动轴上的叉形接头 1、2 和一个十字柱销 3（称十字头）组成。叉形接头和十字柱销是铰接的，因此被连接两轴间的夹角可

以很大，轴间角可达 35°~45°。万向联轴器可用于相交轴间的连接，或用在有较大角位移的场合，广泛应用于汽车、组合机床的传动系统中。万向联轴器一般成对使用（见图 6-29b）。

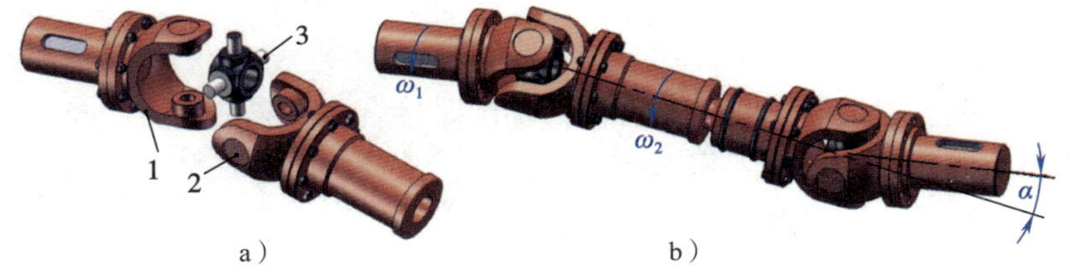

图 6-29 万向联轴器

1、2—叉形接头 3—十字柱销

（5）弹性套柱销联轴器

如图 6-30 所示，弹性套柱销联轴器在结构上与凸缘联轴器相似，只是用套有橡胶弹性套 1 的柱销 2 代替连接螺栓。弹性套柱销联轴器可以补偿两轴的相对位移并能缓冲和减振，制造容易，成本较低，但弹性套易磨损，使用寿命较短。它适用于载荷平稳、正反转或启动频繁、转速高、功率不太大的场合。

（6）尼龙柱销联轴器

如图 6-31 所示，尼龙柱销联轴器与弹性套柱销联轴器相似，不同之处是用尼龙柱销 1 代替弹性套和金属柱销，并且为了防止柱销滑出，在柱销两端配置了挡圈 2。尼龙柱销联轴器结构简单，安装方便，耐久性好，可以吸振和补偿轴向位移，常用于启动及换向频繁、转矩较大的中低速轴的连接。

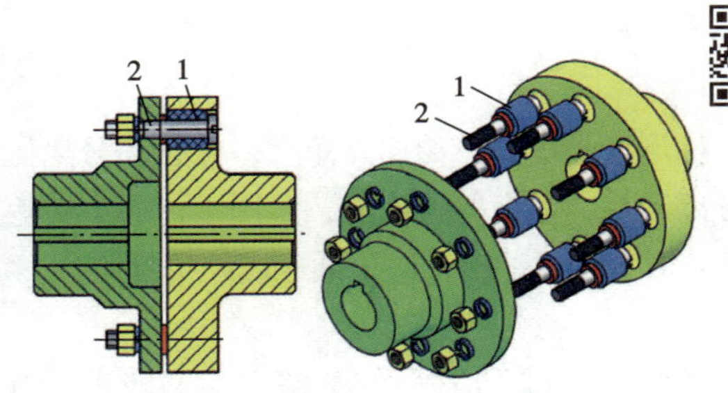

图 6-30 弹性套柱销联轴器

1—橡胶弹性套 2—柱销

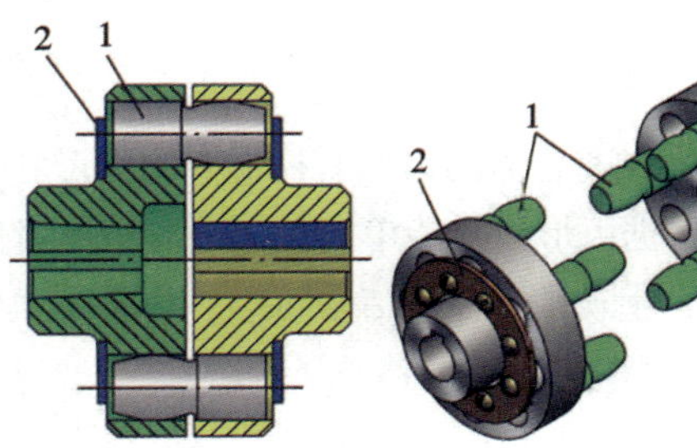

图 6-31 尼龙柱销联轴器

1—尼龙柱销 2—挡圈

上述弹性套柱销联轴器和尼龙柱销联轴器中装有弹性元件，不仅可以补偿两轴间的相对位移，而且具有缓冲减振的能力，而齿式联轴器、万向联轴器、滑块联轴器没有弹性元件而不具备缓冲和减振的能力。

（7）安全联轴器

如图 6-32 所示，安全联轴器的结构类似于凸缘联轴器，用钢制销钉 2 连接。销钉装入经过淬火的两段钢制套筒 1 中，只能承受限定载荷。当实际载荷超过限定载荷时，销钉即被剪断，从而起到安全保护的作用。这类联轴器工作精度不高，但由于结构简单，所

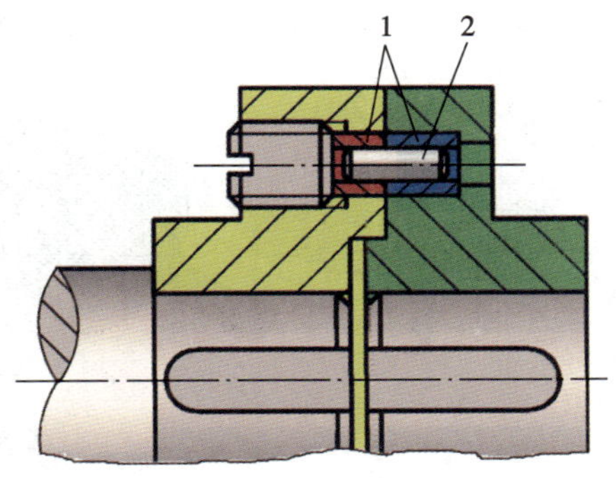

图 6-32 安全联轴器

1—套筒 2—销钉

以常在不经常发生过载的机器中使用。

二、离合器的功能、类型及特点

1. 离合器的功能

离合器是一种在机器运转过程中，可使两轴随时接合或分离的装置。离合器既可连接两轴以传递运动和动力，又能根据工作需要随时使主、从动轴接合或分离，通常用来操纵机械传动系统的启动、停止、换向及变速。

2. 常用离合器

（1）牙嵌式离合器

牙嵌式离合器的结构如图 6-33 所示，由两个端面带齿的半离合器 1、2 组成。半离合器 1 用平键与主动轴连接；半离合器 2 用导向键与从动轴连接，可沿轴线滑动。主动半离合器上安装有对中环 4，以保证两个半离合器对中。工作时利用操纵杆（图中未画出）移动滑块 3，使半离合器 2 做轴向移动，实现离合器的接合或分离。

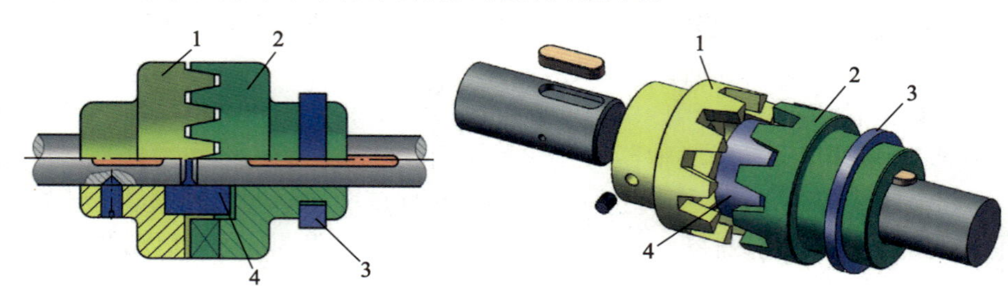

图 6-33 牙嵌式离合器

1、2—半离合器 3—滑块 4—对中环

牙嵌式离合器的齿形有梯形、锯齿形和三角形。梯形齿强度高，传递转矩大，接合和分离比较容易；锯齿形齿只能单向工作；三角形齿接合和分离容易，但齿的强度弱，多用于传递小转矩的场合。牙嵌式离合器结构简单，外廓尺寸小，在接合时有刚性冲击，适于低速或停机时接合。

（2）摩擦式离合器

如图 6-34a 所示为单片式圆盘摩擦离合器，利用圆盘 1、2 压紧后的摩擦力传递转矩，滑块 3 控制圆盘 2 沿轴向移动，使两圆盘压紧或松开，实现两轴的接合或分离。单片式摩擦离合器传递的转矩较小，当传递较大转矩时，可采用多片式摩擦离合器（见图 6-34b）。摩擦式离合器结构简单，接合平稳，有过载保护作用，适用于以高速接合为主，传动要求不严的场合。

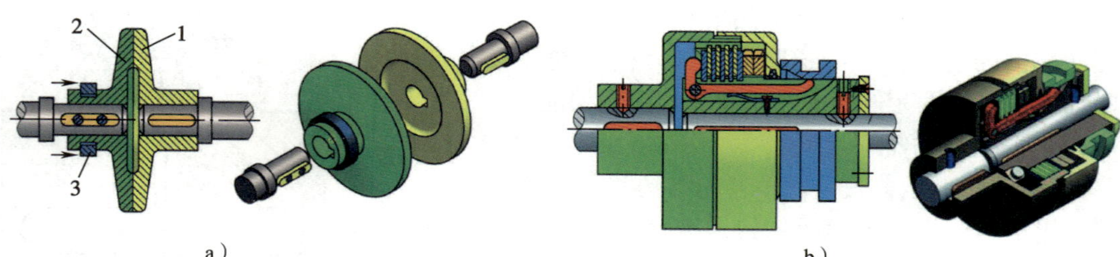

图 6-34 摩擦式离合器

a）单片式圆盘摩擦离合器 b）多片式摩擦离合器

1、2—圆盘 3—滑块

（3）磁粉离合器

如图6-35所示，主动轴7与磁铁轮心5相固连，磁铁轮心外缘绕有励磁线圈4，从动轮2与齿轮1相连，并与磁铁轮心间有0.5~2 mm的间隙，其中填充磁导率高的铁粉混合物3。当励磁线圈通电时，铁粉混合物被磁化产生磁力，主动轴通过磁铁轮心带动从动轮一起旋转并传递转矩。当断电时，铁粉混合物恢复为松散状态，磁力消失，离合器分离。

这种离合器接合平稳，使用寿命长，可以远距离操纵，但尺寸和质量较大。

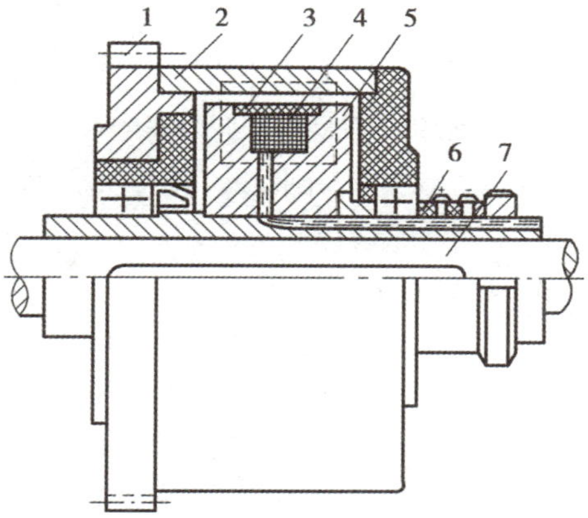

图6-35 磁粉离合器

1—齿轮 2—从动轮 3—铁粉混合物
4—励磁线圈 5—磁铁轮心 6—接触环 7—主动轴

三、联轴器、离合器的选择

常用的联轴器、离合器已经标准化，一般情况下，可先根据机器的工作特点和使用条件，选择合适的联轴器、离合器类型，再根据轴端直径来计算转矩和轴的转速，从相关技术手册或标准中选择所需型号及尺寸。必要时，还应对其薄弱环节进行强度校核。

1. 类型的选择

在选择类型时，应根据工作载荷的大小和性质、转速的高低、两轴线的相对位移情况、对缓冲减振的要求等综合考虑，确定合适的类型。例如：载荷平稳、两轴能精确对中且轴的刚度较大时，可选用凸缘联轴器；载荷不平稳、两轴对中困难、轴的刚度较小时，可选用挠性联轴器；径向偏移较大、转速较低时，可选用滑块联轴器；两轴轴线要求有一定夹角时，可选用万向联轴器。

2. 型号的选择

根据转矩、轴径和转速，从手册或标准中选择联轴器、离合器的型号及尺寸。考虑到机器启动变速时的惯性力和冲击载荷等因素，应按计算转矩 T_C 选择联轴器和离合器。

$$T_C = KT \tag{6-7}$$

式中 T_C——计算转矩，N·m；

T——名义转矩，N·m；

K——工况系数，见表6-8。

表6-8 工况系数 K

原动机	工作机		K
	工作情况	典型机械	
电动机	转速变化很小	发电机、小型水泵、小型通风机	1.3
	转速变化较小	运输机、汽轮压缩机	1.5
	转速变化中等	搅拌机、增压机、冲床	1.7
	转矩变化中等，有冲击	织布机、水泥搅拌机、拖拉机	1.9
	转矩变化较大，有较大冲击	挖掘机、起重机、碎石机	2.3
	转矩变化大，有强烈冲击	压延机、活塞泵、重型轧机	3.1

任务实施

1. 选择联轴器的类型

离心式水泵载荷平稳，刚度大，两轴对中性好，故选用凸缘联轴器。

2. 确定计算转矩

名义转矩为：

$$T = 9\ 550 \times \frac{P}{n} = 9\ 550 \times \frac{30}{1\ 470}\ \mathrm{N \cdot m} \approx 194.9\ \mathrm{N \cdot m}$$

查表 6-8，取工况系数 $K=1.3$，由式（6-7）得出计算转矩：

$$T_C = KT = 1.3 \times 194.9\ \mathrm{N \cdot m} \approx 253.4\ \mathrm{N \cdot m}$$

3. 选择联轴器的型号

查凸缘联轴器国家标准（见表 6-9），选 GY5 型凸缘联轴器，其公称转矩为 400 N·m>T_C，许用转速为 8 000 r/min>n。

表 6-9　凸缘联轴器基本参数和主要尺寸（摘自 GB/T 5843—2003）

型号	公称转矩 T_n/(N·m)	许用转速 $[n]$/(r·min^{-1})	轴孔直径 d_1、d_2/mm	轴孔长度/mm		D/mm	D_1/mm	b/mm	b_1/mm	S/mm
				Y 型	J_1 型					
GY5 GYS5 GYH5	400	8 000	30	82	60	120	68	36	52	8
			32							
			35							
			38							
			40	112	84					
			42							

两轴直径均与标准相符，故主动端选 Y 型轴孔，A 型键槽；从动端选 J_1 型轴孔，A 型键槽。

4. 联轴器的标记

GY5 联轴器 $\dfrac{42\times112}{J_140\times84}$ GB/T 5843—2003

练习题

1. 联轴器与离合器在功能上有什么区别？
2. 两轴线偏移的形式有哪些？
3. 举例说明挠性联轴器的种类。

模块小结

1. 轴的类型

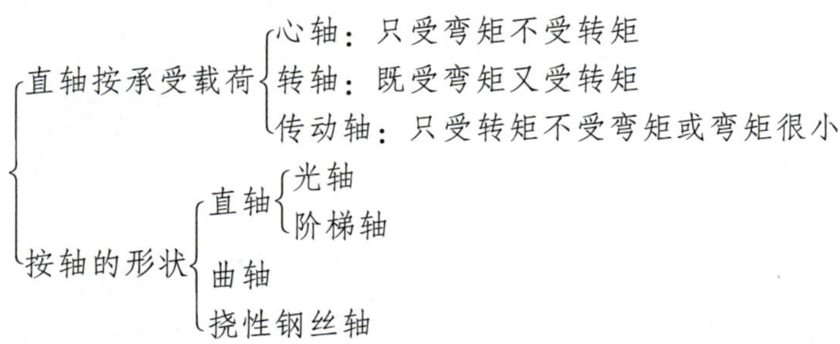

2. 轴的常用材料有碳素结构钢、合金结构钢、球墨铸铁等。

3. 轴上零件常用的轴向固定方法有轴肩、轴环、套筒、圆螺母、挡圈等，周向固定方法有键连接、销连接和过盈连接等。

4. 轴的设计包括轴的结构设计和强度计算，两者要结合进行，对于既受弯矩又受转矩的转轴，一般可先按扭转强度初步估算轴的最小直径，待轴的结构确定后，再按弯扭合成强度对轴的强度进行校核。

5. 常用的轴毂连接方式有键连接、花键连接和销连接等，键、花键和销都是标准件。

6. 平键按用途不同可分为普通平键、导向平键和滑键三种。普通平键用于静连接，导向平键和滑键用于动连接。通常按工作面上的最大挤压应力（对于静连接）或最大压强（对于动连接）对平键进行强度校核。

7. 花键按齿形可分为矩形花键、渐开线花键。

8. 销有圆柱销和圆锥销两种基本类型，应根据不同工作要求进行选用。

9. 联轴器和离合器都能连接两轴并使两轴共同回转，以传递转矩。但联轴器只有在机器停车并经拆卸后才能分离两轴，离合器可在机器工作过程中随时分离或接合两轴。

10. 联轴器的常用类型

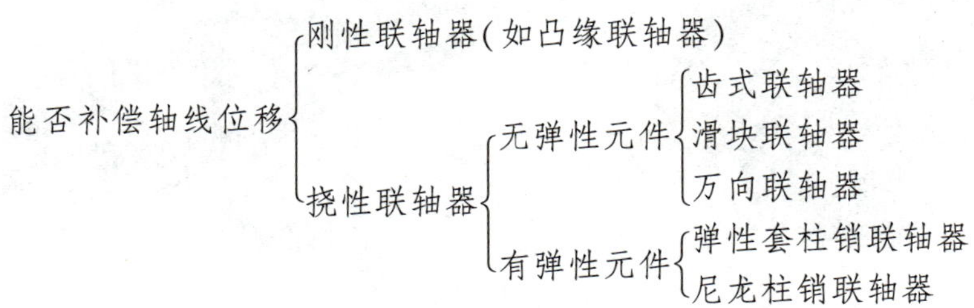

11. 常用的离合器有牙嵌式离合器和摩擦式离合器等。

模块七

轴　　承

轴承是支撑轴颈的部件，有时也用来支撑轴上的回转零件。按照承受载荷的方向不同，轴承可分为径向轴承和推力轴承两类。轴承上的反作用力与轴线方向垂直的称为径向轴承，与轴线方向一致的称为推力轴承。根据轴承工作的摩擦性质，又可分为滑动摩擦轴承（简称滑动轴承）和滚动摩擦轴承（简称滚动轴承）两类。如图 7-1 所示减速器中的传动轴是通过轴承来支撑的。其中，图 7-1a 中的蜗轮轴采用了滑动轴承支撑，图 7-1b 中的齿轮轴采用了滚动轴承支撑。本模块将分别介绍这两类轴承的结构特点、类型代号、轴承的设计计算与应用。

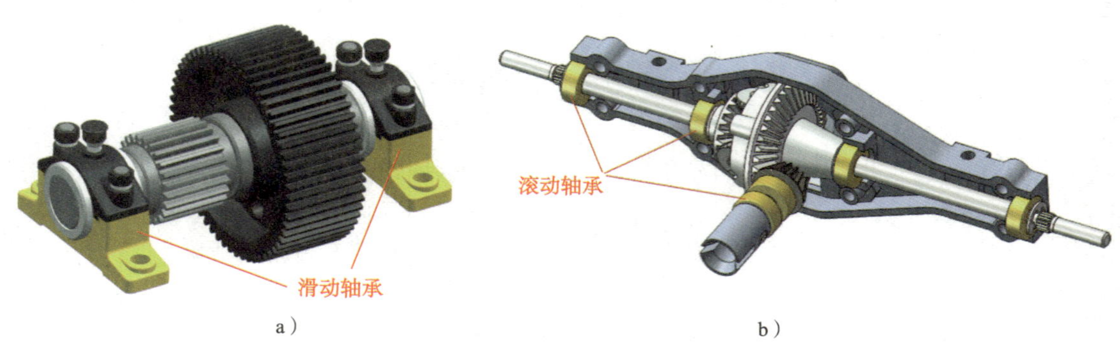

图 7-1　轴承的应用
a）滑动轴承　b）滚动轴承

课题一 滑动轴承

学习目标

◎ 了解滑动轴承的主要类型及特点。

◎ 了解轴承的结构及常用材料。

◎ 掌握滑动轴承的润滑、安装与维护方法。

◎ 能够根据工作条件，确定滑动轴承的类型、材料、结构及润滑方法等。

任务引入

试设计一蜗轮轴上的滑动轴承，确定滑动轴承的类型、材料、结构和润滑方法。已知该轴承的轴颈直径 $d=100$ mm，轴承宽度 $B=60$ mm，承受径向平均载荷 $P=42\ 000$ N，最大载荷 $P_{max}=47\ 500$ N，轴在正常工作时的转速 $n=350$ r/min，工作温度区间为 5~90 ℃，非间歇性工作，不承受弯曲变形。轴颈硬度值经淬火后达到 220HBW。

任务分析

图 7-1a 所示蜗轮轴的两端采用了滑动轴承支撑，其轴套材质为铜合金材料，与轴产生滑动摩擦，易产生高温，所以滑动轴承一般用于中速重载和低速重载的场合。

蜗轮轴上的滑动轴承属于轴系零件，设计使用时主要考虑其尺寸大小、材料能否承受一定的载荷，尤其是冲击载荷，在轴与轴承材料之间如何保证润滑，确保其使用寿命。

本任务主要通过对滑动轴承类型的选取，强度和滑动速度的计算与验算，以及合理的选用滑动轴承材料、结构、润滑材料和润滑方式，解决滑动轴承的设计计算问题。

相关知识

一、滑动轴承的类型

滑动轴承按照所承受载荷的方向可分为径向滑动轴承和推力滑动轴承。当滑动轴承主要承受径向载荷时，设计滑动轴承就应以径向滑动轴承为主；当滑动轴承主要承受轴向载荷时，设计滑动轴承就应以推力滑动轴承为主。

1. 径向滑动轴承

(1) 整体式滑动轴承

如图 7-2 所示是一种常见的整体式径向滑动轴承。该种轴承最常用的轴承座材料为铸铁，轴承座用螺栓与机床座连接，顶部有装油杯的螺纹孔，轴承孔内压入耐磨材料（如黄铜）制成的轴套，轴套上开有油孔和油槽，用来输送润滑油。整体式滑动轴承的特点是构造简单，常用于低速、载荷不大、间歇工作的机器设备上。其缺点是：当工作表面磨损而导致间隙过大时，无法调整轴承的间隙；轴颈只能从端部装入，对于大直径、粗重的轴或具有中轴颈的轴安装不方便。采用图 7-3 所示的剖分式径向滑动轴承可以克服上述两个缺点。

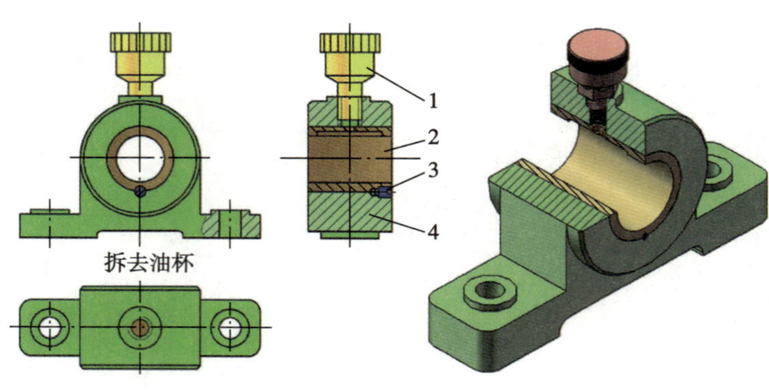

图 7-2　整体式径向滑动轴承

1—油杯　2—整体轴瓦　3—紧定螺钉　4—轴承座

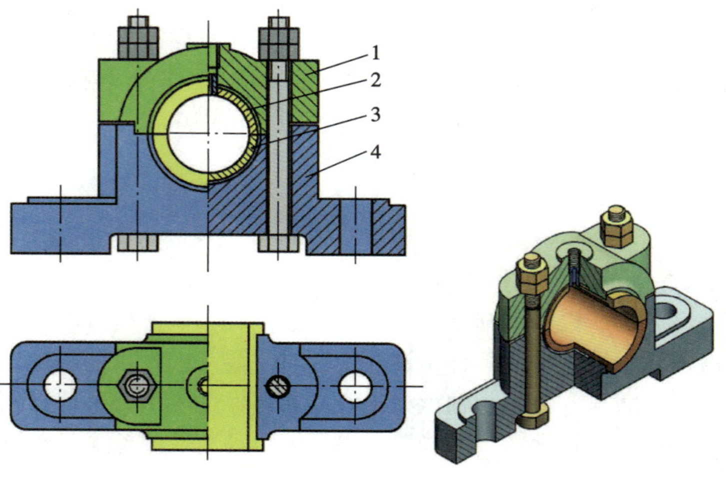

图 7-3　剖分式径向滑动轴承

1—轴承盖　2—上轴瓦　3—下轴瓦　4—轴承座

（2）剖分式滑动轴承

图 7-3 所示是剖分式径向滑动轴承，它由轴承座 4，轴承盖 1，上、下轴瓦 2、3 及螺栓等组成。有时为了节省贵重的金属材料或有其他需要，常在轴瓦内表面贴附一层轴承衬。不重要的轴承也可以不装轴瓦，只装轴承衬。在轴瓦内壁不负担载荷的表面上开油槽，润滑油通过油孔和轴瓦内表面上的油槽进入摩擦面。

（3）自动调心式滑动轴承

轴承宽度与轴承直径之比 B/d 称为宽径比。宽径比的大小对轴承的磨损有很大的影响。当轴发生弯曲变形或轴孔倾斜时，易造成轴颈与轴瓦端部的局部接触，引起剧烈的磨损和发热。因此，对于 $B/d>1.5$ 的轴承，宜采用自动调心轴承（见图 7-4），这种轴承的特点是：轴瓦外表面为球面，与轴承盖和轴承座的球状内表面相配合，球面中心通过轴颈的轴线。因此，轴瓦可以自动调位以适应轴颈在轴弯曲时产生的偏斜。

2. 推力滑动轴承

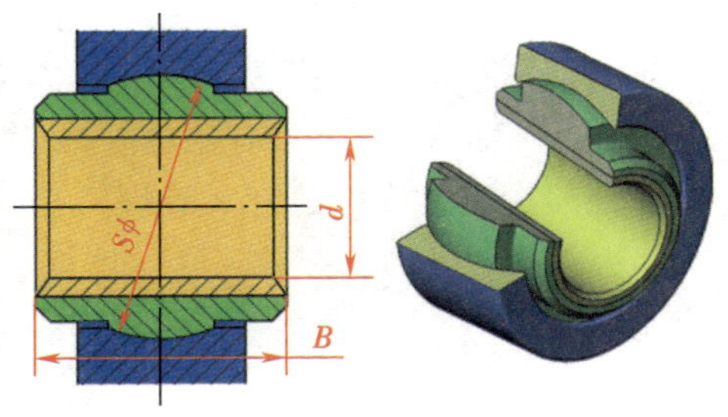

图 7-4 自动调心轴承

推力滑动轴承用来承受轴向载荷，如图 7-5 所示。按轴颈支撑面的形式，可分为实心式、空心式和环形式三种。图 7-5a 所示为实心轴颈，当轴旋转时，端面上不同半径处的线速度不相等，使得端面中心部的磨损很小，而边缘的磨损很大，结果造成轴颈端面中心处应力集中。实际结构中多采用空心轴颈（见图 7-5b），可使其端面上压力的分布得到明显改善，并有利于储存润滑油。图 7-5c 所示为单环形推力轴颈；图 7-5d 所示为多环形推力轴颈，一般为 2~5 个推力环，可承受双向载荷，由于支撑面较多，因此可承受较大的载荷。

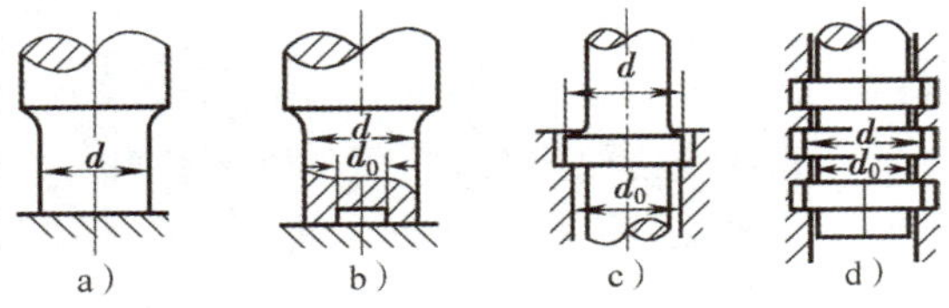

图 7-5 推力滑动轴承

a）实心轴颈 b）空心轴颈 c）单环形推力轴颈 d）多环形推力轴颈

二、轴瓦的结构

滑动轴承轴瓦的结构可分为整体式和剖分式两种。整体式轴瓦是套筒形，结构简单，一般称为轴套（见图 7-6a）。剖分式轴瓦多由两半组成（见图 7-6b），拆装比较方便。为了改

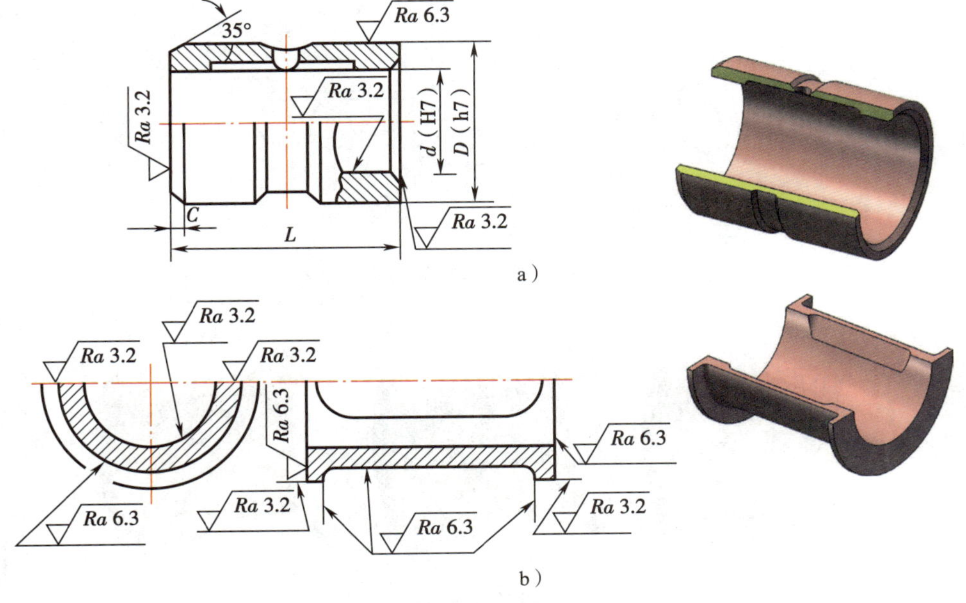

图 7-6 轴瓦

a）整体式轴瓦 b）剖分式轴瓦

善轴瓦表面的摩擦性质，常在其内表面上浇铸一层或两层减摩材料，称为轴承衬，即把轴瓦做成双金属结构（见图 7-7）或三金属结构。

轴瓦和轴承座不允许有相对移动，为了防止轴瓦的移动，可将其两端做出凸缘（见图 7-6b）用于轴向定位，或用销钉（或螺钉）将其固定在轴承座上（见图 7-8）。

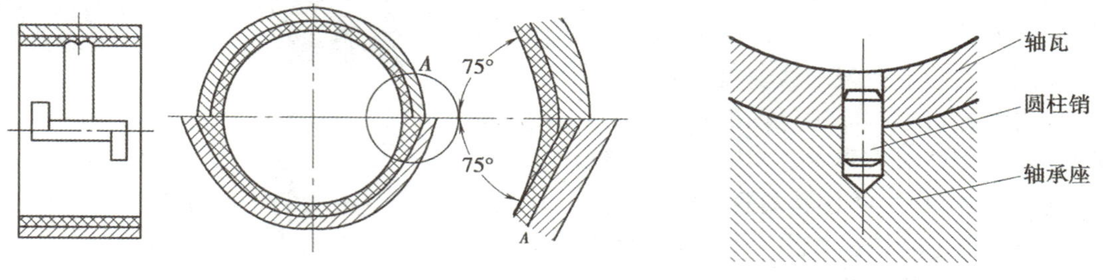

图 7-7 双金属轴瓦

图 7-8 用销钉固定轴瓦

为了使滑动轴承获得良好的润滑，轴瓦或轴套上需开设油孔及油沟，油孔用于供应润滑油，油沟用于输送和分布润滑油。油孔和油沟的位置和形状对轴承的承载能力和使用寿命影响很大。通常，油孔应设置在油膜压力最小的地方；油沟应开在轴承不受力或油膜压力较小的区域，要求既便于供油又不降低轴承的承载能力。图 7-9 所示为油孔和油沟对轴承承载能力的影响图。图中的虚线为承载区内无油沟时油膜压力的分布情况，实线是承载区内开设油沟时油膜压力的分布情况。图 7-10 所示为几种常见的油沟。油孔和油沟均位于轴承的非承载区，油沟的长度均较轴承宽度短。

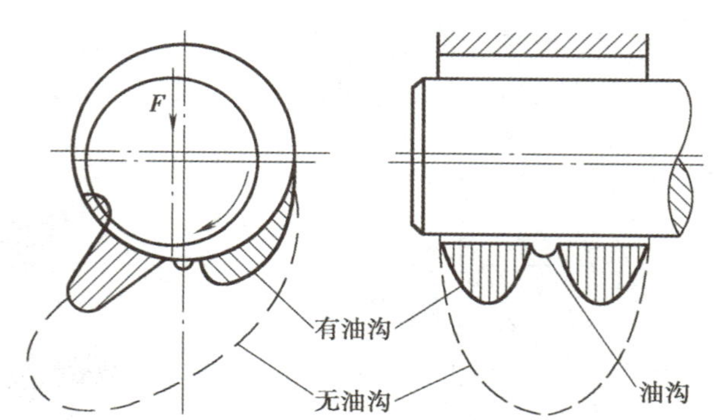

图 7-9 不正确的油沟会降低油膜的承载能力

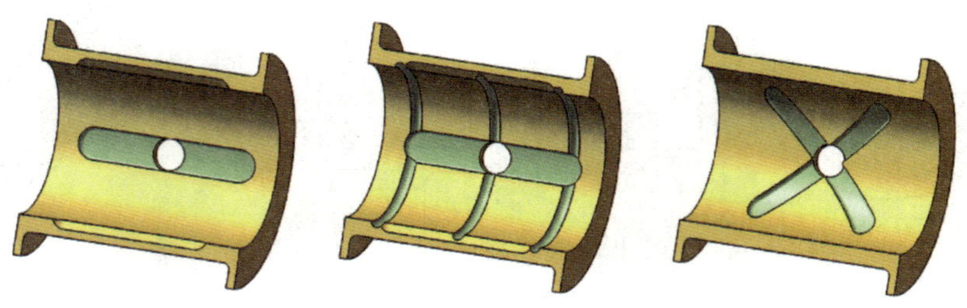

图 7-10 油沟（非承载轴瓦）

轴瓦在轴承座中应固定可靠，轴瓦形状和结构尺寸应保证轴承润滑良好，散热容易，并保证有一定的强度和刚度，装拆方便。轴瓦的外径和内径之比一般为 1.15~1.2。

三、轴承材料

所谓轴承材料，指的是轴瓦（轴套）材料和轴承衬材料。

1. 对轴承材料的基本要求

（1）足够的抗压强度和疲劳强度。

（2）低摩擦因数，良好的耐磨性、抗胶合性、跑合性、嵌藏性和顺应性。

（3）热膨胀系数小，良好的导热性和润滑性以及耐腐蚀性。

（4）良好的工艺性。

（5）材料容易获得，价格比较低廉。

2. 常用的轴承材料

（1）轴承合金

轴承合金又称巴氏合金或白合金，其金相组织是在锡或铅的软基体中夹着锑、铜和碱土金属等硬合金颗粒。轴承合金的减摩性能最好，很容易和轴颈跑合，具有良好的抗胶合性和耐腐蚀性，但它的弹性模量和弹性极限都很低，强度比青铜、铸铁等低很多，一般只用作轴承衬的材料。锡基合金的热膨胀性能比铅基合金好，更适用于高速轴承。

（2）铜合金

铜合金有锡青铜、铝青铜和铅青铜三种。青铜有很好的疲劳强度，减摩性好，工作温度可达 250 ℃，但可塑性差，不易跑合，与之相配的轴颈必须淬硬，适用于中速重载和低速重载的轴承。

（3）粉末冶金

不同的金属粉末经压制烧结而成的多孔结构材料称为粉末冶金材料，其孔隙占体积的 10%~35%，可储存润滑油，故又称为含油轴承。运转时，轴瓦温度升高，因油的膨胀系数比金属大，故自动进入摩擦表面润滑轴承；停车时，因毛细管作用润滑油又被吸回孔隙中。含油轴承加一次油便可工作较长时间，若能定期加油，则效果更好。但由于其韧性差，因此常用于载荷平稳、低速和加油不方便的场合。

（4）非金属材料

非金属轴承材料以塑料用得最多，其优点是摩擦因数小，可承受冲击载荷，可塑性、跑合性良好，耐磨、耐腐蚀，可用水、油及化学溶液润滑。但其导热性差（只有青铜的 1/5 000~1/2 000），耐热性低（120~150 ℃时焦化），膨胀系数大，易变形。为改善此缺陷，可将薄层塑料作为轴承衬黏附在金属轴瓦上使用。塑料轴承一般用于温度不高、载荷不大的场合。

尼龙轴承的自润性、耐腐蚀性、耐磨性、减振性等都较好，但导热性不好，吸水性大，线膨胀系数大，尺寸稳定性不好，适用于速度不高或散热条件较好的场合。

橡胶轴承弹性大，能减轻振动，使运转平稳，可以用水润滑，常用于离心水泵、水轮机等。

常用轴承材料的性能及用途见表 7-1。

表 7-1　常用轴承材料的性能及用途

名称	代号	许用值①			最高工作温度（℃）	硬度②	性能比较③				适用范围
		$[p]$/MPa	$[v]$/$(m \cdot s^{-1})$	$[pv]$/$(MPa \cdot m/s)$			抗咬合性	顺应性④、嵌藏性	耐蚀性	耐疲性	
铸造铜合金	ZCuSn10Pb1 ZCuSn5Pb5Zn5	15 8	10 3	15(25) 15	280	5～100HBW（200）	5	3	1	1	用于中速重载及受变载荷的轴承 用于中速中载的轴承
	ZCuPb10Sn10、ZCuPb30	25	12	30(90)	280	40～280HBW（300）	3	4	4	2	用于高速重载轴承，能承受变载和冲击载荷
	ZCuAl10Fe5Ni5 ZCuAl10Fe3 ZCuAl10Fe3Mn2	15(30) 30 20	4(10) 8 5	12(60) 12 15	280	100～120HBW（200）	5	5	5	2	最宜用于润滑充分的低速重载轴承
铅基轴承合金	ZPbSb16Sn16Cu4 ZPbSb15Sn5Cu ZPbSb15Sn10	12 5 20	12 8 15	10(60) 5 15	150	15～30HBW（150）	1	1	3	5	用于中速中载轴承，不宜用于受显著冲击载荷的轴承，可为锡基轴承合金的代用品
锡基轴承合金	ZSnSb12Pb10Cu4 ZSnSb11Cu6 ZSnSb8Cu4 ZSnSb4Cu4	25(40) 20	平稳载荷 80 冲击载荷 60	20(100) 15	150	20～30HBW（150）	1	1	1	5	用于高速重载下工作的重要轴承，变载下易疲劳，价格较贵
铝基轴承合金	20 高锡铝合金	28～35	14		140	45～50HBW（300）	4	3	1	2	用于高速中载的变载荷轴承
黄铜	ZCuZn38Mn2Pb2	10	1	10	200	80～150HBW（200）	3	5	1	1	用于低速中载轴承，耐蚀、耐热
铸铁	HT150、HT200、HT250	2～4	0.5～1	1～4	150	160～180HBW（200～250）	4	5	1	1	用于低速轻载、不重要的轴承，价格低廉

注：①括号内的数值为极限值，其余为一般值（润滑良好）。对于液体动压滑动轴承极限值没有意义。
②括号外的数值为轴承合金硬度，括号内的数值为轴颈的最小硬度。
③性能比较：1—最佳，2—良好，3—较好，4——一般，5—最差。
④顺应性是指轴承材料补偿对中误差和其他几何形状误差的能力。嵌藏性是指轴承材料嵌藏外来微粒和污物使之不外露，防止磨损的能力。对轴承来说，弹性模量小和塑性好的材料具有良好的顺应性。若顺应性好，一般嵌藏性也好。

3. 滑动轴承材料的选用

滑动轴承材料主要是根据滑动轴承的载荷、轴颈的滑动速度来选用。

（1）径向滑动轴承的验算

包括压强 p 的验算、pv 值的验算和滑动速度 v 的验算。验算公式如下：

1）压强 p 的验算公式：

$$p_{\max} = \frac{P_{\max}}{dB} \leqslant [p]$$

2）pv 值的验算公式：

$$pv = \frac{Pn}{19\ 100B} \leqslant [pv]$$

3）滑动速度 v 的验算公式：

$$v = \frac{\pi dn}{60 \times 1\ 000} \leqslant [v]$$

以上公式中字母符号的意义是：

P_{max}——轴承所受的最大径向载荷，N；

d——轴承直径，mm；

B——轴承宽度，mm；

P——轴承所受的平均径向载荷，N；

n——轴与轴瓦的相对转速，r/min；

$[p]$——许用压强，MPa；

$[pv]$——许用 pv 值，MPa · m/s；

$[v]$——许用滑动速度，m/s。

（2）推力滑动轴承的验算

包括压强 p 的验算和 pv 值的验算。验算公式如下：

1）压强 p 的验算公式：

$$p_{max} = \frac{F_a}{\frac{\pi}{4}(d_2^2 - d_1^2)} \leqslant [p]$$

2）pv 值的验算公式：

$$pv_m \leqslant [pv]$$

$$v_m = \frac{\pi d_m n}{60 \times 1\ 000} \leqslant [v]$$

$$d_m = \frac{1}{2}(d_2 + d_1)$$

以上公式中字母符号的意义是：

F_a——轴承所受的最大径向载荷，N；

d_1、d_2——端面的外径、内径，mm；

v_m——平均速度，m/s；

d_m——平均直径，mm。

其他同前。

四、滑动轴承的润滑

滑动轴承润滑的主要目的是减少摩擦和磨损，以提高轴承的工作能力和使用寿命，同时起冷却、防尘、防锈和吸振的作用。设计滑动轴承时，必须恰当地选择润滑剂和润滑装置。

1. 润滑油润滑

润滑油的内摩擦因数小，流动性好，是滑动轴承中应用最广的一种润滑剂。工业用润滑油有合成油和矿物油两类，其中矿物油资源丰富，价格便宜，应用范围广泛。

（1）润滑油的指标及常用润滑油

润滑油的主要性能指标是黏度，它表示润滑油流动时内部摩擦阻力的大小，是选用润滑油的主要依据。工业中常用运动黏度作为润滑油的性能指标，标准单位为 m^2/s，常用单位为 mm^2/s。

润滑油的牌号是以 40 ℃时油的运动黏度中心值来划分的，例如，牌号为 L-HL32 的液压油是指温度在 40 ℃时运动黏度为 28.8~35.2 mm^2/s（中心值为 32 mm^2/s）的液压油。牌号越大的润滑油，黏度值越大，油越浓稠。

工业常用润滑油的性能及用途见表 7-2。

表 7-2　工业常用润滑油的性能及用途

名称	牌号	主要质量指标					主要性能和用途
		运动黏度/($mm^2 \cdot s^{-1}$)(40℃)	凝点①/℃(≤)	倾点②/℃(≤)	闪点③/℃(≥)	黏度指数	
L-AN 全损耗系统用油 (GB 443—1989)	15	13.5~16.5	-15		150		适用于对润滑油无特殊要求的轴承、齿轮和其他低负荷机械部件的润滑，不适用于循环系统
	22	19.8~24.2	-15		150		
	32	28.8~35.2	-15		150		
	46	41.4~50.6	-10		160		
	68	61.2~74.8	-10		160		
L-HL 液压油 (GB 11118.1—2011)	32	28.8~35.2		-6	175	90	抗氧化、防锈、抗浮化等性能优于普通机油，适用于一般机床主轴箱、齿轮箱和液压系统及类似机械设备的润滑
	46	41.4~50.6		-6	185	90	
	68	61.2~74.8		-6	195	90	
	100	90.0~100		-6	205	90	
L-CKB 工业闭式齿轮油 (GB 5903—2011)	100	90~110		-8	180	90	具有抗氧防锈性能，适用于正常油温下运转的轻载荷工业闭式齿轮润滑
	150	135~165		-8	200	90	
	220	198~242		-8	200	90	

注：①凝点用来表示油的低温流动性，将油面倾斜成 45°保持 60 s，油面不流动的最高温度称为该油的凝点。它是润滑油低温条件下工作的重要指标。一般应使油的工作温度比凝点高出 10~20 ℃。

②倾点指在规定条件下，被冷却的润滑油开始连续流动的最低温度。由于倾点比凝点更能反映油在低温下的流动性能，因此，常用倾点表示低温流动性。

③闪点是润滑油的安全性能指标。在规定的条件下加热润滑油，当温度够高时，润滑油的蒸气和周围空气的混合气一旦与火焰接触即发生闪火现象，最低的闪火温度称为闪点。它是衡量润滑油高温性能的指标。一般应使油的工作温度比闪点低 30~40 ℃。

（2）润滑方式

常用的润滑方式如下：

1）手工加油润滑。用油壶或油枪将油注入设备的油孔、油嘴或油杯中，使油流至需要润滑的部位。手工加油润滑方法简单，属于间歇式注油，适用于轻载、低速和不重要的场合。

2）滴油润滑。滴油润滑用油杯供油，利用油的自重滴入或流至摩擦表面，属于连续润滑方式。常用的油杯有以下几种：

①针阀式油杯（见图 7-11a）。当手柄 1 处于水平位置时，针阀 5 因弹簧 3 推压而堵住底部的油孔。当手柄处于垂直位置时，针阀被提起使油孔打开，润滑油经油孔自动滴入轴承中。供油量的大小由螺母 2 调节针阀的开启高度来控制，用于要求供油可靠的轴承。

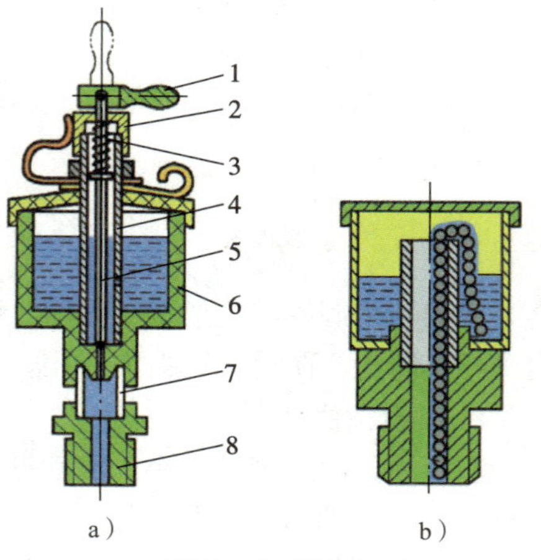

图 7-11　油杯

a）针阀式油杯　b）油绳式油杯

1—手柄　2—调节螺母　3—弹簧　4—针筒　5—针阀　6—杯体　7—油窗　8—螺纹接口

②油绳式油杯（见图 7-11b）。油绳用棉线或毛线做成，一端浸在油中，利用毛细管作用吸油滴入轴

承。油绳滴油自动、连续，但供油量少，不易调节，适用于低速轻载的轴承。

3）油环润滑。如图 7-12 所示，在轴颈上套一油环，油环下部浸在油中，当轴颈旋转时，靠摩擦力带动油环旋转，把油带到轴颈上润滑。油环润滑适用于转速为 500~3 000 r/min 且水平放置的轴。

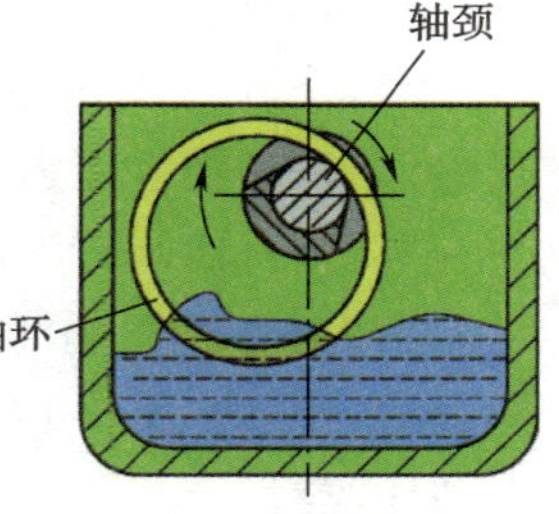

图 7-12 油环润滑

4）飞溅润滑。利用齿轮、曲轴等转动件，将润滑油由油池溅到轴承中进行润滑。该方法简单可靠，连续均匀，但有搅油损失，易使油发热和氧化变质。适用于转速不高的齿轮传动、蜗杆传动等装置。

5）压力循环润滑。利用油泵将润滑油经油管输送到各轴承中润滑，润滑效果好，润滑油可以循环使用，但装置复杂，成本高。适用于高速、重载或变载的重要轴承。

2. 润滑脂润滑

润滑脂是由润滑油、稠化剂等制成的膏状润滑材料。润滑脂流动性小，不易流失，因此在使用时轴承的密封简单，但需经常补充润滑脂。这种润滑方式由于内摩擦因数较大、效率较低，不宜用于高速旋转的轴承。

（1）润滑脂的性能指标及常用润滑脂

润滑脂的主要性能指标是针入度和滴点。

1）针入度。即润滑脂的稠度，将重力为 1.5 N 的标准圆锥体放入 25 ℃的润滑脂试样中，经 5 s 后所沉入的深度称为该润滑脂的针入度，以 0.1 mm 为单位。润滑脂按针入度自大至小分为 0~9 号共 10 种，号数越大，针入度越小，润滑脂越稠。常用润滑脂为 0~4 号。

2）滴点。在规定条件下加热，当开始滴下第一滴油时的温度为滴点，滴点决定润滑脂的最高使用温度。

常用润滑脂的性能及用途见表 7-3。

表 7-3 常用润滑脂的性能及用途

名称	代号	滴点/℃（不低于）	针入度/10^{-1} mm	性能和主要用途
钙基润滑脂（GB/T 491—2008）	1 2 3	80 85 90	310~340 265~295 220~250	耐水性好，但耐热性差，用于各种工农业、交通运输设备的中速、中低载荷轴承润滑，特别是有水、潮湿处
钠基润滑脂（GB 492—1989）	2 3	160 160	265~295 220~250	耐热性很好但不耐水，用于工作温度为-10~110 ℃的一般中等载荷机械设备轴承的润滑
通用锂基润滑脂（GB/T 7324—2010）	1 2 3	170 175 180	310~340 265~295 220~250	多效通用润滑脂，适用于各种机械设备的滚动轴承和滑动轴承及其他摩擦部位的润滑，使用温度为-20~120 ℃
7407 号齿轮润滑脂（SH/T 0469—1994）		160	75~90	用于各种低速、中高载荷齿轮、链和联轴器的润滑，使用温度小于 120 ℃
滚珠轴承润滑脂（SH/T 0338—1992）	2	120	250~290	具有良好的润滑性能，用于汽车、电动机、机车及其他机械中滚动轴承的润滑

（2）润滑方式

一般是在机械装配时就将润滑脂填入轴承内，或采用润滑脂杯（见图 7-13）加注，旋转杯盖即可将装在杯体中的润滑脂定期挤入轴承内，也可用润滑脂枪向轴承油孔内注入润滑脂。

3. 润滑方式的选择

滑动轴承的润滑方式可根据系数 K 来选择：

$$K = pv^2$$

式中 p——轴承压强，MPa；

v——轴颈圆周速度，m/s。

当 $K \leqslant 2$ 时用润滑脂，$K>2$ 时用润滑油。K 为 2～15 时采用针阀油杯润滑；K 为 15～30 时采用油环、飞溅或压力润滑；$K>30$ 时采用压力循环润滑。

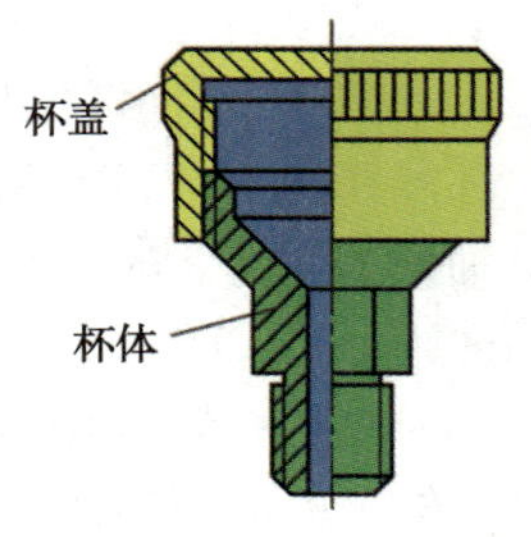

图 7-13 润滑脂杯

五、滑动轴承的安装与维护

滑动轴承的正确安装、维护和保养是保证机械正常运转的一个重要方面。如果维护、保养较好，可以延长轴承的使用寿命，确保机械设备正常运转；反之，会大幅度降低轴承的使用寿命，甚至会出现烧瓦、抱轴等严重事故。通常，滑动轴承的润滑油工作温度不得高于 50 ℃。为了保证润滑油充足、润滑可靠，要及时或定期检查油面，使油面保持在规定的范围内。要保持润滑油的清洁，应按油品质量要求适时更换润滑油。对滑动轴承的故障要具体情况具体分析，并及时排除。

1. 滑动轴承装配时的注意事项

（1）滑动轴承安装时要保证轴颈在轴承孔内转动灵活、准确、平稳。由于滑动轴承的维护比较麻烦，所以在安装时要保证轴承的安装完全正确，保证轴承可以正常运行，无误差。

（2）注意油路畅通，油路与油槽顺畅。刮研时，油槽两边点子要软，以形成油膜；两端点子均匀，以防止漏油。在后期的维护中要便于添加润滑油。

（3）轴瓦与轴承座孔要修刮贴实，轴瓦剖分面要高出 0.05～0.1 mm，以便压紧。整体式轴瓦压入时要防止偏斜，并用紧定螺钉固定。轴承在安装过程中若偏斜，会导致运转不畅，引起轴的变形，破坏机械设备。

（4）修刮调试过程中，出现油污的机件修刮后都要进行清洗、涂油。轴承安装前要进行清洗，确保滑动轴承干净，即使是极微小的杂质也会导致轴承的损坏。

（5）滑动轴承使用过程中要经常检查润滑、发热、振动问题。遇有发热、冒烟、卡死以及异常振动、声响等要及时检查，分析故障，然后根据分析的具体情况采取相应措施，尽量避免造成不必要的损伤。

2. 滑动轴承的故障现象及维护方法

（1）轴承发热

若轴承润滑油不足，应加注润滑油，并检查油路是否通畅；若润滑油有杂质，应清洗轴承，更换新油，清洗过滤器；若装配不良，轴颈与轴承歪斜、有偏载，可在轴承座底部加垫片；若轴承间隙过小，应重新调整轴承间隙。

（2）轴发热

若轴上的挡油圈或橡胶密封圈太紧，应调整填料后盖的位置；若轴与轴承盖径向有摩擦，应检查并调整轴与轴承盖的径向间隙，一般为 0.25～0.3 mm。

（3）主摩擦面上油量少

若油管堵塞、油沟浅，应清洗管路，加深油沟；若油温低、流动性差，应按环境温度更换润滑油；若油环转动慢，溅油不良，应检查油环是否脱落、擦边，油面过高可放油至标准高度；若调整垫片挡住润滑油，应检查调整垫片的位置。

（4）漏油

若油量大，应调节供油量，保持油面标准高度；若密封装置失效，应压紧压盖，加厚毛毡圈或更换密封材料；若轴承座有孔、渗油，应更换轴承座或用填铅法堵住气孔。

（5）轴向跳动

若轴承间隙过大，应垫垫片调整；若旋转体（齿轮、胶带轮等）动平衡不好，应检查并调整动平衡；若轴承不稳固，应紧固轴承座螺栓；若联轴器安装偏移量大，应在轴承座底部加垫片，调整联轴器安装精度。

任务实施

1. 选择轴承类型

任务引入中要设计的滑动轴承主要承受的是径向载荷，且载荷较大，非间歇工作，轴在工作时不产生弯曲变形，故可以选用径向剖分式滑动轴承。

2. 选取径向滑动轴承的材料

选材时一般可根据已知条件分别对压强 p、pv 值和滑动速度 v 进行计算，并根据计算结果，查阅轴承材料，使被选用材料的压强 p、pv 值和滑动速度 v 分别大于计算结果，从而确定轴承的材料。

（1）压强 p 的验算：

$$p_{\max} = \frac{P_{\max}}{dB} = \frac{47\ 500}{100 \times 60}\ \text{MPa} = 7.92\ \text{MPa}$$

（2）pv 值的验算：

$$pv = \frac{Pn}{19\ 100B} = \frac{42\ 000 \times 350}{19\ 100 \times 60}\ \text{MPa}\cdot\text{m/s} = 12.83\ \text{MPa}\cdot\text{m/s}$$

（3）滑动速度 v 的验算：

$$v = \frac{\pi dn}{60 \times 1\ 000} = \frac{3.14 \times 100 \times 350}{60 \times 1\ 000}\ \text{m/s} = 1.83\ \text{m/s}$$

通过计算，查表 7-1 可知，铸造铜合金 ZCuSn5Pb5Zn5 的许用值 $[p]=8>7.92$，$[pv]=15>12.83$，$[v]=3>1.83$，均大于验算值，且最贴近设计要求，其最小轴颈硬度为 200HBW，也符合设计要求，故选取材料为铸造铜合金 ZCuSn5Pb5Zn5。

3. 确定润滑材料及方式

由 $K=pv^2=7.92\times1.83^2=26.52>2$，所以选用润滑油润滑。因为工作温度区间为 5～90 ℃，根据工作温度（比凝点高出 10～20 ℃，比闪点低 30～40 ℃）及用途查表 7-2 选取牌号为 15 号的 L-AN 全损耗系统用油。又因为 $15<K<30$，所以采用油环、飞溅或压力润滑。

练习题

1. 滑动轴承有哪几种？各自的特点是什么？
2. 对轴承材料的性能要求是什么？

3. 滑动轴承的润滑方式有哪些？
4. 如何正确地装配滑动轴承？

课题二 滚动轴承

学习目标

◎ 了解滚动轴承的结构、类型、特点、代号及选用原则。
◎ 了解滚动轴承的失效形式。
◎ 掌握滚动轴承的安装、维护及保养方法。
◎ 能够按要求进行滚动轴承强度设计计算及组合设计。

任务1 滚动轴承代号及选用原则

任务引入

在滚动轴承外圈端面的外沿上，一般压有轴承标记，如6208、30212/P53，它们分别代表什么含义？

任务分析

滚动轴承是标准件，一般由轴承厂家大批量生产，其代号一般压在滚动轴承外圈端面的外沿上。滚动轴承的外圈与机器的孔进行配合，内圈与轴端配合，滚动体通过保持架在滚道内旋转，起到了传递机械动力的作用，在机械设备中广泛应用。

国家标准《滚动轴承 分类》（GB/T 271—2017）和《滚动轴承 代号方法》（GB/T 272—2017）中对滚动轴承的类型、尺寸、精度和结构特点等都做了明确的规定，用轴承代号来表示。

本任务主要讲述滚动轴承的结构、类型、特点、代号等，要求能正确地识读滚动轴承代号。

相关知识

一、滚动轴承的结构

如图7-14所示，滚动轴承一般由内圈、外圈、滚动体和保持架组成。内圈装在轴颈上，与轴一起转动。外圈装在机座的轴承孔内固定不动。内外圈上设置有滚道，当内外圈相对旋转时，滚动体沿着滚道滚动。常见的滚动体形状如图 7-15 所示。保持架的作用是分隔开两个相邻的滚动体，以减少滚动体之间的碰撞和磨损，常见的保持架结构形式如图 7-16 所示。

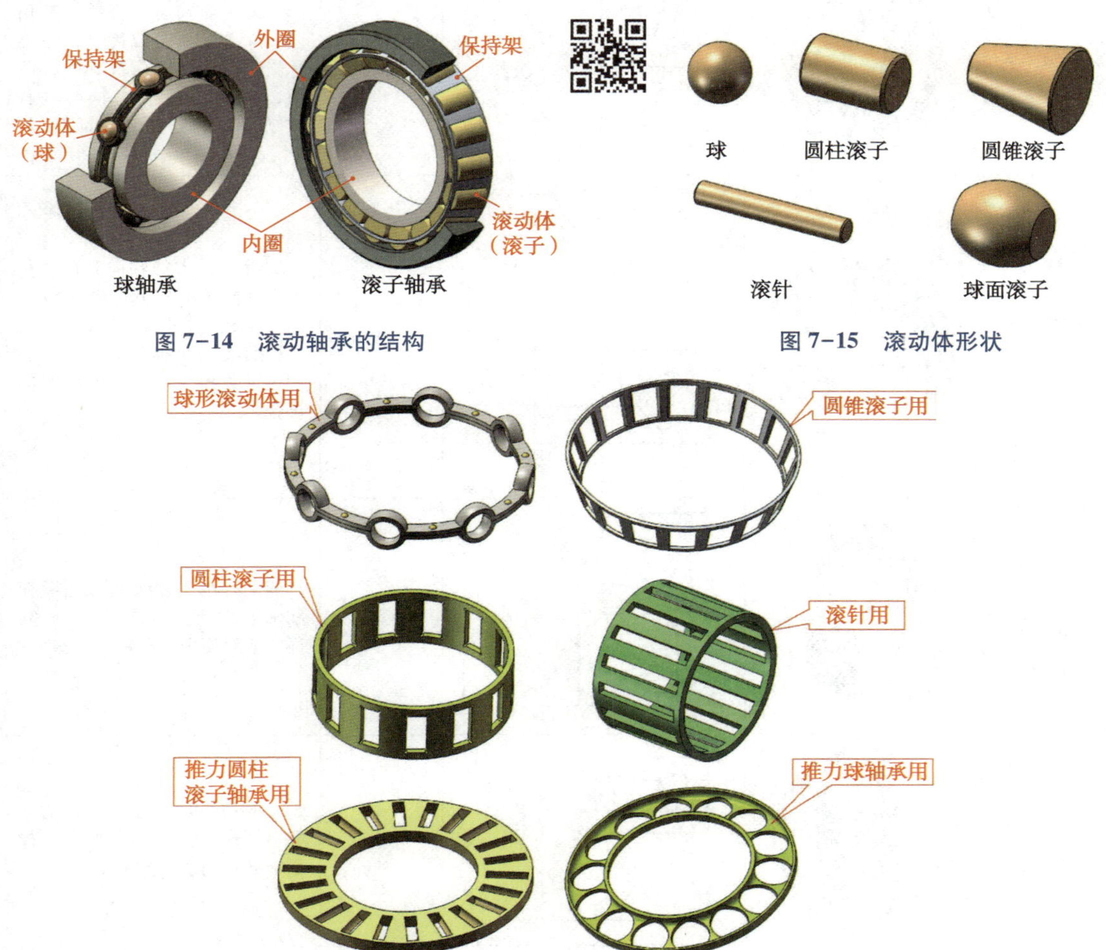

图 7-14 滚动轴承的结构

图 7-15 滚动体形状

图 7-16 常见的保持架结构形式

二、滚动轴承的类型和特点

为满足机械不同工况条件要求，滚动轴承有多种类型。常用滚动轴承的类型和特点见表 7-4。

表 7-4 常用滚动轴承的类型和特点

轴承名称	结构图	简图及承载方向	类型代号	基本特性及应用
调心球轴承			1	主要承受径向载荷，也可承受少量的双向轴向载荷，一般不能承受纯轴向载荷，能够自动调心。特别适用于可能产生相当大的轴挠曲或不对中的轴承应用场合

续表

轴承名称	结构图	简图及承载方向	类型代号	基本特性及应用
调心滚子轴承		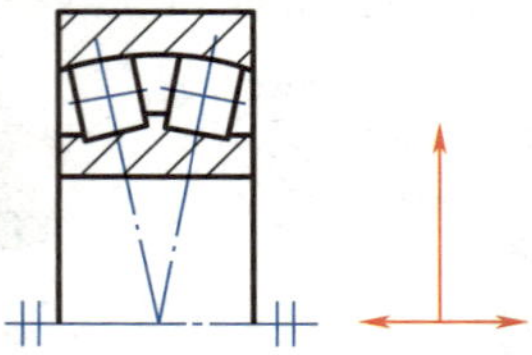	2	与调心球轴承的特性基本相同，除承受径向载荷外，还可承受双向轴向载荷及其联合载荷，承载能力较大，同时具有较好的抗振动、抗冲击能力
推力调心滚子轴承		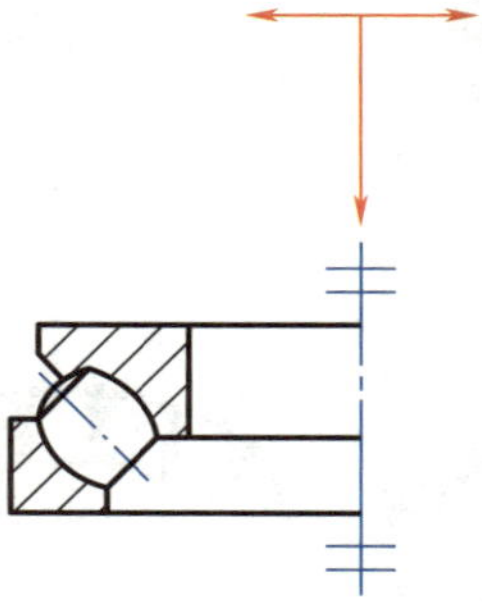	2	能承受很大的轴向载荷，在承受轴向载荷的同时还可以承受径向载荷，但径向载荷一般不得超过轴向载荷的 55%。适用于重载和要求调心性能好的场合
圆锥滚子轴承		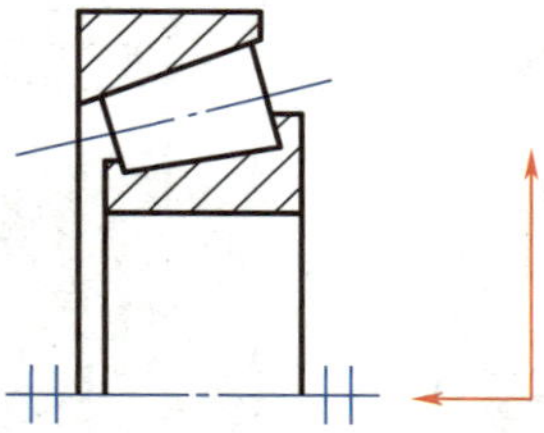	3	能同时承受较大的径向载荷和轴向载荷。内外圈可分离，通常成对使用，对称布置安装
双列深沟球轴承		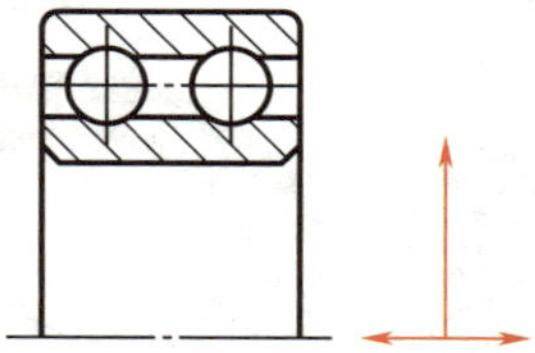	4	主要承受径向载荷，也能承受一定的双向轴向载荷，比深沟球轴承的承载能力大
推力球轴承	单向 	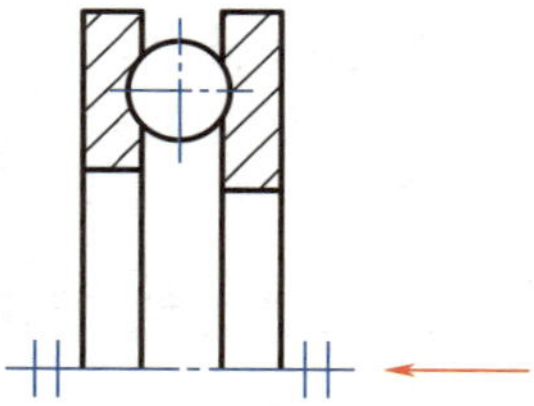	5 (5100)	只能承受单向轴向载荷，适用于轴向载荷大而转速不高的场合
	双向 	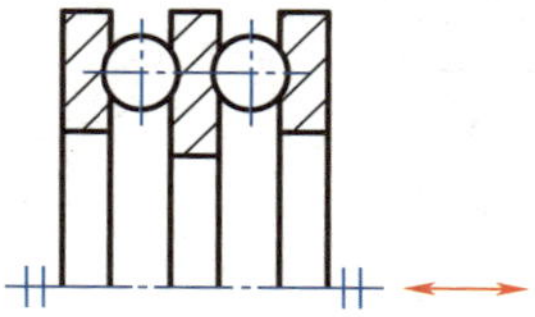	5 (5200)	可承受双向轴向载荷，适用于轴向载荷大而转速不高的场合

续表

轴承名称	结构图	简图及承载方向	类型代号	基本特性及应用
深沟球轴承			6	主要承受径向载荷，也可同时承受少量双向轴向载荷。摩擦阻力小，极限转速高，结构简单，价格便宜，应用最为广泛
角接触球轴承			7	能同时承受径向载荷与轴向载荷，公称接触角 α 有 15°、25°、40° 三种，接触角越大，承受轴向载荷的能力越大。适用于转速较高，同时承受径向载荷和轴向载荷的场合
推力圆柱滚子轴承			8	能承受很大的单向轴向载荷，承载能力比推力球轴承大得多，不允许有角偏差
圆柱滚子轴承			N	外圈无挡边，只能承受纯径向载荷。与球轴承相比，承受载荷的能力较大，尤其是承受冲击载荷，但极限转速较低

三、滚动轴承的代号

滚动轴承的类型很多，同一类型轴承又有各种不同的结构、尺寸、公差等级和技术性能等。例如，较为常用的深沟球轴承在尺寸方面有大小不同的内径、外径和宽度（见图 7-17a），

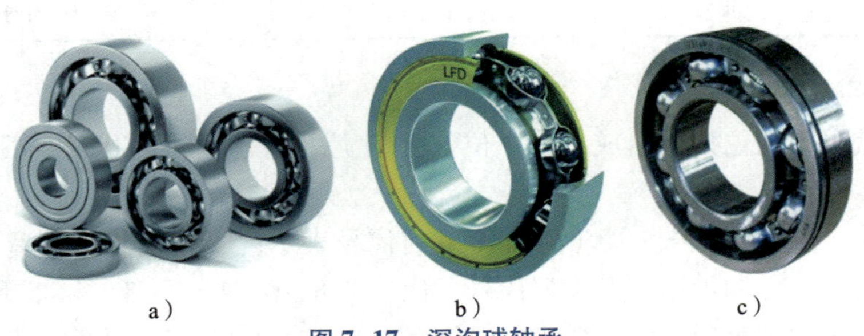

a）　　b）　　c）

图 7-17　深沟球轴承

a）不同尺寸的轴承　b）带防尘盖结构的轴承　c）外圈上有止动槽结构的轴承

在结构上有带防尘盖（见图 7-17b）和外圈上有止动槽（见图 7-17c）等结构。为了完整地反映滚动轴承的外形尺寸、结构及性能参数等，国家标准在轴承代号中规定了各个相应的项目，其具体内容见表 7-5。

表 7-5　　滚动轴承代号的构成

<table>
<tr><th rowspan="2">前置代号</th><th colspan="5">基本代号</th><th colspan="8">后置代号</th></tr>
<tr><th>五</th><th>四</th><th>三</th><th>二</th><th>一</th><th>1</th><th>2</th><th>3</th><th>4</th><th>5</th><th>6</th><th>7</th><th>8</th></tr>
<tr><td rowspan="3">成套轴承分部件代号</td><td rowspan="2">轴承类型代号</td><td colspan="2">尺寸系列代号</td><td colspan="2" rowspan="3">内径代号</td><td rowspan="3">内部结构代号</td><td rowspan="3">密封防尘与外部形状变化代号</td><td rowspan="3">保持架及其材料代号</td><td rowspan="3">轴承材料代号</td><td rowspan="3">公差等级代号</td><td rowspan="3">游隙代号</td><td rowspan="3">配置代号</td><td rowspan="3">其他代号</td></tr>
<tr><td>宽（高）度系列代号</td><td>直径系列代号</td></tr>
<tr><td colspan="3">组合代号</td></tr>
</table>

注：国家标准对滚针轴承的基本代号另有规定。

滚动轴承代号由前置代号、基本代号和后置代号三部分构成，其中基本代号是滚动轴承代号的核心。

1．基本代号

基本代号表示轴承的基本类型、结构和尺寸，一般由轴承类型代号、尺寸系列代号和内径代号组成。

（1）轴承类型代号

轴承类型代号用数字或字母表示，具体见表 7-6。

表 7-6　　轴承类型代号

类型代号	轴承类型	类型代号	轴承类型
0	双列角接触球轴承	6	深沟球轴承
1	调心球轴承	7	角接触球轴承
2	调心滚子轴承和推力调心滚子轴承	8	推力圆柱滚子轴承
3	圆锥滚子轴承	N	圆柱滚子轴承
4	双列深沟球轴承	U	外球面球轴承
5	推力球轴承	QJ	四点接触球轴承

（2）尺寸系列代号

尺寸系列代号由两位数字组成，前一位数字为宽（高）度系列代号，后一位数字为直径系列代号。

1）宽（高）度系列代号。宽（高）度系列代号表示内、外径相同而宽（高）度不同的轴承系列。对于向心轴承用宽度系列代号，代号有 8、0、1、2、3、4、5 和 6，宽度尺寸依次递增；对于推力轴承用高度系列代号，代号有 7、9、1 和 2，高度尺寸依次递增。以圆锥滚子轴承为例的宽度系列示意图如图 7-18 所示。

图 7-18 宽度系列示意图

2）直径系列代号。直径系列代号表示内径相同而具有不同外径的轴承系列。代号有 7、8、9、0、1、2、3、4 和 5，其外径尺寸按序由小到大排列。以深沟球轴承为例的直径系列示意图如图 7-19 所示。

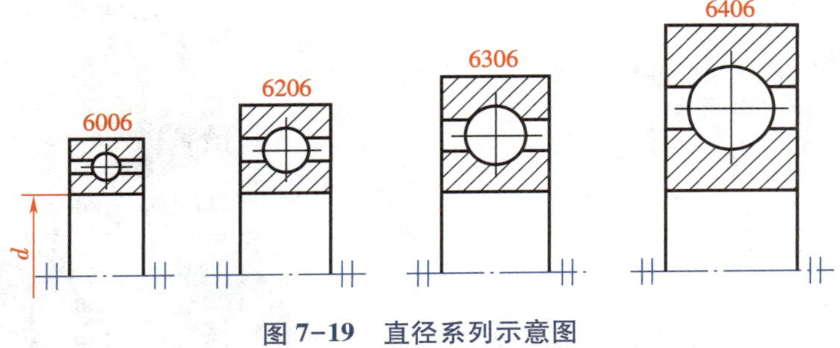

图 7-19 直径系列示意图

（3）内径代号

轴承内径代号一般由两位数字表示，并紧接在尺寸系列代号之后标写。内径 $d \geqslant 10$ mm 的滚动轴承内径代号见表 7-7。

表 7-7 内径 $d \geqslant 10$ mm 的滚动轴承内径代号

内径代号（两位数字）	00	01	02	03	04~96
轴承内径/mm	10	12	15	17	代号×5

注：内径为 22、28、32 以及大于等于 500 mm 的轴承，内径代号直接用内径毫米数表示，但标注时与尺寸系列代号之间要用“/”分开。例如，深沟球轴承 62/22 的内径 d =22 mm。

2. 前置代号和后置代号

前置代号和后置代号是轴承代号的补充，只有在轴承的结构形状、尺寸、公差、技术要求等有所改变时才使用，一般情况下可部分或全部省略，其详细内容请查阅《机械设计手册》中相关标准规定。

四、滚动轴承的选用原则

1. 载荷的类型

机器中的转动零件通常要由轴和轴承来支承。作用在轴承上的载荷按方向不同有沿半径方向作用的径向载荷，沿轴线方向作用的轴向载荷和同时有径、轴向作用的联合载荷。

2. 滚动轴承类型的基本选用原则

各类滚动轴承有不同的特性，因此，选择滚动轴承类型时，必须根据轴承实际工作情况合理选择，一般应考虑的因素包括轴承所受载荷的大小、方向和性质，轴承的转速以及调心性能要求，具体见表 7-8。

表 7-8 滚动轴承类型的基本选用原则

应用条件	具体应用举例	选用轴承类型示例
以承受径向载荷为主，轴向载荷较小，转速高，运转平稳且又无其他特殊要求	小功率电动机、变速箱、机床齿轮箱及一般机械等	 深沟球轴承
只承受纯径向载荷，转速低，载荷较大或有冲击	大功率电动机、机床主轴等	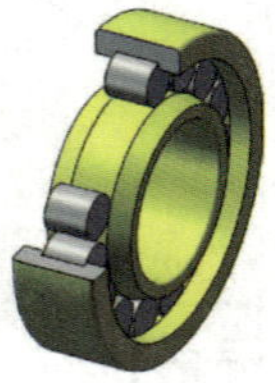 圆柱滚子轴承
只承受纯轴向载荷	立式离心泵、起重机吊物、机床主轴等	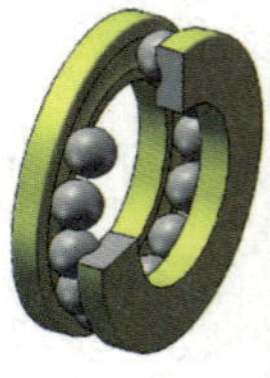 推力球轴承 或 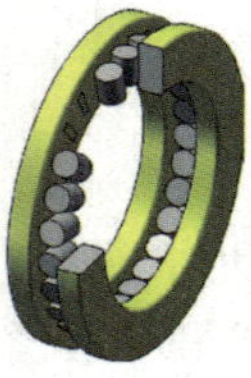 推力圆柱滚子轴承
同时承受较大的径向和轴向载荷	中、大功率的蜗杆减速器，汽车传动轴等	 角接触球轴承 或  圆锥滚子轴承
同时承受较大的径向和轴向载荷，但承受的轴向载荷比径向载荷大很多	机床进给传动丝杠、钻床主轴等	 推力轴承与深沟球轴承组合
两轴承座孔存在较大的同轴度误差或轴的刚度低，工作中弯曲变形较大	纺织、钢铁、矿山、造纸、船舶、农业机械等	 调心球轴承 或 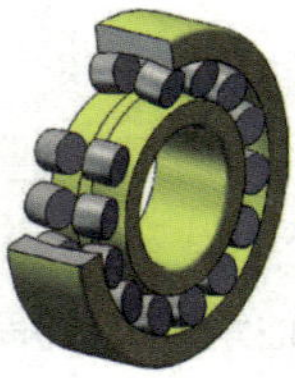 调心滚子轴承

此外，还应考虑经济性因素的影响。球轴承较滚子轴承便宜，调心滚子轴承最贵；同型号的轴承精度等级越高，其价格越贵。

任务实施

滚动轴承代号的识读如下：

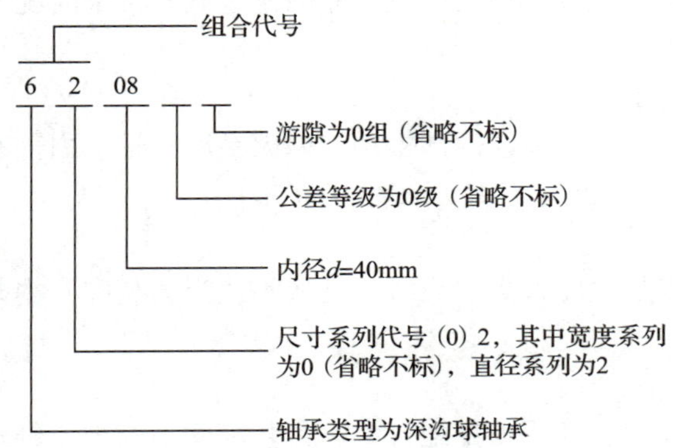

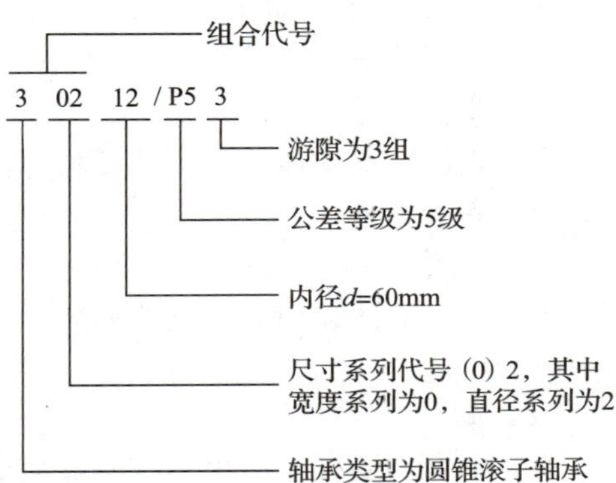

练习题

1. 解释下列轴承代号：（1）轴承6208—2Z/P6；（2）LN308/P6X。
2. 滚动轴承的类型有哪些？
3. 滚动轴承的选用原则有哪些？

任务2 滚动轴承寿命计算及相关组合设计

任务引入

某工程机械传动中的轴承组合形式如图7-20所示。轴的直径为50 mm，轴向力 $F_k = 2\ 000$ N，径向力 $F_{r1} = 4\ 000$ N，$F_{r2} = 5\ 000$ N，转速 $n = 1\ 500$ r/min。中等冲击，工作温度低于100 ℃，要求轴承使用寿命 $L_h = 5\ 000$ h。30310轴承是否适用？

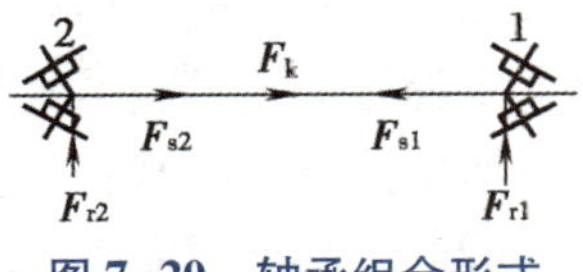

图7-20 轴承组合形式

任务分析

滚动轴承是常用的轴系零件，主要用来支撑轴的两端及轴上的零件，确保轴的正常工作位置和旋转精度，一般都是成对使用，具有优良的互换性和通用性，易于润滑保养。滚动轴承使用维护方便，工作可靠，启动性能好，在中等速度下承载能力较强。

滚动轴承的选用主要考虑其承受的载荷情况，是径向载荷还是轴向载荷，是交变载荷还是冲击载荷等，先根据滚动轴承的工作要求，结合轴的尺寸试选对应的轴承类型，然后对轴承的使用寿命进行计算，若不符合使用寿命要求应另行选取，直至选到合适的轴承为止。

相关知识

一、滚动轴承的受载情况和失效形式

1. 滚动轴承的主要失效形式及原因分析

（1）点蚀

点蚀主要指内外圈的滚道及滚动体的表面出现许多小的凹坑。原因是过载、装配时配合过紧，内外圈位置不正和润滑不良。

（2）磨粒磨损

滚道表面、滚动体与保持架接触部位发生磨损，引起内部松动。原因是滚动轴承内部有研磨物、润滑不良。

（3）黏着磨损

滚道及滚动体表面上有黏着痕迹。其原因是速度太高、润滑不良或不适当的装配，内外圈配合有松动。

（4）断裂

内外圈上发生轴向、周向裂纹或保持架开裂。其原因是配合太紧，装配面不均匀，轴承座变形，旋转爬行或微动磨损。

（5）塑性变形

滚动体或套圈滚道上出现不均匀的塑性变形凹坑。其原因是静载荷或冲击载荷过大。

（6）其他

锈蚀、电腐蚀、不正常的温升。其原因是轴承内有湿气或酸液，有电流连续或间断通过，润滑剂太多，内部游隙不当等。

2. 不同受载情况下的失效形式

（1）一般转速时，若轴承只承受径向载荷 $\boldsymbol{F}_r$ 作用，由于各元件的弹性变形，轴承上半圈的滚动体将不受力，而下半圈各滚动体受力的大小则与其所处的位置有关。故轴承运转时，轴承套圈滚道和滚动体受变应力作用（见图 7-21），滚动轴承的主要失效形式是疲劳点蚀。为防止疲劳点蚀现象的发生，滚动轴承应按额定动载荷进行使用寿命计算。

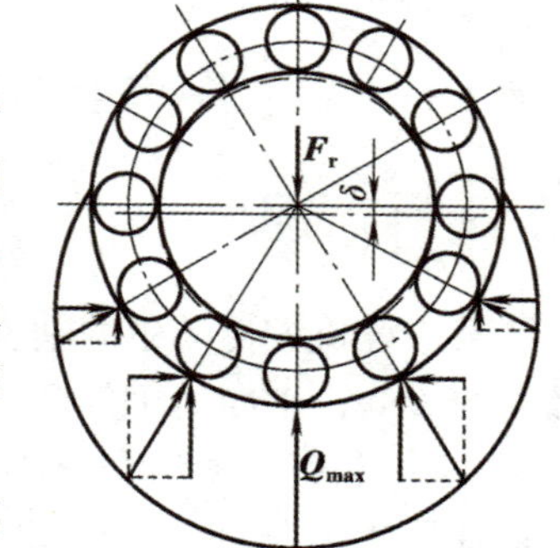

图 7-21　滚动轴承受载情况

（2）转速较低的滚动轴承，可能因过大的静载荷或冲击载荷，使内、外圈滚道与滚动体接触处产生过大的塑性变形。因此，低速重载的滚动轴承应进行静强度计算。

（3）高速转动的轴承，可能因润滑不良等原因引起磨损甚至胶合。因此，除进行寿命计算外，还要校核极限转速。

由上述可知，影响滚动轴承使用寿命的主要因素有：载荷情况、润滑情况、装配情况、环境条件及材质或制造精度等。

二、滚动轴承的寿命计算

1. 轴承寿命

轴承中任一滚动体或内、外圈滚道上出现疲劳点蚀时轴承的总转数或在一定转速下的工作时数，称为轴承寿命。

一批相同型号、尺寸的轴承，因材料、热处理、加工工艺等差异，即使在完全相同的条件下运转，其使用寿命也差异很大，最长寿命和最短寿命可能差几倍，所以滚动轴承的疲劳寿命是相当离散的。因此，计算轴承寿命时应与一定的破坏率（可靠度）相联系。一般用10%破坏率的轴承寿命作为轴承的基本额定寿命，用L表示，单位为10^6 r（10^6转）。

2. 轴承寿命计算

滚动轴承的基本额定寿命L与承受的载荷P有关，载荷越大，轴承中产生的接触应力越大，因而发生疲劳点蚀破坏前所能经受的应力变化次数就越少，即轴承的寿命越短。图7-22所示为试验得出的载荷P与寿命L的关系曲线，也称为轴承的疲劳曲线。该曲线可用下面的方程表示。

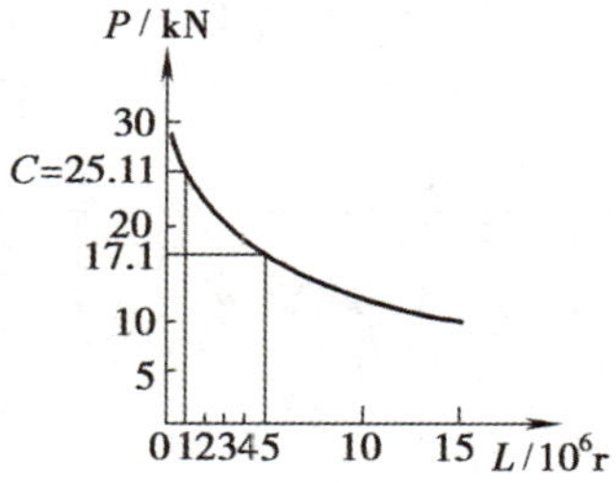

图7-22　滚动轴承的P-L曲线

$$P^{\varepsilon}L=\text{常数}$$

标准规定，基本额定寿命$L=1$（10^6 r）时，轴承所能承受的载荷称为基本额定动载荷，用C表示，单位为N。C值可由轴承标准查出，于是有：

$$P^{\varepsilon}L=C^{\varepsilon}\times 1=\text{常数}$$

$$L=(C/P)^{\varepsilon}\ 10^6\ \text{r} \qquad (7-1)$$

实际计算时常用小时（h）表示寿命（L_h）。将上式整理后可得：

$$L_h=\frac{10^6}{60n}\left(\frac{C}{P}\right)^{\varepsilon}=\frac{16\ 667}{n}\left(\frac{C}{P}\right)^{\varepsilon} \qquad (7-2)$$

式中　P——当量动载荷，N；

ε——寿命指数，球轴承$\varepsilon=3$，滚子轴承$\varepsilon=10/3$；

n——轴承转速，r/min。

若已知当量动载荷P和转速n，工作使用寿命L'_h，则由式（7-2）可求出待选轴承所需的额定动载荷C'，从而选择轴承并使轴承的额定动载荷$C\geqslant C'$。轴承工作寿命L'_h的推荐值见表7-9。

表7-9　滚动轴承预期寿命推荐值

机器种类		预期寿命/h
不常使用的仪器和设备		500
航空发动机		500~2 000
间断使用的机器	中断使用不致引起严重后果的手动机械、农业机械等	4 000~8 000
	中断使用会引起严重后果，如升降机、运输机、吊车等	8 000~12 000
每天工作8 h的机器	利用率不高的齿轮传动、电动机等	12 000~20 000
	利用率较高的通信设备、机床等	20 000~30 000
24 h连续工作的机器	一般可靠性的空气压缩机、电动机、水泵等	50 000~60 000
	高可靠性的电站设备、给排水装置等	>100 000

3. 当量动载荷P的计算

滚动轴承的基本额定动载荷C是在特定试验条件下得出的，而在实际工作中，作用在轴承上的实际载荷往往与试验条件不一样，必须将实际载荷折算成试验条件下的载荷，在此载荷作用下，轴承的寿命与实际载荷作用下的寿命相同，这种折算后的载荷是假定的载荷，称为当量动载荷，用 P 表示。计算式为：

$$P = K_P(xF_r + yF_a) \tag{7-3}$$

式中 F_r——轴承所承受的径向载荷，N；

F_a——轴承所承受的轴向载荷，N；

x、y——径向载荷系数和轴向载荷系数，见表 7-10；

K_P——载荷系数，见表 7-11。

表 7-10　（单列）向心轴承的 x、y 系数

轴承类型		F_a/C_{or}	e	$F_a/F_r>e$		$F_a/F_r\leq e$	
				x	y	x	y
深沟球轴承		0.014 0.028 0.056 0.084 0.11 0.17 0.28 0.42 0.56	0.19 0.22 0.26 0.28 0.30 0.34 0.38 0.42 0.44	0.56	2.30 1.99 1.71 1.55 1.45 1.31 1.15 1.04 1.00	1	0
角接触球轴承	70000C（$\alpha=15°$）	0.015 0.029 0.058 0.087 0.12 0.17 0.29 0.44 0.58	0.38 0.40 0.43 0.46 0.47 0.50 0.55 0.56 0.56	0.44	1.47 1.40 1.30 1.23 1.19 1.12 1.02 1.00 1.00	1	0
	70000AC（$\alpha=25°$）	—	0.68	0.41	0.87	1	0
	70000B（$\alpha=40°$）	—	1.14	0.35	0.57	1	0
圆锥滚子轴承		—	$1.5\tan\alpha$[①]	0.4	$0.4\cot\alpha$[①]	1	0

注：①具体数值按轴承型号查表或有关手册；α 为公称接触角。

表 7-11　载荷系数 K_P

载荷性质	K_P	应用举例
无冲击或轻微冲击	1.0~1.2	电动机、汽轮机、通风机、水泵等
中等冲击或中等惯性力	1.2~1.8	车辆、动力机械、起重机、造纸机、冶金机械、选矿机、水力机械、卷扬机、木材加工机、机床等
强大冲击	1.8~3.0	破碎机、轧钢机、石油钻机、振动筛等

4. 向心角接触轴承轴向载荷 F_a 的计算

角接触轴承和圆锥滚子轴承在受径向载荷 F_r 作用时，由于结构的特点，将在轴承内派生出一内部轴向力 F_s，方向由轴承外圈的宽边指向窄边，如图 7-23 所示，其大小可按表 7-12

中所列公式计算。为保证正常工作，角接触轴承一般应成对使用，图 7-24 所示为两种安装方式，图 7-24a 为两外圈窄边相对，称为正安装，可使两支反力作用点靠近，缩短轴的跨距；图 7-24b 为窄边相背，称为反安装，使轴的跨距加长。

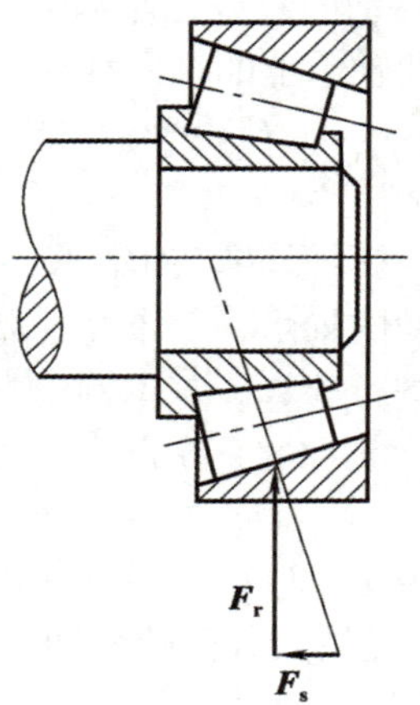

图 7-23 派生轴向力

表 7-12 角接触轴承的内部轴向力 F_s

角接触球轴承			圆锥滚子轴承
70000C	70000AC	70000B	3 类
$F_s=0.4F_r$	$F_s=0.68F_r$	$F_s=1.14F_r$	$F_s=F_r/(2y)$

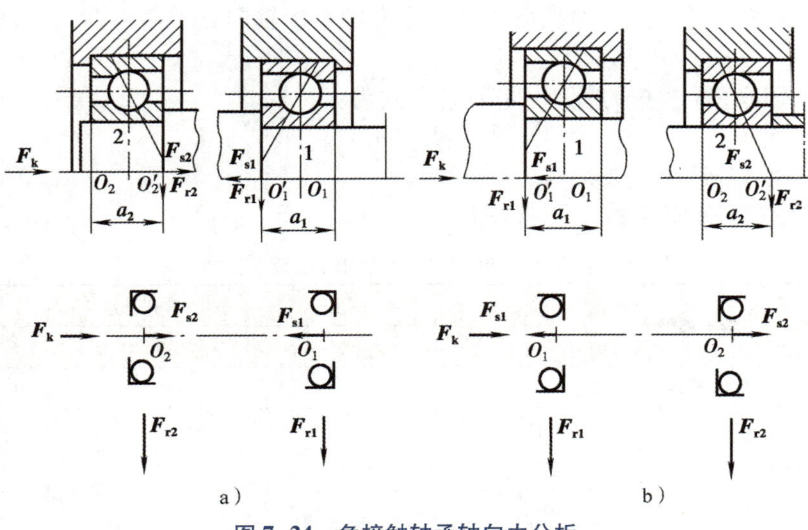

图 7-24 角接触轴承轴向力分析

a）正安装 b）反安装

在计算角接触轴承的轴向载荷时，要根据所有作用在轴上的轴向外载荷 $\boldsymbol{F}_k$ 和内部轴向力 $\boldsymbol{F}_s$ 之间的平衡关系来计算，下面以图 7-24a 为例计算以下两种情况两轴承的轴向载荷 $\boldsymbol{F}_{a1}$ 和 $\boldsymbol{F}_{a2}$。

（1）若 $F_{s2}+F_k>F_{s1}$，则轴有向右移动的趋势，由于在结构上右端轴承的外圈受轴承端盖的轴向约束，故使右端轴承被“压紧”，而左端被“放松”，右轴承的外圈上必有平衡力 F'_{s1}。由此得出两轴承上的轴向载荷分别为：

$$F_{a1}=F_{s1}+F'_{s1}=F_{s2}+F_{k} \qquad F_{a2}=F_{s2}$$

（2）若 $F_{s2}+F_{k}<F_{s1}$，轴有向左移动的趋势，左端轴承被“压紧”，其外圈上必有平衡力 F'_{s2}，而右端被“放松”。由此得出两轴承上的轴向载荷分别为：

$$F_{a1}=F_{s1} \qquad F_{a2}=F_{s2}+F'_{s2}=F_{s1}-F_{k}$$

5. 滚动轴承的静强度计算

对于转速很低（$n\leqslant 10$ r/min）或缓慢转动的轴承，其主要失效形式是塑性变形，设计时应进行静强度计算。对非低速转动的轴承，若承受的载荷变化太大时，在按寿命计算选择出轴承型号后，还应按静载荷能力进行验算。基本额定静载荷计算公式为：

$$C_{o}\geqslant S_{o}P_{o} \tag{7-4}$$

式中 C_{o}——基本额定静载荷，N；

S_{o}——静强度安全系数（见表 7-13）；

P_{o}——当量静载荷，N，为承受最大载荷的滚动体及内、外圈滚道的接触应力等于某一定值时的假想静载荷。

表 7-13 静强度安全系数 S_{o}

工作条件	S_{o}
旋转精度和平稳性要求高或受强烈冲击载荷	1.2~2.5
一般情况	0.8~1.2
旋转精度低，允许摩擦力较大，没有冲击振动	0.5~0.8

对于向心轴承指径向额定静载荷，对于推力轴承指轴向额定静载荷，可从轴承手册中查得。

当量静载荷是一个假想的载荷，其计算公式为：

$$P_{o}=X_{o}F_{r}+Y_{o}F_{a} \tag{7-5}$$

式中 X_{o}——径向静载荷系数；

Y_{o}——轴向静载荷系数，见表 7-14。

表 7-14 径向静载荷系数 X_{o} 和轴向静载荷系数 Y_{o}

轴承类型		单列轴承	
		X_{o}	Y_{o}
深沟球轴承		0.6	0.5
角接触球轴承	15°	0.5	0.46
	25°	0.5	0.38
	40°	0.5	0.26
圆锥滚子轴承		0.5	0.22cotα，一般 α 取 15°~20°

若计算出当量静载荷 $P_{o}<$径向载荷 F_{r}，则应取 $P_{o}=F_{r}$。

三、滚动轴承的组合设计

在确定了轴承的类型和型号以后，还要正确地进行滚动轴承的组合结构设计，才能保证轴承的正常工作。轴承的组合结构设计包括：轴系支撑端结构、轴承与相关零件的配合、提高轴承系统的刚度、轴承的润滑与密封。

1. 支撑端结构形式

为保证滚动轴承轴系能正常传递轴向力且不发生窜动，在轴上零件定位固定的基础上，必须合理地设计轴系支点的轴向固定结构。典型的结构形式有三类。

（1）两端单向固定

普通工作温度下的短轴（跨距 $L<400$ mm），支点常采用两端单向固定方式，每个轴承分别承受一个方向的轴向力，如图 7-25 所示。为允许轴工作时有少量热膨胀，轴承安装时应留有 0.25~0.4 mm 的轴向间隙（间隙很小，结构图上不必画出），间隙量常用垫片或调整螺钉调节。

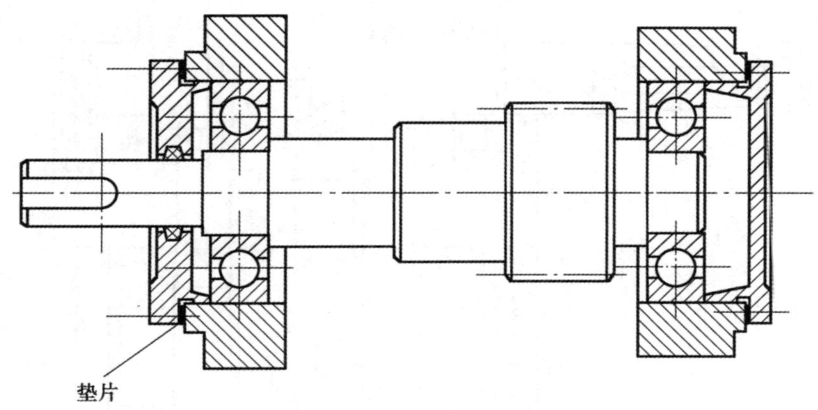

图 7-25 两端单向固定

（2）一端双向固定、一端游动

当轴较长或工作温度较高时，轴的热膨胀收缩量较大，宜采用一端双向固定、一端游动的支点结构，如图 7-26 所示。固定端由单个轴承或轴承组承受双向轴向力，而游动端则保

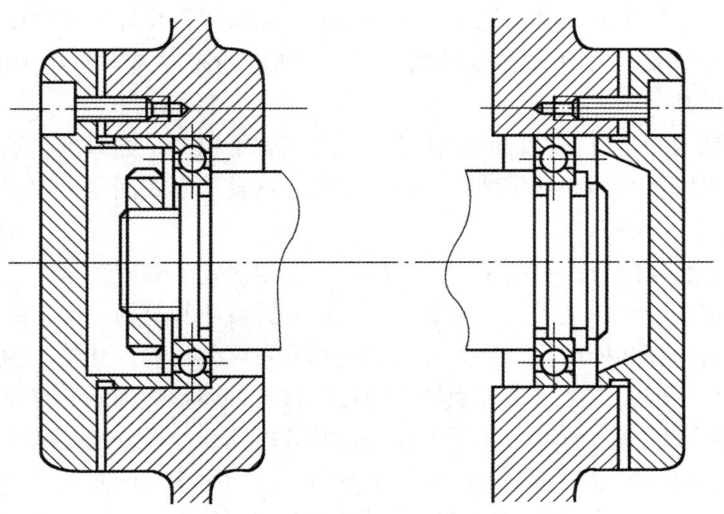

图 7-26 一端双向固定、一端游动

证轴伸缩时能自由游动。为避免松脱，游动轴承内圈应与轴作轴向固定（常采用弹性挡圈）。用圆柱滚子轴承作为游动支点时，轴承外圈要与机座作轴向固定，靠滚子与套圈间的游动来保证轴的自由伸缩。

（3）两端游动

要求能左右双向游动的轴，可采用两端游动的轴系结构，如图 7-27 所示。该图为人字齿轮传动的高速主动轴，为了自动补偿轮齿两侧螺旋角的误差，使轮齿受力均匀，采用允许轴系少量轴向游动的结构，故两端都选用圆柱滚子轴承。与其相啮合的低速齿轮轴系必须两端固定，以便两轴都得到轴向定位。

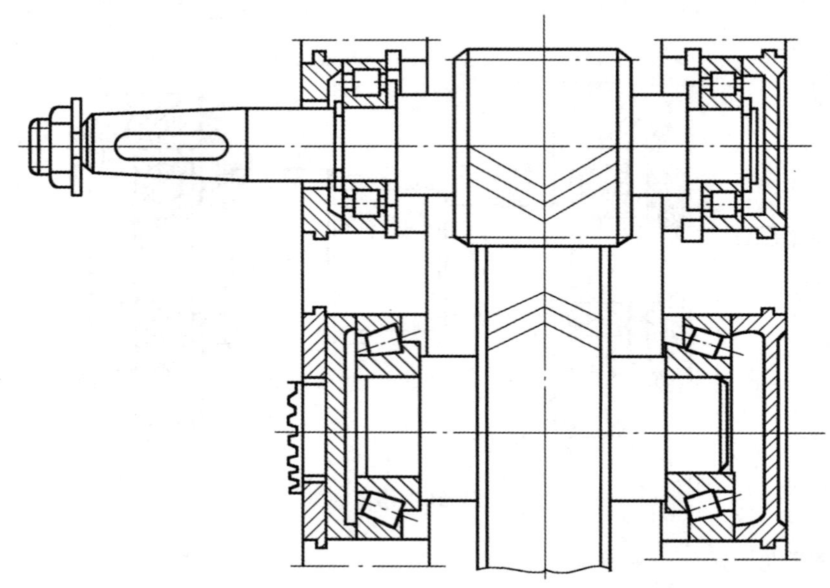

图 7-27　两端游动的轴系结构

轴承在轴上一般用轴肩或套筒定位，定位端面与轴线保持良好的垂直度。为保证可靠定位，轴肩圆角半径 r_1 必须小于轴承的圆角半径 r。轴肩的高度通常不大于内圈高度的 3/4，过高不便于轴承拆卸。

轴承内圈的轴向固定应根据轴向载荷的大小选用轴端挡圈、圆螺母、轴用弹性挡圈等结构，外圈则采用机座孔端面、孔用弹性挡圈、压板、端盖等形式固定，如图 7-28 所示。

2. 轴承的配合

轴承与轴或轴承座配合的目的是把内、外圈牢固地固定于轴或轴承座上，使之相互不发生有害的滑动。如配合面产生滑动，则会产生不正常的发热和磨损，磨损产生的粉末会进入轴承内而引起早期损坏和振动等，导致轴承不能充分发挥其功能。此外，轴承的配合可影响轴承的径向游隙，径向游隙不仅关系到轴承的运转精度，还影响轴承的寿命。

滚动轴承是标准组件，所以与相关零件配合时其内孔和外径分别是基准孔和基准轴，在配合中不必标注。决定配合最主要的因素是轴承内、外圈所承受的载荷状态。

一般来说，尺寸大、载荷大、振动大、转速高或工作温度高等情况下应选紧一些的配合，而经常拆卸或游动套圈则应采用较松的配合。

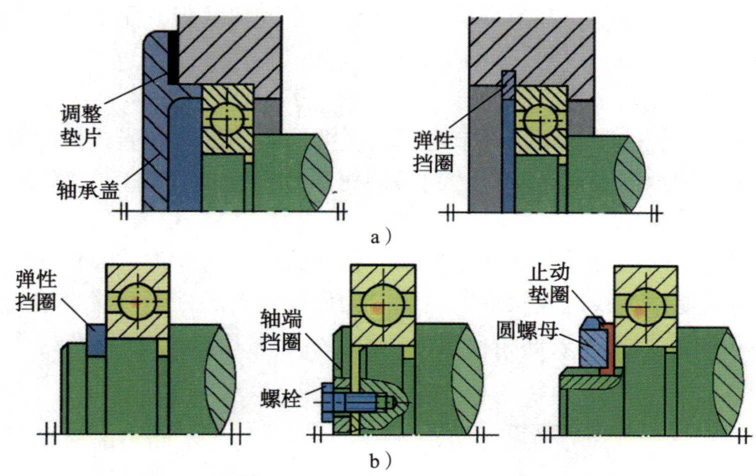

图 7-28 轴承内、外圈的轴向固定

a）轴承外圈的轴向固定 b）轴承内圈的轴向固定

3. 轴承座的刚度与同轴度

轴和轴承座必须有足够的刚度，以免因过大的变形使滚动体受力不均。因此轴承座孔壁应有足够的厚度，并常设置加强肋以增加刚度。此外，轴承座的悬臂应尽可能缩短。

两轴承孔必须保证同轴度，以免轴承内、外圈轴线倾斜过大。为此，两端轴承外径尺寸应力求相同，以便一次镗孔完成两轴承孔的加工，可以减小其同轴度的误差。当同一轴上装有不同外径尺寸的轴承时，可采用套环结构来安装尺寸较小的轴承，使轴承孔能一次镗出。

4. 润滑与密封

（1）滚动轴承的润滑

滚动轴承的润滑主要是为了降低摩擦阻力和减轻磨损，同时也有吸振、冷却、防锈和密封等作用。合理的润滑对提高轴承性能，延长轴承的使用寿命有重要意义。

滚动轴承的润滑材料有润滑油、润滑脂及固体润滑剂，具体润滑方式可根据速度因素 dn 值并参考表 7-15 选择。d 为轴颈直径（单位：mm），n 为工作转速（单位：r/min）。

表 7-15 滚动轴承润滑方式的选择

轴承类型	$dn/(\text{mm}\cdot\text{r}\cdot\text{min}^{-1})$				
	浸油/飞溅润滑	滴油润滑	喷油润滑	油雾润滑	脂润滑
深沟球轴承 角接触球轴承 圆柱滚子轴承	$\leqslant 2.5\times10^5$	$\leqslant 4\times10^5$	$\leqslant 6\times10^5$	$\leqslant 6\times10^5$	$\leqslant(2\sim3)\times10^5$
圆锥滚子轴承	$\leqslant 1.6\times10^5$	$\leqslant 2.3\times10^5$	$\leqslant 3\times10^5$	—	—
推力轴承	$\leqslant 0.6\times10^5$	$\leqslant 1.2\times10^5$	$\leqslant 1.5\times10^5$	—	—

滚动轴承润滑剂的选择主要取决于速度、载荷、温度等工作条件。一般情况下，采用的润滑油黏度应不低于 13~32 mm^2/s（球轴承油黏度略低，而滚子轴承略高）。脂润滑轴承在低速、工作温度 65 ℃以下时可选用钙基脂，较高温度时可选用钠基脂或钙钠基脂；高速或

载荷工况复杂时可选用锂基脂；潮湿环境可选用铝基脂或钡基脂，而不宜选用遇水会分解的钠基脂。

（2）滚动轴承的密封

密封装置是轴承系统的重要设计环节之一，主要防止润滑剂中脂或油的泄漏，还要防止有害异物从外部侵入轴承内。设计时应达到长期密封和防尘的作用，摩擦和安装误差要小，拆卸、装配方便且保养简单。

密封按照其原理不同可分为接触式密封和非接触式密封两大类。非接触式密封不受速度限制；接触式密封只能用在线速度较低的场合。为保证密封的性能及减少轴的磨损，轴接触部分的硬度应在 40HRC 以上，表面粗糙度 Ra 值宜小于 1.6 μm。常见密封装置的结构和特点如图 7-29 所示。

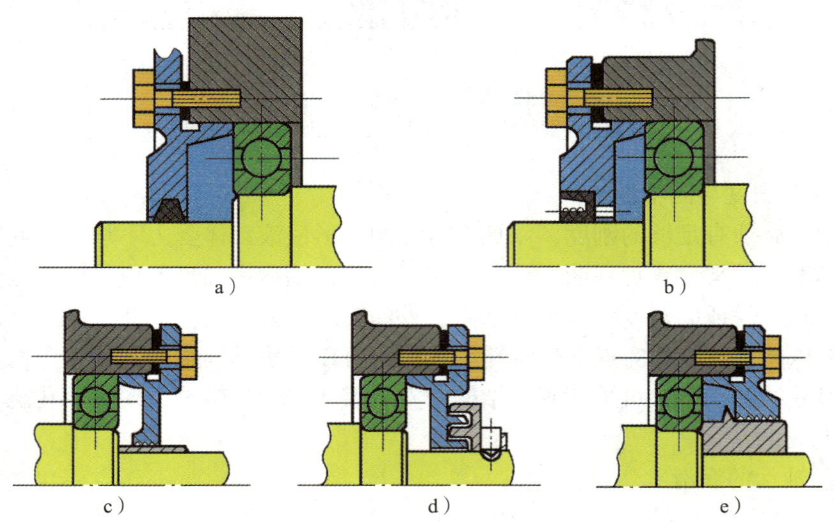

图 7-29 常见密封装置的结构和特点

a）接触式密封毛毡密封 b）接触式密封圈密封

c）非接触式间隙式密封 d）非接触式迷宫式密封 e）非接触式垫圈式密封

四、滚动轴承的安装、维护和保养

1. 滚动轴承安装注意事项

滚动轴承在安装之前，应先对与之配合的轴、壳体孔、端盖等零件进行严格检验，对使用过的轴、壳体孔，更应做全面精度检验，不合要求的零件应予以修复或更换。

滚动轴承安装正确与否，对其使用寿命及主机精度有直接影响。如果安装不当，轴承不仅有振动、噪声大、精度低、温升递增大，而且还有被卡死烧坏的危险；反之，安装得好，不仅能保证精度，使用寿命也会大大延长。因此，轴承安装之后，必须进行检验。

（1）安装位置

轴承安装后，首先检验运转零件与固定零件是否相碰，润滑油能否畅通地流入轴承，密封装置与轴向紧固装置安装是否正确。

（2）滚动轴承径向游隙的调整

除安装带预过盈的轴承外，都应检验径向游隙。深沟球轴承可用手转动检验，以平稳灵活、无振动、无左右摆动为好。圆柱滚子和调心滚子轴承可用塞尺检验，将塞尺插入滚子和轴承套圈之间，塞尺插入深度应大于滚子长度的 1/2。当轴承的径向游隙无法用塞尺测量时，可测量轴承在轴向的移动量，来代替径向游隙的减小量。通常情况下，若轴承内圈为圆锥孔，则在圆锥面上的轴向移动量大约是径向游隙缩小量的 15 倍。

有些轴承安装后其径向游隙不合格是可以调整的，如角接触球轴承和圆锥滚子轴承；有些则是在制造时已按标准规定调好，安装后不合格也不能再调整，如深沟球轴承、调心球轴承、圆柱滚子轴承和调心滚子轴承等。这类轴承安装后经检验若不合格，径向装配游隙太小，则说明轴承的配合选择不当，或装配部位加工不正确。此时，必须将轴承卸下，查明原因并消除后重新安装。当然，轴承游隙过大也不行。

（3）滚动轴承与轴肩的靠紧程度

一般情况下，紧配合过盈安装的轴承必须靠紧轴肩。检验方法如下：

1）灯光法。即将电灯对准轴承和轴肩处，视漏光情况判断。如果不漏光，说明安装正确；如果沿轴肩周围均匀漏光，说明轴承未与轴肩靠紧，应对轴承施加压力使之靠紧；如果有部分漏光，说明轴承安装倾斜，可用锤子、铜棒或套筒敲击轴承内圈，慢慢安正。

2）塞尺检验法。塞尺的厚度应由 0.03 mm 开始。检验时，在轴承内圈端面和轴肩的整个圆周上试插几处，如果发现有间隙且很均匀，说明轴承未装到位，应对轴承内圈加压使其靠紧轴肩；如果加大压力也靠不紧，说明轴颈圆角部位的圆角太大，把轴承卡住了，应修整轴颈圆角，使其变小；如果发现轴承内圈端面与轴肩个别部位塞尺能通过，说明此时必须拆卸下来予以修整，重新安装。

如果轴承以过盈配合安装在轴承座孔内，轴承外圈被壳体孔挡肩固定时，其外圈端面与壳体孔挡肩端面是否靠紧，安装是否正确，也可用塞尺检验。

2. 滚动轴承的维护和保养

（1）对滚动轴承安装环境的维护保养

轴承在装配前要先清洗并认真检查轴承的内外座圈、滚动体和保持架，是否有生锈、毛刺、碰伤和裂纹；检查轴承间隙是否合适，转动是否轻快自如，有无突然卡滞的现象；检查轴颈和轴承座孔的尺寸、圆度和圆柱度及其表面是否有毛刺或凹凸不平等。对于对开式轴承座，要求轴承盖和轴承底座接合面处与外座圈的外圆面之间留出 0.1~0.25 mm 的间隙，以防止外座两侧瓦口处出现“夹帮”现象，导致轴承间隙减小，磨损加快，使轴承过早损坏。

（2）轴承装配位置的维护保养

1）轴承内孔与轴的配合采用基孔制，轴承外圆与轴承座孔的配合采用基轴制。一般在正常负荷情况下工作的离心泵、离心机、减速器、电动机和离心式压缩机的轴与轴承内座圈，采用 j5、js5、js6、k5、k6、m6 配合，轴承座孔与轴承外座圈采用 j6、j7 配合。旋转的座圈（大多数轴承的内座圈为旋转座圈，外座圈不为旋转座圈，少部分轴承则相反）通常采用过盈配合，能在负荷作用下避免座圈在轴颈和轴承座孔的配合表面上发生滚动和滑动。

但有时由于轴颈和轴承座孔的尺寸测量不精确或配合面粗糙度未达到标准要求，造成过大的过盈配合，使轴承座圈受到很大挤压力，从而导致轴承本身的径向间隙减小，使轴承转动困难、发热、磨损加剧或卡死，严重时会造成轴承内外座圈在安装时开裂。不旋转座圈常采用间隙或过盈不大的配合，这样不旋转座圈就有可能产生微小的爬动，而使座圈与滚动体的接触面不断更换，座圈滚道磨损均匀。同时也可以消除轴因热伸长而使轴承中滚动体发生轴向卡住的现象。但过大的间隙配合会使不旋转座圈随滚动体一同转动，导致轴（或轴承座孔）与内座圈（或外座圈）发生严重磨损，从而出现摩擦使轴承发热、振动。

2）装配方法的合理选取。轴承和轴颈或轴承座孔的过盈较小时，多采用压入法装配。最简单的方法是利用铜棒和锤子，按一定的顺序对称地敲打轴承带过盈配合的座圈，使轴承顺利压入。另外，也可用软金属制的套管用锤子打入或用压力机压入。若操作不当，则会使座圈变形开裂，若锤子打在非过盈配合的座圈上，会使滚道和滚动体产生压痕或轴承间接被破坏。在安装滚动轴承时，要根据配合公差选取合适的装配工艺，以保证轴承的装配质量。

3）对滚动轴承的温度控制。在装配滚动轴承时，若其与轴颈的过盈较大，一般采用热装法装配，即将轴承放入盛有机油的油桶中，机油桶外部用热水或火焰加热，加热油温控制在 80~90 ℃，一般不会超过 100 ℃，最多不会超过 120 ℃。轴承加热后迅速将其取出套装在轴颈上。若温度控制不当造成加热温度过高，则会使轴承产生回火而使其硬度降低，运行中轴承易磨损、剥落，甚至开裂。

4）滚动轴承间隙的调整。滚动轴承的间隙分为径向间隙和轴向间隙，其功用是保证滚动体的正常运转和润滑以及补偿热伸长。

对于间隙可调整的轴承而言，因其轴向间隙和径向间隙之间有正比关系，所以安装时只要调整好轴向间隙就可获得所需的径向间隙，而且它们一般都是成对使用的（即装在轴的两端或一端），因此，只需要调整一只轴承的轴向间隙即可。一般用垫片调整轴向间隙，有的也可用螺钉或止推环调整。

对于间隙不可调整的滚动轴承，因其径向间隙在制造时就已按标准确定好了，不能进行调整，此类轴承装在轴颈上或轴承座孔内之后，实际的径向间隙称为装配径向间隙，装配时要使装配径向间隙的大小恰好能在运转中造成必要的工作径向间隙，以保证轴承灵活转动。此类轴承在工作时，由于轴在温度升高时受热伸长而使其内外座圈发生相对位移，从而使轴承的径向间隙减小，甚至使滚动体在内外座圈间卡住。若在双支承滚动轴承中的一个轴承（另一个轴承固定在轴上和轴承座中）和侧盖间留出轴向间隙，可避免上述现象。

综上所述，不论间隙可调整或间隙不可调的滚动轴承，它们在装配时都要调整好轴向间隙（但有些间隙不可调的轴承不必留轴向间隙），以补偿轴在温度升高时的热伸长，从而保证滚动体的正常运转。若轴向间隙过小，会造成轴承转动困难、发热，甚至使滚动体卡死或破损；若轴向间隙过大，则会导致运转中产生异响，甚至会造成严重振动或使保持架破坏。

（3）滚动轴承的润滑

滚动轴承使用的润滑油（或润滑脂）都有一定的工作温度，当温度过高时就会变质，从而失去润滑作用，使轴承因高温而烧损。另外，润滑油（或润滑脂）本身质地不良或运行中加油（脂）不及时，也会造成轴承温度升高或产生异响。因此，要及时更换润滑油（脂）。

（4）及时检查并更换出现故障的轴承

滚动轴承运行过程中应定期进行检查，若出现发热、异响、振动等情况，要及时停机查找原因，消除故障。若发现轴承有严重的疲劳剥落、氧化锈蚀、磨损的凹坑、裂纹，硬度降低到<60HRC，或有过大噪声无法调整时，应及时更换。若检查、更换不及时，则会造成轴承甚至滚动体的严重破坏，从而影响正常生产。另外，由于滚动轴承拆卸不当以及设备地脚螺栓松动造成的振动，也会导致轴承滚道和滚动体产生压痕，内外座圈开裂。

(5) 滚动轴的防尘保护

由于滚动体和滚道的相对运动和污染物尘埃的侵入，使滚动体和滚道表面产生磨损。磨损量较大时，使轴承噪声、振动增大，降低了滚动轴承的运转精度，会直接影响机器设备的精度。所以，对滚动轴承要设置密封防护装置及时养护，确保轴承的正常使用。

任务实施

1. 首先根据轴的尺寸来选择确定轴承的尺寸和轴承的基本类型

因为轴的直径为 50 mm，30310 轴承符合尺寸要求。又因为轴承受到的径向载荷、轴向载荷较大，且有冲击，所以可选用代号类型为 3 的圆锥滚子轴承。

2. 计算两端轴承所受轴向载荷 F_a

查设计手册表得：30310 轴承 $C=122\ 000$ N，$y=1.7$，$e=0.35$。

由表 7-12 得轴承 1 的内部轴向力为：$F_{s1}=F_{r1}/(2y)=4\ 000\ \text{N}/(2\times1.7)=1\ 176.5\ \text{N}$

轴承 2 的内部轴向力为：$F_{s2}=F_{r2}/(2y)=5\ 000\ \text{N}/(2\times1.7)=1\ 470.6\ \text{N}$

$F_{s2}+F_k=1\ 470.6\ \text{N}+2\ 000\ \text{N}=3\ 470.6\ \text{N}>F_{s1}$

可知轴承 1 被“压紧”，轴承 2 被“放松”，故：

$F_{a1}=F_{s2}+F_k=1\ 470.6\ \text{N}+2\ 000\ \text{N}=3\ 470.6\ \text{N}$;

$F_{a2}=F_{s2}=1\ 470.6\ \text{N}$

3. 分别计算两端轴承的当量动载荷 P

轴承 1：$F_{a1}/F_{r1}=3\ 470.6\ \text{N}/4\ 000\ \text{N}=0.867\ 7>e$，查表 7-10 得 $x=0.4$，由载荷中等冲击，查表 7-11 得 $K_P=1.6$，故：

$$P_1=K_P(xF_{r1}+yF_{a1})=1.6\times(0.4\times4\ 000\ \text{N}+1.7\times3\ 470.6\ \text{N})=12\ 000\ \text{N}$$

轴承 2：$F_{a2}/F_{r2}=1\ 470.6\ \text{N}/5\ 000\ \text{N}=0.294<e$，查表 7-10 得 $x=1$、$y=0$，故：

$$P_2=K_P(xF_{r2}+yF_{a2})=1.6\times(1\times5\ 000\ \text{N}+0\times1\ 470.6\ \text{N})=8\ 000\ \text{N}$$

4. 验算基本额定动载荷 C

按式（7-2）得所需的基本额定动载荷 $C'=P\sqrt[\varepsilon]{\dfrac{60n\times L_h}{10^6}}$，因 $P_1>P_2$，所以按 P_1 计算，则：

$$C'=12\ 000\ \text{N}\times\sqrt[\frac{10}{3}]{\frac{60\times1\ 500\times5\ 000}{10^6}}\approx75\ 014\ \text{N}<C=122\ 000\ \text{N}。$$

由此可知采用一对 30310 圆锥滚子轴承，其使用寿命是足够的。

练习题

1. 滚动轴承的选取原则有哪些？滚动轴承的失效形式有哪些？
2. 滚动轴承润滑的目的是什么？滚动轴承支承端的结构形式有几种？

模块小结

1. 滑动轴承的类型

(1) 径向滑动轴承分为整体式滑动轴承、剖分式滑动轴承、自动调心式滑动轴承三类。

（2）推力滑动轴承按轴颈支撑面的形式不同，可分为实心式、空心式、环形式三种。

2. 对轴承材料的基本要求及常用轴承材料

（1）足够的抗压强度和疲劳强度。

（2）低摩擦因数，良好的耐磨性、抗胶合性、跑合性、嵌藏性和顺应性。

（3）热膨胀系数小，良好的导热性和润滑性以及耐腐蚀性。

（4）良好的工艺性。

（5）材料容易获得，价格比较低廉。

常用的轴承材料有铸铁、铸造青铜、锌铝合金、锡基轴承合金、铅基轴承合金、铁质陶瓷、尼龙、橡胶等。

3. 滑动轴承的润滑

滑动轴承润滑是为了减少摩擦和磨损，以提高轴承的工作能力和使用寿命，同时起冷却、防尘、防锈和吸振作用。常用的润滑方式有手工加油润滑、滴油润滑、油环润滑、飞溅润滑、压力循环润滑。

4. 滑动轴承的安装与维护

滑动轴承装配时的注意事项，滑动轴承的故障现象及维护方法。

5. 滚动轴承的结构

滚动轴承由内圈、外圈、滚动体和保持架组成。

6. 滚动轴承的类型

滚动轴承的基本类型包括 0~8、N、U、QJ 等 12 种，但滚针轴承不在其中。滚针轴承则分成滚针和保持架组件（类型代号为 K 和 AXK）及滚针轴承（类型代号有 NA、HK 和 BK 三种）。

7. 滚动轴承的代号

滚动轴承代号由前置代号、基本代号和后置代号三部分构成，其中基本代号是滚动轴承代号的核心。

8. 滚动轴承的选择

主要为类型的选择、精度的选择、尺寸的选择。其中类型的选择应根据轴承的工作载荷（大小、方向和性质）、转速、轴的刚度及其他要求，结合各类轴承的特点进行。轴承的精度一般选用普通级（P0）精度。尺寸的选择应根据轴颈直径，初步选择适当的轴承型号，然后进行轴承的寿命计算或强度计算。

9. 滚动轴承的主要失效形式

滚动轴承的主要失效形式有点蚀、磨粒磨损、黏着磨损、断裂、塑性变形等。

10. 滚动轴承的寿命计算

（1）轴承寿命计算公式为：

$$L_h = \frac{10^6}{60n}\left(\frac{C}{P}\right)^{\varepsilon} = \frac{16\ 667}{n}\left(\frac{C}{P}\right)^{\varepsilon}$$

（2）当量动载荷 P 的计算公式为：

$$P = K_P(xF_r + yF_a)$$

（3）滚动轴承的静强度计算公式为：

$$C_o \geqslant S_o P_o$$

（4）当量静载荷 P_o 的计算公式为：

$$P_o = X_oF_r + Y_oF_a$$

若计算出 $P_o<F_r$，则应取 $P_o=F_r$。

11. 滚动轴承的组合设计

主要包括轴系支撑端结构、轴承与相关零件的配合、轴承的润滑与密封、提高轴承系统的刚度。

12. 滚动轴承的安装、维护和保养

滚动轴承的安装注意事项，滚动轴承的维护和保养方法。

模块八

回转体的平衡

机械设备中有许多绕轴线做旋转运动的零部件，如叶轮、带轮、飞轮、电动机的转子等，这些做旋转运动的零部件可统称为回转体或转子。有些转子在旋转时没有变形或变形很小，可忽略不计，称为刚性转子（或刚性回转体）；有些转子在旋转时变形较大，不能忽略不计，称为挠性转子（或挠性回转体）。

在理想状态下，回转体旋转与不旋转时，对轴及轴承产生的压力是相同的，这样的回转体称为平衡的回转体。在实际生产中，由于其内部材料组织的不均匀或铸锻件毛坯的缺陷、加工及装配中产生的尺寸及位置误差等因素，使回转体在旋转时产生较大的离心惯性力。受惯性力的影响，机构各运动副中将产生附加动压力并引起机械在机座上的振动，这对高速、精密机械的正常运转影响非常大。

如何将惯性力的影响限制在一定范围内，已成为提高机械工作质量的重要问题之一。工程实践中常用使惯性力平衡的方法来达到这一目的。

机械平衡分为两类：回转体的平衡和机构的平衡，本模块只讨论刚性回转体的平衡。

课题一 回转体的静平衡

学习目标

◎ 了解回转体静平衡的条件。

◎ 能够通过计算和试验解决回转体的静平衡问题。

任务引入

如图 8-1 所示，一质量均匀的轮子，在向径 $r_1=400$ mm 处有一螺钉，其质量 $m_1=0.1$ kg；在向径 $r_2=600$ mm 处有一孔，其质量 $m_2=-0.2$ kg。若平衡质量的回转半径为 $r_b=500$ mm，求其平衡质量及方位角。

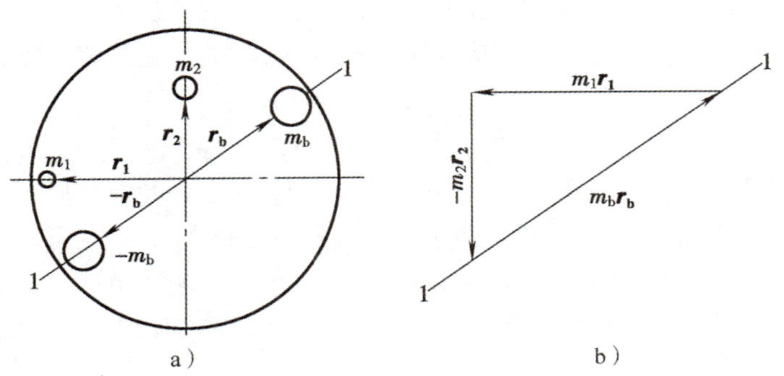

图 8-1 轮子的静平衡

a）增加（或减少）的质径积 b）静平衡的向量图解法

任务分析

回转体由于其本身几何形状对回转轴不对称或加工制造和安装的误差以及材料质地的不均匀等原因，均可导致回转体转动时产生离心惯性力，造成回转体不平衡。对于轴向尺寸很小的回转体（见图 8-1），其质量的分布可以近似地认为分布在同一回转平面内。当回转体转动时，这些质量所产生的离心力构成同一平面内汇交于回转中心的力系。若该力系的合力不等于零，将会产生静不平衡。

本任务主要解决回转体的静不平衡问题，根据回转体的结构及质量分布的实际情况进行平衡计算，使回转体在运转时其惯性力的矢量和在理论上等于零，即达到平衡。至于因材质不均匀和制造、装配偏差等原因而引起的不平衡，只能采用试验的方法加以平衡。

相关知识

一、静不平衡产生的原因及静不平衡对机械运动的影响

回转体由于结构的不对称（如内燃机曲轴）、材料的不均匀或制造精度不高等原因，造成其总重心偏离回转中心，该回转体回转时将产生离心力。若该回转体以角速度 ω 等速回转，设其偏心质量为 m，总重心的偏心距为 $\boldsymbol{e}$，则回转时产生的离心力为：$\boldsymbol{F}=m\boldsymbol{e}\omega^2$。

例如，偏心质量的重力 $F_W=100$ N，偏心距 $e=1$ mm 的转子，若其转速 $n=10\ 000$ r/min，则其离心惯性力为：

$$F=m\omega^2e=\frac{F_W}{g}\left(\frac{\pi n}{30}\right)^2e=\left[\frac{100}{9.8}\times\left(\frac{3.14\times10\ 000}{30}\right)^2\times\frac{1}{1\ 000}\right]\text{ N}=11\ 178.68\text{ N}$$

可见，虽然该回转体的偏心质量和偏心距并不大，但在高速运转情况下，它产生的离心

惯性力却是很大的。

总重心偏离产生的离心力将附加于轴承，加快轴承磨损，降低机械效率与使用寿命；离心力将使轴承受附加弯曲力，降低轴的强度；回转构件的不平衡将产生振动和噪声，甚至对零件产生破坏性影响。根据上述离心力公式可知，离心力的大小与回转件的质量成正比，与总重心对回转中心的偏心距成正比，与回转件角速度的二次方成正比，因此回转体的离心力平衡对机械运转来说是非常重要的，高速运转时，离心力的平衡显得更为重要。实际生产中必须将这类离心惯性力予以平衡，以消除或减少它所引起的不良后果。

二、静平衡的平衡条件

对于轴向尺寸比径向尺寸小得多（小于0.2）的回转体，可把其质量近似地看成分布在同一回转平面内（如叶轮、飞轮、砂轮等），当然其不平衡的质量也可以近似地看成分布在同一旋转平面内。在这种情况下，若回转体的质心不在回转轴线上，当其转动时，其偏心质量就会产生离心惯性力。因为这种不平衡现象在回转体静态时即可表现出来，故称为静不平衡。

如图 8-2a 所示为一静不平衡的回转体。设回转体上有偏心质量 m_1、m_2、m_3，它们的回转半径矢量分别为 $\boldsymbol{r}_1$、$\boldsymbol{r}_2$、$\boldsymbol{r}_3$。当回转体以角速度 ω 做等速回转时，各偏心质量产生的离心惯性力分别为 $\boldsymbol{F}_1=m_1\boldsymbol{r}_1\omega^2$、$\boldsymbol{F}_2=m_2\boldsymbol{r}_2\omega^2$、$\boldsymbol{F}_3=m_3\boldsymbol{r}_3\omega^2$。由于这些离心惯性力形成一个以回转中心为交汇点的平面汇交力系，当平面汇交力系的合力不为 0 时，即 $\sum\boldsymbol{F}_{mi}=\boldsymbol{F}_1+\boldsymbol{F}_2+\boldsymbol{F}_3\neq0$，则该回转体不平衡，为使其平衡，需在同一平面内加一平衡质量或在相反方向减一平衡质量，使其产生的离心惯性力（$\boldsymbol{F}_{mb}$）与原平面汇交力系的合力（$\sum\boldsymbol{F}_{mi}$）之和为 0。设所加的平衡质量为 m_b，平衡质量的回转半径为 $\boldsymbol{r}_b$，则其产生的离心惯性力为 $\boldsymbol{F}_{mb}=m_b\boldsymbol{r}_b\omega^2$。

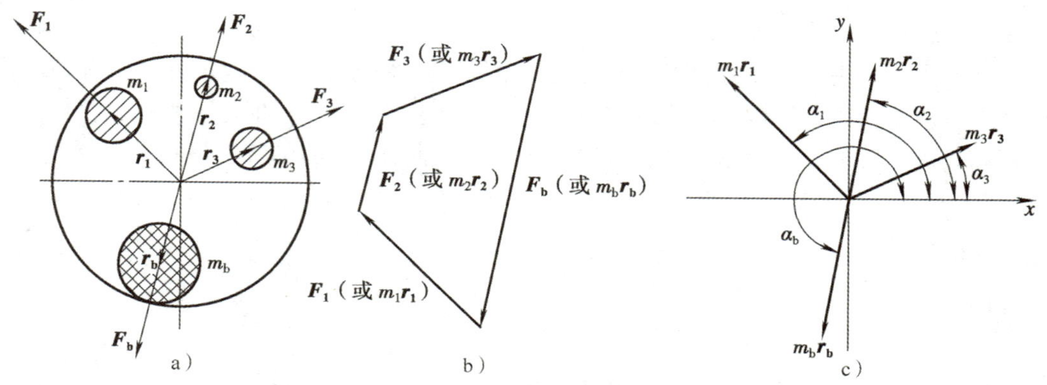

图 8-2　回转体的不平衡

a）增加的质径积　b）静平衡的向量图解法　c）静平衡的解析法

根据平衡条件可得：

$$\boldsymbol{F}_m=\boldsymbol{F}_1+\boldsymbol{F}_2+\boldsymbol{F}_3+\boldsymbol{F}_{mb}=0$$

$$\boldsymbol{F}_m=\sum\boldsymbol{F}_{mi}+\boldsymbol{F}_{mb}=0$$

也可写成：

$$me\omega^2 = \sum m_i \boldsymbol{r_i}\omega^2 + m_b \boldsymbol{r_b}\omega^2 = 0$$

化简后得到静平衡条件公式：

$$me = \sum m_i \boldsymbol{r_i} + m_b \boldsymbol{r_b} = 0 \tag{8-1}$$

式中 m——回转构件总质量，kg；

$\boldsymbol{e}$——回转件总重心的偏心距，m；

m_i——原有各不平衡部分的质量，kg；

$\boldsymbol{r_i}$——原有各不平衡部分的偏心距，m；

m_b——须加装平衡配重的质量，kg；

$\boldsymbol{r_b}$——须加装平衡配重的偏心距，m。

式中 m、$\boldsymbol{e}$、m_i、$\boldsymbol{r_i}$ 为已知数，而 m_b、$\boldsymbol{r_b}$ 为未知数。可以用向量图解法求平衡质量的质径积（$m_b\boldsymbol{r_b}$）。

首先，选择适当的比例尺。然后，按已知质径积 $m_1\boldsymbol{r_1}$、$m_2\boldsymbol{r_2}$、$m_3\boldsymbol{r_3}$ 的大小沿相应的回转半径矢量方向画矢量图。最后把 $m_3\boldsymbol{r_3}$ 的首端与 $m_1\boldsymbol{r_1}$ 的尾端相连，该封闭矢量即代表平衡质量的质径积 $m_b\boldsymbol{r_b}$，如图 8-2b 所示。一般根据回转体的结构先选定平衡质量的回转半径 $\boldsymbol{r_b}$ 的大小，然后即可求得平衡质量 m_b。通常尽可能将 $\boldsymbol{r_b}$ 的值取得大些，以便减少平衡质量 m_b。若该回转体的结构允许时，也可不用加平衡质量，而沿 $\boldsymbol{r_b}$ 的反方向按$-m_b\boldsymbol{r_b}$ 除去相应质量的材料，同样可以获得静平衡。

平衡质量的质径积（$m_b\boldsymbol{r_b}$）的大小和方位也可通过解析法予以确定。如图 8-2c 所示建立直角坐标系，先根据回转体的结构情况选定平衡质量的偏心距 $\boldsymbol{r_b}$，然后将式（8-1）中各项分别在两坐标轴上投影可得：

$$\left.\begin{aligned} m_{bx} &= -\frac{\sum m_i \boldsymbol{r_i}\cos\alpha_i}{r_b} \\ m_{by} &= -\frac{\sum m_i \boldsymbol{r_i}\sin\alpha_i}{r_b} \end{aligned}\right\} \tag{8-2}$$

其中 α_i 为第 i 个偏心质量 m_i 的矢径 $\boldsymbol{r_i}$ 与 x 轴方向的夹角（从 x 轴正向到 $\boldsymbol{r_i}$，沿逆时针方向为正）。则平衡质量的大小为：

$$m_b = \sqrt{m_{bx}{}^2 + m_{by}{}^2} \tag{8-3}$$

其方位角为：

$$\alpha_b = \arctan\left(\frac{m_{by}}{m_{bx}}\right) \tag{8-4}$$

根据式（8-2）中 m_{bx} 和 m_{by} 计算结果的正负号，可以确定方位角 α_b 所在的象限。

由以上分析可知，一个静不平衡的回转体，无论其含有多少个偏心质量，均可在同一平面内的适当位置，用增加（或去除）一个平衡质量的办法予以平衡。

三、静平衡试验

上述的分析计算方法，虽然理论上可以使不平衡的回转体得到平衡，但是由于计算、制造和装配的误差以及材料本身的内部缺陷（如砂眼、气孔）等原因，在实际生产中，质量绝对均匀的轮子是没有的，因此用计算的方法是不可能完全实现平衡的。对于转速较高、有较高平衡要求的回转件，在工程实际中还需要用试验的方法来实施静平衡。

静平衡试验如图 8-3 所示，将进行静平衡试验的回转体的轴支于静平衡架的两根水平的刀口形钢制导轨 A 上。若回转体的质心 S 与回转轴心 O 不重合，由于偏心质量对轴心 O 产生静力矩而使回转体在导轨上滚动。当滚动停止时，其质心必位于轴心的铅垂线下方。暂用适当质量的橡皮泥粘于质心的相反方向作为平衡质量，并逐步调整其大小或径向位置，如此反复试验，直至该回转体在任意位置上都能保持静止不动，这时所加的平衡质量与其矢径的乘积，即为该回转体达到静平衡需加的质径积。然后取下橡皮泥，在平衡质量的位置焊上质量与之相等的金属，或视回转体的结构情况在相反方向去掉相等质径积的一块材料，以实现静平衡。

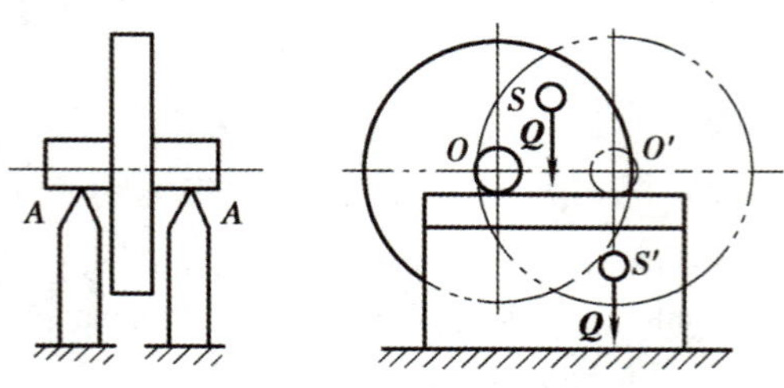

图 8-3　静平衡试验

任务实施

设平衡块质量为 m_b，由平衡条件公式（8-2）得：

$$m_{bx}=-\frac{\sum m_i r_i \cos\alpha_i}{r_b}=-\frac{m_1 r_1 \cos 180^\circ}{r_b}=-\frac{0.1\times 0.4\times(-1)}{0.5}\text{ kg}=0.08\text{ kg}$$

$$m_{by}=-\frac{\sum m_i r_i \sin\alpha_i}{r_b}=-\frac{m_2 r_2 \sin 90^\circ}{r_b}=-\frac{-0.2\times 0.6\times 1}{0.5}\text{ kg}=0.24\text{ kg}$$

由式（8-3）和式（8-4）求得 m_b、α_b 如下：

$$m_b=\sqrt{m_{bx}{}^2+m_{by}{}^2}=\sqrt{0.08^2+0.24^2}\text{ kg}=0.25\text{ kg}$$

$$\alpha_b=\arctan\left(\frac{m_{by}}{m_{bx}}\right)=\arctan\left(\frac{0.24}{0.08}\right)=\arctan 3=71.56^\circ$$

由上述计算结果 m_{bx} 和 m_{by} 均为正值，可确定方位角 α_b 在第一象限。

为了使回转体得到平衡，也可在平衡质径积（$m_b\boldsymbol{r}_b$）的反方向 $\boldsymbol{r}'_b$ 处去除相应的质量 m'_b，只要保证 $m_b\boldsymbol{r}_b+m'_b\boldsymbol{r}'_b=0$ 即可。

练习题

题图 8-1 所示的圆盘上有两个孔，其直径和向径分别为 $d_1=40$ mm，$d_2=50$ mm，$r_1=100$ mm，$r_2=140$ mm，$\alpha=120^\circ$。圆盘直径 $D=400$ mm，厚度 $L=20$ mm，欲在回转半径 $r=150$ mm 处再钻一孔使圆盘平衡，试求该孔的直径及向径方向。

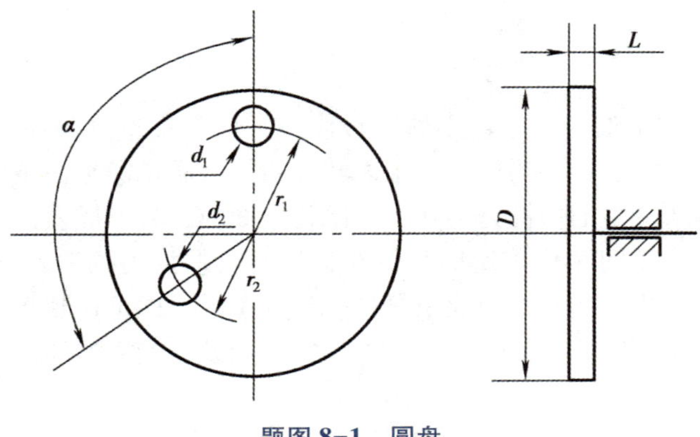

题图 8-1 圆盘

课题二 回转体的动平衡

学习目标

◎ 了解回转体动平衡的条件。

◎ 能够通过计算和试验解决回转体的动平衡问题。

任务引入

如图 8-4 所示的回转体中，三个偏心质量 $m_1=20$ kg，$m_2=30$ kg，$m_3=40$ kg，偏心距 $r_1=r_2=r_3=100$ mm，方位如图所示。若取 Ⅰ、Ⅱ 为平衡基面，平衡质量的偏心距 $r_{bⅠ}=r_{bⅡ}=120$ mm，试求平衡质量 $m_{bⅠ}$、$m_{bⅡ}$ 的大小及方位角。

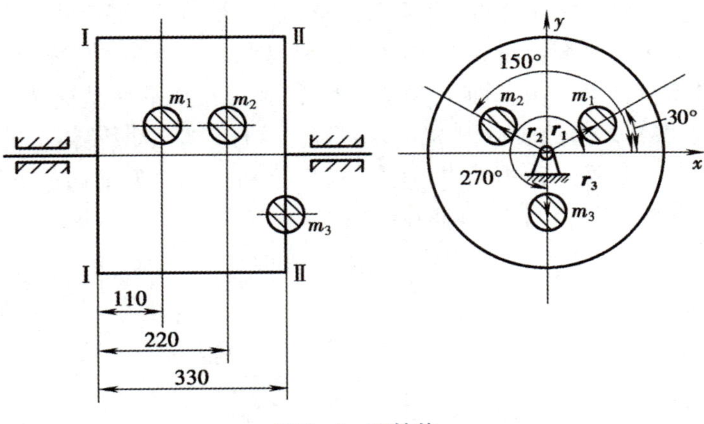

图 8-4 回转体

任务分析

如图 8-4 所示，对于轴向尺寸较小的回转体，其偏心质量分布在几个不同的回转平面上。在这种情况下，即使回转体的质心位于回转轴线上，满足静平衡条件，但在回转体回转时，由于各偏心质量所产生的惯性力不在同一回转平面内，将形成惯性力偶矩，使回转体处于不平衡状态。解决这类问题除了使回转体在运转时其惯性力的矢量和在理论上等于零以外，还要使其惯性力所构成的惯性力偶矩的矢量和等于零，即可达到平衡。至于因材质不均匀和制造、装配偏差等原因而引起的不平衡，只能采用试验的方法加以平衡。

相关知识

对于轴向尺寸比径向尺寸大得多的回转体，如多缸内燃机的曲轴、电动机的转子等，已不能近似地认为其质量分布在同一平面内，而应认为是分布在垂直于轴向的若干个平行的平面内。这时，即使回转体的质心在回转轴上，但由于各偏心质量所产生的离心惯性力不在同一回转平面内，所形成的惯性力偶仍使回转体处于不平衡状态。由于这种不平衡只有在回转体运动的情况下才能显示出来，故称为动不平衡。

一、产生动不平衡的原因

如图 8-5 所示，分布于相距为 l 的两回转面内的不平衡质量 m_1、m_2，即使 $m_1=m_2$，$\boldsymbol{r}_1=-\boldsymbol{r}_2$ 时，满足了静平衡的条件 $m\boldsymbol{e}=m_1\boldsymbol{r}_1+m_2\boldsymbol{r}_2=0$，但在其回转时存在一个由 $\boldsymbol{F}_{m1}$ 和 $\boldsymbol{F}_{m2}$ 组成的力偶，故该回转体仍未达到动平衡的要求。因此仍然会在支撑中引起附加的动载荷和机械振动。

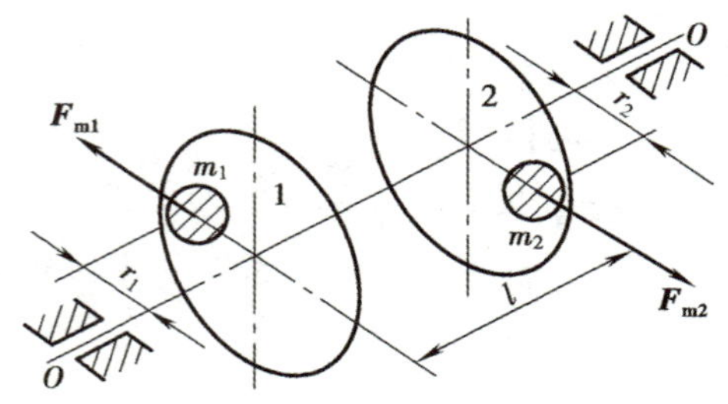

图 8-5 动不平衡

二、动平衡的条件

解决动不平衡的方法如图 8-6 所示，在两个平行平面内分别存在两个不平衡的质量 m_1、m_2，任意取两个回转面 T'、T'' 作为平衡基面，在这两个平面上加装平衡质量 m_b'、m_b''，m_b' 是 m_1、m_2 在平衡基面 T' 上的分力的平衡质量，m_b'' 是 m_1、m_2 在平衡基面 T'' 上的分力的平衡质量。设两个回转面内不平衡质量 m_1、m_2 的向径分别为 $\boldsymbol{r}_1$、$\boldsymbol{r}_2$。将两个回转面上的质径积 $m_1\boldsymbol{r}_1$、$m_2\boldsymbol{r}_2$ 分别分解到两个平衡基面 T' 和 T'' 上，得到分布在平衡基面 T' 上的质径积 $m_1'\boldsymbol{r}_1'$、$m_2'\boldsymbol{r}_2'$ 和分布在平衡基面 T'' 上的质径积 $m_1''\boldsymbol{r}_1''$、$m_2''\boldsymbol{r}_2''$。这样，整个回转体上的质径积便转移到两个平衡基面 T'、T'' 上。按平面力系求解法，求出分别在 T'、T'' 面内的 m_1'、m_1'' 与 m_2'、m_2'' 代替 m_1 和 m_2，若代替时向径不变，则有：

$$m_1' = \frac{l_1''}{l}m_1 \qquad m_1'' = \frac{l_1'}{l}m_1$$

同理

$$m_2' = \frac{l_2''}{l}m_2 \qquad m_2'' = \frac{l_2'}{l}m_2$$

分别求出 m_1'、m_1''、m_2'、m_2''，并设 T'、T''面的平衡质量 m_b'和 m_b'' 的向径分别为 $\boldsymbol{r}_b'$ 和 $\boldsymbol{r}_b''$，则得方程组：

$$\begin{cases} m_b'\boldsymbol{r}_b' + m_1'\boldsymbol{r}_1' + m_2'\boldsymbol{r}_2' = 0 \\ m_b''\boldsymbol{r}_b'' + m_1''\boldsymbol{r}_1'' + m_2''\boldsymbol{r}_2'' = 0 \end{cases} \tag{8-5}$$

并可得到矢量和图（见图 8-6b）。

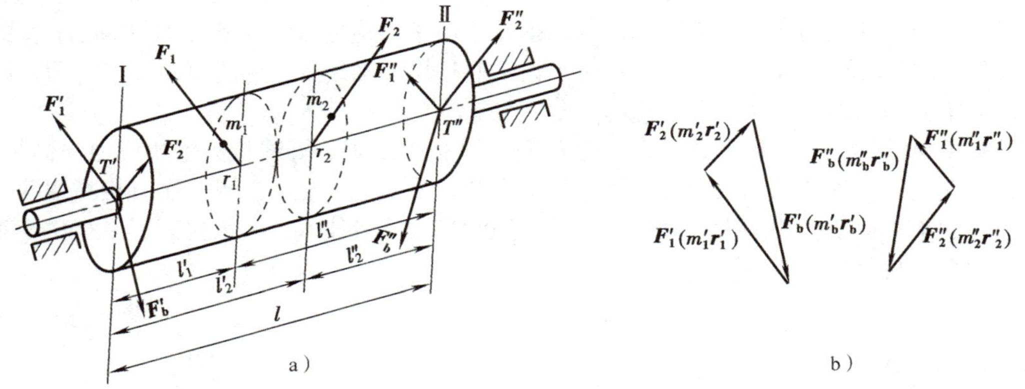

图 8-6　平衡质量和向两个面转化

当确定了向径 $\boldsymbol{r}_b'$ 和 $\boldsymbol{r}_b''$ 后，即可求出 T'、T''面加装的平衡块质量 m_b' 和 m_b''。这样就把一个空间力系的平衡问题转化为两个平衡基面上的平面汇交力系的平衡问题了。至于两个平衡基面上诸力的平衡问题则与前面所述静平衡的解析法完全相同，从而可以在选定平衡质量的偏心距 $\boldsymbol{r}_b'$ 和 $\boldsymbol{r}_b''$ 后，确定在平衡基面 T'和 T''上施加的平衡质量 m_b' 和 m_b'' 及其方位角 α_b'、α_b''。

由以上分析可知，不论回转体在几个回转平面内有多少个偏心质量，均可以通过在所选定的两个平衡基面上，分别加上（或去除）适当的平衡质量的方法，使回转体达到平衡。

三、动平衡试验

以上是在设计阶段解决由于结构上的原因所产生的动平衡问题。与静平衡问题一样，由于材质的不均匀以及制造和安装偏差所引起的动不平衡问题，还必须经过动平衡试验才能得到解决。

图 8-7 所示是摆架式动平衡机的工作原理。待平衡的回转体 1 置于摆架 2 的两个轴承 O—O 上，摆架可绕水平轴 A 上下摆动，其右端通过弹簧 3 与机架 4 相连，弹簧可以调整，使回转体 1 的轴线处于水平位置。当摆架绕 A 摆动时，其摆动振幅可由指针 C 读出。

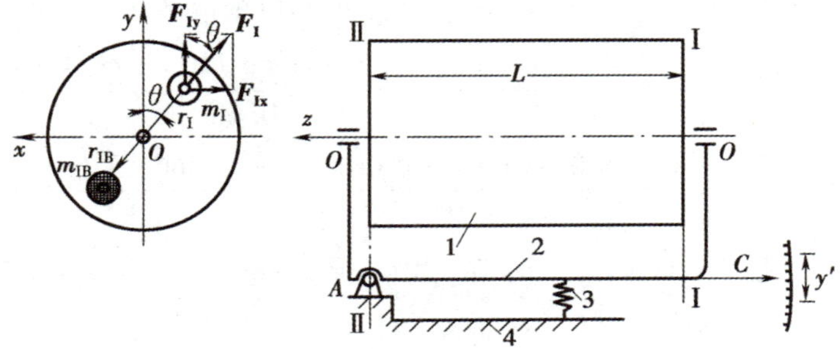

图 8-7　摆架式动平衡机的工作原理

1—回转体　2—摆架　3—弹簧　4—机架

如前所述，任何动不平衡的回转体，其上所有不平衡质径积均可由位于两个任选的校正平面Ⅰ、Ⅱ中的两个平衡质径积 $m_{\mathrm{I}}\boldsymbol{r}_{\mathrm{I}}$ 和 $m_{\mathrm{II}}\boldsymbol{r}_{\mathrm{II}}$ 所代替。进行平衡时先调整回转体 L 的轴向位置，使校正平面Ⅱ通过摆动轴线 A。然后，通过传动装置使回转体旋转，平面Ⅱ内不平衡质径积 $m_{\mathrm{II}}\boldsymbol{r}_{\mathrm{II}}$ 所产生的离心惯性力 $\boldsymbol{F}_{\mathrm{II}}$ 由于通过支撑轴 A，受轴 A 的制约，将不会影响摆架的振动。而平面Ⅰ内的不平衡质径积 $m_{\mathrm{I}}\boldsymbol{r}_{\mathrm{I}}$ 所产生的离心惯性力 $\boldsymbol{F}_{\mathrm{I}}$ 的垂直分力 $\boldsymbol{F}_{\mathrm{Iy}}$ 对水平轴线 A 的力矩使摆架产生周期性振动。$m_{\mathrm{I}}\boldsymbol{r}_{\mathrm{I}}$ 的值越大，则振动的振幅也越大。利用这一振动，再通过动平衡机的附加指示装置，便可以测得在平面Ⅰ中应施加的平衡质径积 $m_{\mathrm{IB}}\boldsymbol{r}_{\mathrm{IB}}$ 的大小和方位。将回转体 1 掉头安放，使校正平面Ⅰ通过摆动轴线 A，重复前述步骤，即可测得在平面Ⅱ中应施加的平衡质径积 $m_{\mathrm{IIB}}\boldsymbol{r}_{\mathrm{IIB}}$ 的大小和方位。

动平衡机的种类和结构形式很多，随着工业的发展，动平衡试验机也相应地向高精度、自动化方向发展。现在的动平衡机采用电子测量和计算机运算显示，可一次直接指明两个校正平面内的不平衡质径积的大小和方位，并采用激光去质量技术，大大提高了平衡精度和平衡试验的自动化程度。

任务实施

根据已知条件，将三个偏心质量分解到两个平衡基面Ⅰ和Ⅱ上去，得到 m_1'、m_2'、m_3'（在平衡基面Ⅰ上）和 m_1''、m_2''、m_3''（在平衡基面Ⅱ上）。它们的大小分别为：

$$m_1'=\frac{m_1l_1''}{l}=\frac{20\times(330-110)}{330}\ \mathrm{kg}=13.3\ \mathrm{kg}$$

$$m_2'=\frac{m_2l_2''}{l}=\frac{30\times(330-220)}{330}\ \mathrm{kg}=10\ \mathrm{kg}$$

$$m_3'=\frac{m_3l_3''}{l}=\frac{40\times0}{330}\ \mathrm{kg}=0$$

$$m_1''=\frac{m_1l_1'}{l}=\frac{20\times110}{330}\ \mathrm{kg}=6.7\ \mathrm{kg}$$

$$m_2''=\frac{m_2l_2'}{l}=\frac{30\times220}{330}\ \mathrm{kg}=20\ \mathrm{kg}$$

$$m_3''=\frac{m_3l_3'}{l}=\frac{40\times330}{330}\ \mathrm{kg}=40\ \mathrm{kg}$$

将 m_1'、m_2'、m_3'、m_1''、m_2''、m_3'' 代入式（8-2），因在分解过程中它们的方位保持不变，所以 $r_1'=r_1$，$r_2'=r_2$，$r_3'=r_3$；$r_1''=r_1$，$r_2''=r_2$，$r_3''=r_3$。可求得平衡基面Ⅰ上的 m_{bI} 和 α_{bI} 如下：

$$m_{\mathrm{bIx}}=-\frac{\sum m_i'r_i'\cos\alpha_i}{r_{\mathrm{bI}}}=-\frac{m_1'r_1'\cos30^\circ+m_2'r_2'\cos150^\circ+m_3'r_3'\cos270^\circ}{0.12}$$

$$=-\frac{13.3\times0.1\times0.866+10\times0.1\times(-0.866)+0}{0.12}\approx-2.38$$

$$m_{\mathrm{bIy}}=-\frac{\sum m_i'r_i'\sin\alpha_i}{r_{\mathrm{bI}}}=-\frac{m_1'r_1'\sin30^\circ+m_2'r_2'\sin150^\circ+m_3'r_3'\sin270^\circ}{0.12}$$

$$=-\frac{13.3\times0.1\times0.5+10\times0.1\times0.5+0}{0.12}\approx-9.7$$

由式（8-3）、式（8-4）得：

$$m_{\mathrm{b\,I}}=\sqrt{m_{\mathrm{b\,I\,x}}{}^{2}+m_{\mathrm{b\,I\,y}}{}^{2}}=\sqrt{(-2.38)^{2}+(-9.7)^{2}}\approx 9.99$$

$$\alpha_{\mathrm{b\,I}}=\pi+\arctan\frac{m_{\mathrm{b\,I\,y}}}{m_{\mathrm{b\,I\,x}}}=\pi+\arctan\frac{-9.7}{-2.38}=\pi+\arctan 4.08\approx 256.23^{\circ}$$

用解析法求 $\alpha_{\mathrm{b\,I}}$ 如图 8-8 所示。

同理可求得平衡基面Ⅱ上的 $m_{\mathrm{b\,II}}$ 和 $\alpha_{\mathrm{b\,II}}$：

$$m_{\mathrm{b\,II\,x}}=-\frac{\sum m_i''r_i''\cos\alpha_i}{r_{\mathrm{b\,II}}}=-\frac{m_1''r_1''\cos30^{\circ}+m_2''r_2''\cos150^{\circ}+m_3''r_3''\cos270^{\circ}}{0.12}$$

$$=-\frac{6.7\times0.1\times0.866+20\times0.1\times(-0.866)+0}{0.12}\approx 9.6$$

$$m_{\mathrm{b\,II\,y}}=-\frac{\sum m_i''r_i''\sin\alpha_i}{r_{\mathrm{b\,II}}}=-\frac{m_1''r_1''\sin30^{\circ}+m_2''r_2''\sin150^{\circ}+m_3''r_3''\sin270^{\circ}}{0.12}$$

$$=-\frac{6.7\times0.1\times0.5+20\times0.1\times0.5+40\times0.1\times(-1)}{0.12}\approx 22.21$$

$$m_{\mathrm{b\,II}}=\sqrt{m_{\mathrm{b\,II\,x}}{}^{2}+m_{\mathrm{b\,II\,y}}{}^{2}}=\sqrt{(9.6)^{2}+(22.21)^{2}}\approx 24.2$$

$$\alpha_{\mathrm{b\,II}}=\arctan\frac{m_{\mathrm{b\,II\,y}}}{m_{\mathrm{b\,II\,x}}}=\arctan\frac{22.21}{9.6}\approx 66.59^{\circ}$$

用解析法求 $\alpha_{\mathrm{b\,II}}$ 如图 8-9 所示。

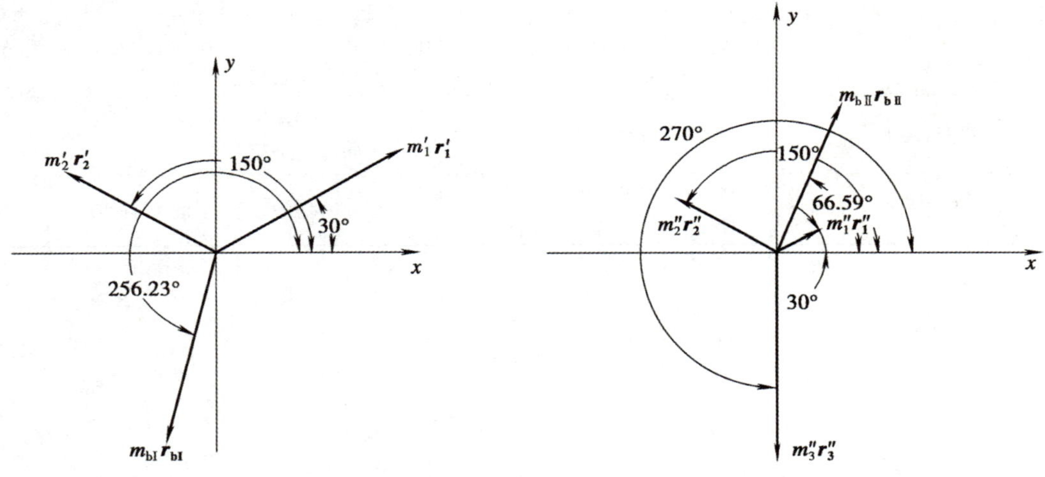

图 8-8 用解析法求 $\alpha_{\mathrm{b\,I}}$　　　图 8-9 用解析法求 $\alpha_{\mathrm{b\,II}}$

在相应的向径上焊上与求得的两个平衡基面Ⅰ、Ⅱ上平衡质量相等的金属，或视回转体的结构情况在相反方向去掉相等质径积的一块材料，以实现动平衡。

练习题

如题图 8-2 所示为一个在轴上装有带轮的滚筒。已知带轮有一个偏心质量 $m_1=1$ kg，滚筒的两个偏心质量分别为 $m_2=3$ kg，$m_3=4$ kg，且各个偏心质量的位置如图所示，其中长度单位为 mm。如果将两个平衡基面选在滚筒的两个端面，两个平衡基面Ⅰ、Ⅱ中安装平衡质量的回转半径均为 400 mm，求两个平衡质量的大小及方位。

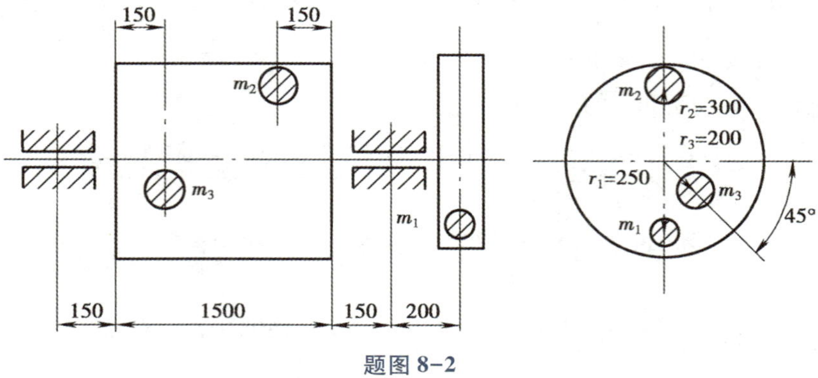

题图 8–2

模块小结

类型	静平衡	动平衡
定义	对于轴向尺寸较小的回转体，其质量的分布可以近似地认为在同一平面内。当其转动时，此质量所产生的离心惯性力构成一平面内汇交于回转中心的力系，当该力系的合力为零时，回转体在任意位置都静止，即回转体平衡。这样的平衡称为静平衡	对于轴向尺寸较大的回转体，其质量不能再视为分布在同一平面内，而应该看作分布在垂直于轴线的许多回转面内。当其转动时，此质量所产生的离心惯性力的合力为零，且离心惯性力引起的合力矩也为零时，回转体在运动时才能处于平衡状态。这样的平衡称为动平衡
平衡的条件	$m\boldsymbol{e}=\sum m_i\boldsymbol{r_i}+m_b\boldsymbol{r_b}=0$	$m_b'\boldsymbol{r_b'}+\sum m_i'\boldsymbol{r_i'}=0$ $m_b''\boldsymbol{r_b''}+\sum m_i''\boldsymbol{r_i''}=0$
平衡试验	利用刀口滚道式静平衡试验架进行试验	利用摆架式动平衡机进行试验

模块九

平面连杆机构

平面连杆机构是由一些刚性构件用转动副和（或）移动副连接而成的在同一个平面或相互平行的平面内运动的机构。平面连杆机构广泛应用于各种机械和仪表中，例如牛头刨床、缝纫机、活塞式内燃机、颚式破碎机、插齿机、回转式油泵、仪表的指示机构和汽车前轮转向机构等。

如图 9-1 所示为牛头刨床的外形图。当电动机经带传动并通过齿轮使曲柄回转时，导杆做平面复杂运动，刨头便带着刨刀做往复直线移动，从而产生刨削动作，其实现刨削运动的机构是一平面连杆机构。

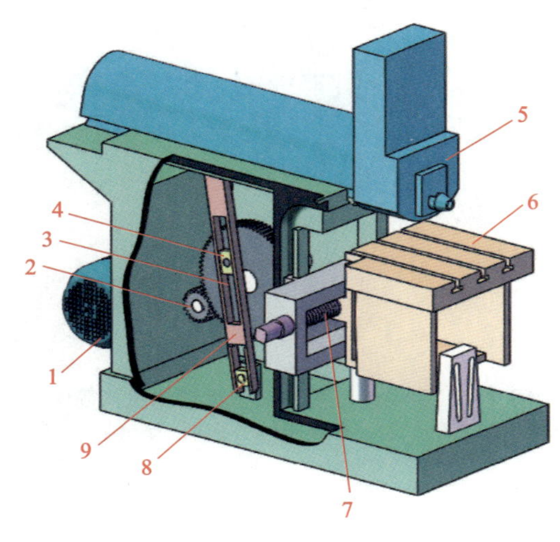

图 9-1　牛头刨床

1—电动机　2—小齿轮　3—曲柄　4、8—滑块　5—刨头　6—工作台　7—丝杠　9—导杆

平面连杆机构中构件的形状多种多样，不一定为杆状，但从运动原理来看，均可用等效的杆状构件来替代。在平面连杆机构中，四个杆件组成的平面四杆机构结构最简单，应用最

广泛，其他多杆机构都是在它的基础上扩充杆组而成的。构件间组成的运动副均为转动副的平面四杆机构，称为铰链四杆机构，是四杆机构的基本形式，其他的四杆机构均可看成是由它演化而成的。本模块主要研究铰链四杆机构。

课题一 铰链四杆机构

学习目标

◎ 了解铰链四杆机构的基本组成及分类。

◎ 了解铰链四杆机构的常见演化形式。

任务引入

如图 9-2 所示为牛头刨床实现刨削运动的机构简图，试分析其运动特性。

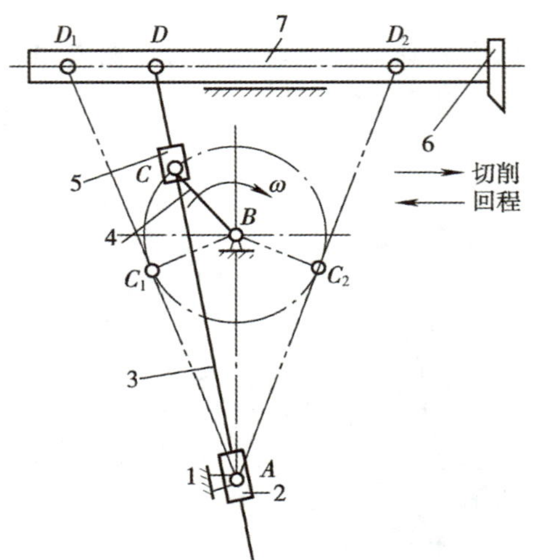

图 9-2 牛头刨床实现刨削运动的机构简图

1—床身 2、5—滑块 3—导杆 4—曲柄 6—刨头 7—滑枕

任务分析

牛头刨床是指滑枕带动刨刀做往复直线运动的刨床，主要用于单件、小批量生产小型工件上的平面、成形面和沟槽。因滑枕前端的刀架形似牛头而得名。如图 9-2 所示为牛头刨床的滑枕的运动简图，滑枕可带动刨刀在 D_1 点和 D_2 点之间进行往复直线运动，从而达到刨

削工件的目的。

运动机构的往复直线运动通常可以采用平面连杆机构、凸轮机构、齿轮机构等来实现，其中平面连杆机构因其设计简单，能实现的功能强大，因此应用较为广泛。

本任务主要通过对牛头刨床连杆机构的认识，掌握铰链四杆机构的类型、组成以及常见的演化形式，从而认识生产、生活中常见的平面连杆机构。

相关知识

一、铰链四杆机构的组成

如图 9-3a 所示为一铰链四杆机构，由四根杆状的构件用铰链连接而成。图 9-3b 所示为四杆机构的运动简图。机构中 *AD* 杆是固定不动的构件，称为机架（又称静件、固定件）；与机架分别用转动副直接相连的构件 *AB* 杆和 *CD* 杆称为连架杆；不与机架直接相连的构件 *BC* 杆称为连杆。所以铰链四杆机构一般是由机架、连架杆和连杆组成的。在连架杆中，能绕固定铰链中心回转 360°的杆件称为曲柄，仅能绕固定铰链中心往复摆动的杆件称为摇杆。

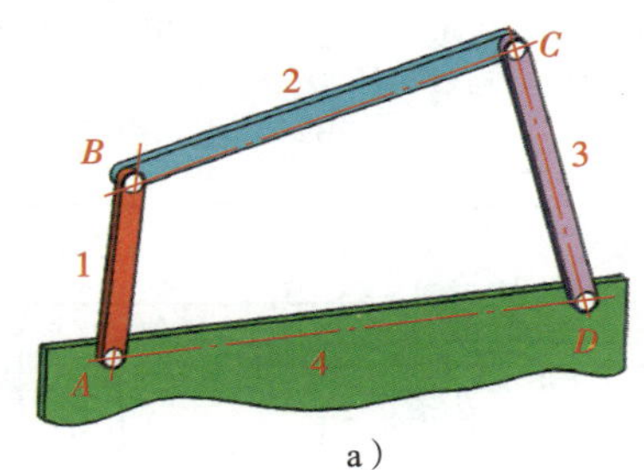

a）

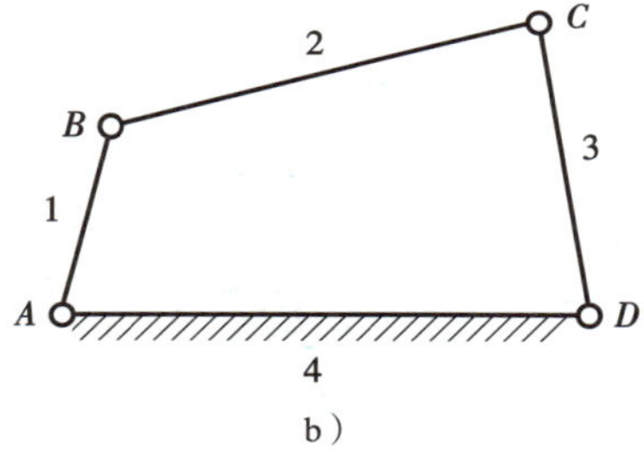

b）

图 9-3 铰链四杆机构

a）结构图 b）运动简图

1、3—连架杆 2—连杆 4—机架

二、铰链四杆机构的基本类型及应用

铰链四杆机构根据连架杆中是否有曲柄存在可分为三种基本类型：曲柄摇杆机构、双摇杆机构和双曲柄机构。各自的运动特点及应用分别见表 9-1、表 9-2 和表 9-3。

表 9-1 曲柄摇杆机构的运动特点及应用

类型	概念	机构运动简图	运动特点	应用举例
曲柄摇杆机构	具有一个曲柄和一个摇杆的铰链四杆机构称为曲柄摇杆机构	C, C_1, C_2, B, B_2, A, D, B_1	1. 取曲柄为主动件做等速转动时，则摇杆做变速往复摆动 2. 取摇杆为主动件时，则曲柄可能做回转运动，也可能会静止不动	如下图所示为曲柄摇杆机构在剪板机中的应用，该机构工作时，杆 *AB* 整周回转，杆 *CD* 往复摆动，完成剪切动作 C, B, D, A

表 9-2　　双摇杆机构的运动特点及应用

类型	概念	机构运动简图	运动特点	应用举例
双摇杆机构	具有两个摇杆的铰链四杆机构称为双摇杆机构	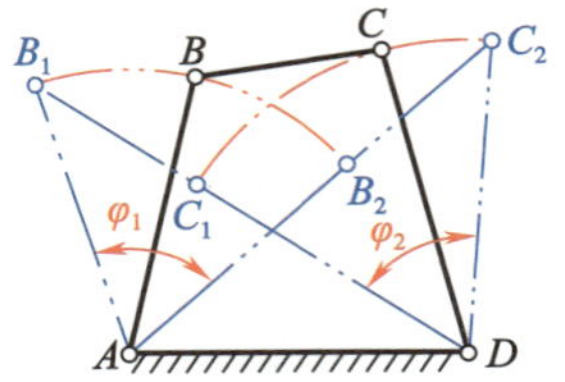	主、从动摇杆均做往复摆动	如下图所示为双摇杆机构在港口鹤式起重机中的应用，当摇杆 AB 摆动时，带动另一摇杆 CD 摆动，此时连杆 BC 上的点 E 及在 E 点处的重物则做近似的水平直线移动  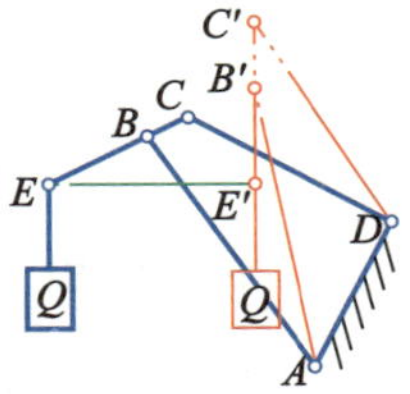

表 9-3　　双曲柄机构的运动特点及应用

类型	概念	分类	机构运动简图	运动特点	应用举例
双曲柄机构	具有两个曲柄的铰链四杆机构称为双曲柄机构	不等长双曲柄机构（主、从动曲柄的长度不相等）	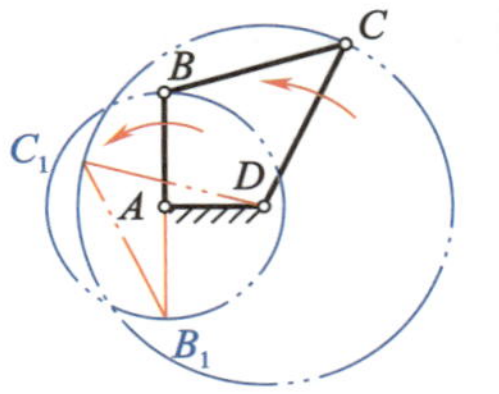	主动曲柄等速转动，从动曲柄随之做变速转动	如下图所示为双曲柄机构在惯性筛中的应用，其工作时，等速转动的主动曲柄 AB，通过连杆 BC 带动从动曲柄 CD 做周期性变速转动，并通过构件 CE 的连接，使筛子变速往复移动，具有所需要的加速度，因惯性关系使材料块达到筛分的目的 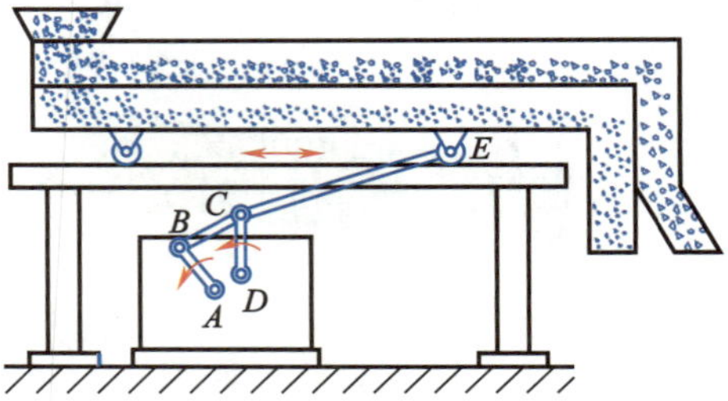 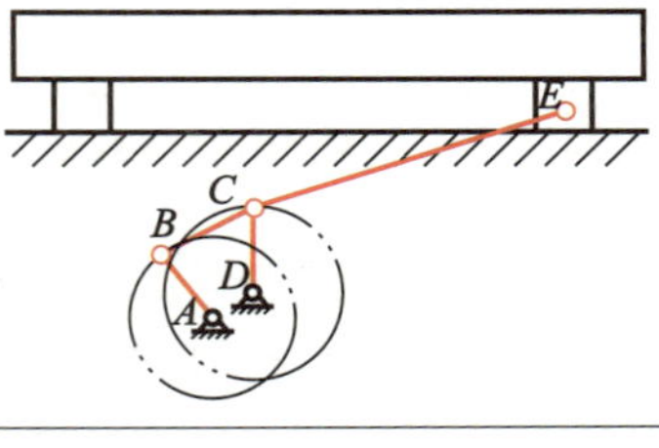
		平行双曲柄机构（主、从动曲柄及机架与连杆的长度分别相等，且始终相互平行）	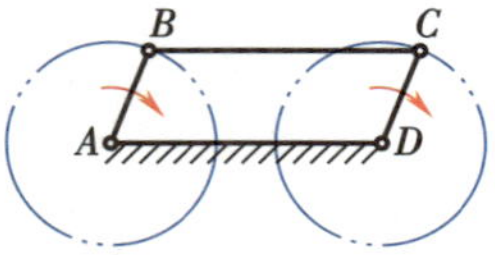	不论以哪一个曲柄为主动件，两曲柄转向相同，角速度也相等	如下图所示为平行双曲柄机构在机车车轮联动装置中的应用，其工作时，主动车轮与从动车轮具有完全相同的运动 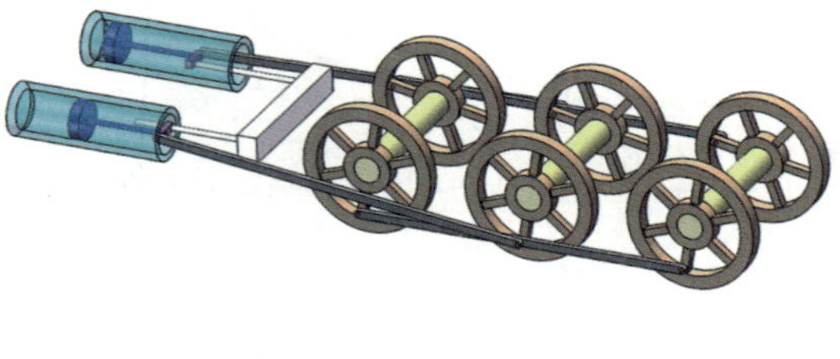

续表

类型	概念	分类	机构运动简图	运动特点	应用举例
		反向双曲柄机构（主、从动曲柄长度相等，而机架与连杆的长度也相等，但不平行）		不论以哪一个曲柄为主动件，两曲柄转向相反，角速度不相等	如下图所示为反向双曲柄机构在车门启闭机构中的应用，当主动曲柄 AB 转动时，通过连杆 BC 使从动曲柄 CD 反向转动，从而保证了两扇门的同时开启和关闭

铰链四杆机构的三种基本类型是平面四杆机构的基本形态，可以通过不同的演化方法构成多种不同外形和构造的机构，在生产实践中有着广泛的应用。如曲柄摇杆机构还应用于搅拌机、雷达俯仰机构中；双曲柄机构还应用于挖土机的铲斗机构中；双摇杆机构还应用于轮式拖拉机的前轮转向装置、飞机起落架收放机构中等。

三、铰链四杆机构的演化

1. 曲柄滑块机构

如图 9-4a 所示的曲柄摇杆机构 $ABCD$ 中，当摇杆 CD 趋向无限长时，如图 9-4b 所示 C 点运动轨迹由原来的圆弧逐渐趋向于直线，如图 9-4c 所示转动副转化成移动副，这时摇杆演变成往复移动的滑块 C，曲柄摇杆机构即演化成了曲柄滑块机构。因此，曲柄滑块机构是指具有一个曲柄和一个滑块的平面四杆机构，其类型、运动特点及应用见表 9-4。

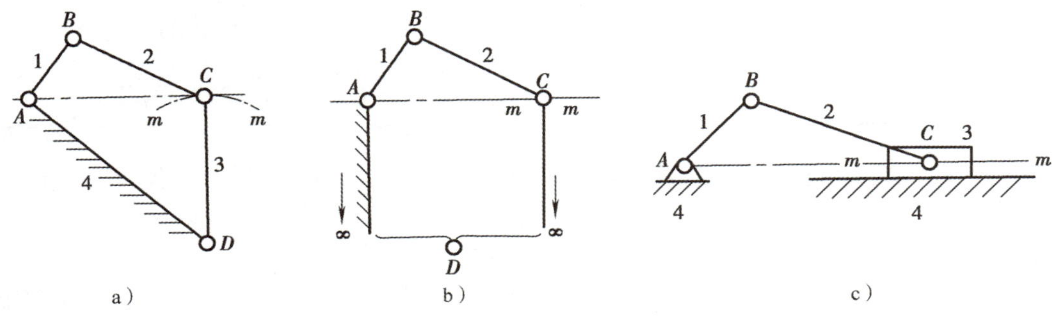

图 9-4 曲柄摇杆机构到曲柄滑块机构的演化过程

a）曲柄摇杆机构 b）杆 3 趋向无限长 c）曲柄滑块机构

表 9-4　　曲柄滑块机构的类型、运动特点及应用

类型	概念	机构运动简图	运动特点	应用举例
对心曲柄滑块机构	当滑块导路中心线 *m—m* 通过曲柄转动中心 *A* 时，称该机构为对心曲柄滑块机构	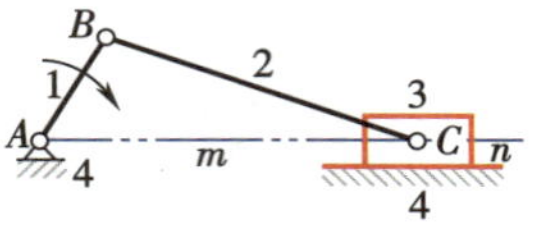	若取曲柄为主动件，并连续整周回转时，通过连杆可以带动滑块做往复直线运动 反之，取滑块为主动件，当滑块做往复直线运动时，通过连杆可以带动曲柄做整周回转，但存在两个死点位置，须采取相应的措施	如下图所示为压力机中的曲柄滑块机构，机构中的曲轴（即曲柄）的回转运动转换成重锤（即滑块）的上下往复直线运动，完成对工件的压力加工 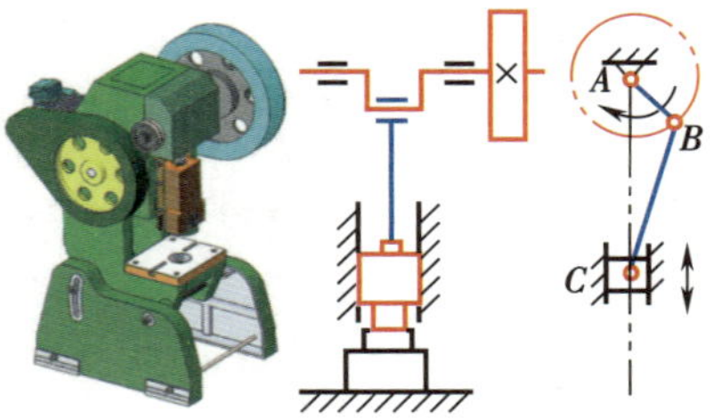
偏置曲柄滑块机构	当滑块导路中心线 *m—m* 不通过曲柄转动中心 *A* 而有一偏心距 *e* 时，称该机构为偏置曲柄滑块机构	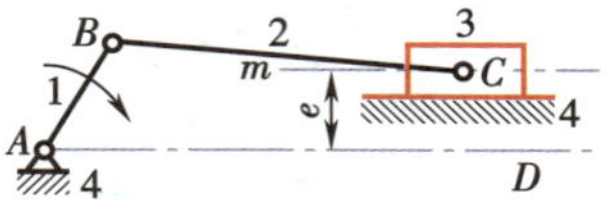		如下图所示为送料机中的曲柄滑块机构，机构中的曲柄 *AB* 的回转运动转换为滑块的往复水平直线运动，完成对来料的送出动作，达到送料的目的 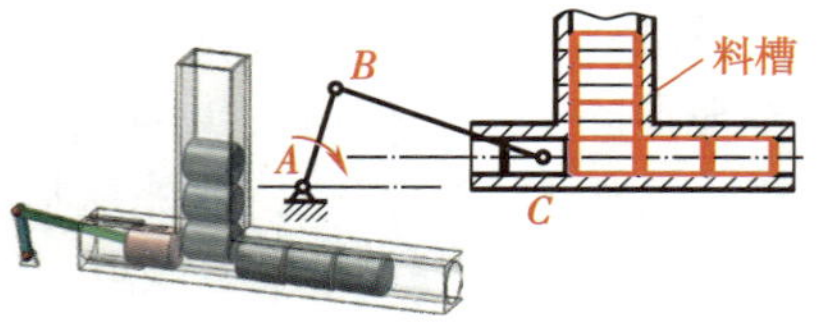
偏心轮机构	将转动副中心 *A* 与几何中心 *B* 不重合的偏心轮作为曲柄的平面四杆机构称为偏心轮机构	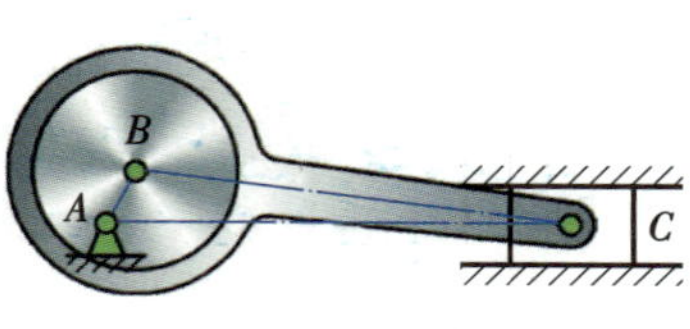		如下图所示为偏心式抽水机中的偏心轮机构，偏心轮做回转运动，通过连杆带动活塞（即滑块）做往复直线运动，使得活塞及泵体等组成的容积变大变小，从而完成吸水和压水的动作 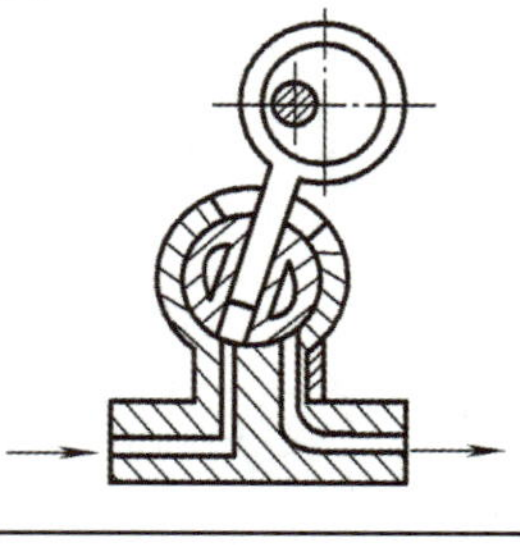

另外，曲柄滑块机构还广泛应用于活塞式内燃机、空气压缩机、插床、剪床、冲床、搓丝机、蒸汽机等机械中。

2. 导杆机构

导杆机构可以看成是选取曲柄滑块机构中的不同构件为机架演化而来的。导杆是机构中与滑块做相对移动的构件。连架杆中至少有一个构件为导杆的平面四杆机构称为导杆机构。导杆机构的类型、运动特点及应用见表 9-5。

表 9–5 导杆机构的类型、运动特点及应用

类型	概念	机构运动简图	运动特点	应用举例
导杆机构	在曲柄滑块机构中，若取曲柄1为机架，则可得导杆机构 若该机架1的长度小于连架杆2的长度，称为转动导杆机构；若该机架1的长度大于连架杆2的长度，称为摆动导杆机构		转动导杆机构中主从动件均做整周回转运动；摆动导杆机构中主动件做整周回转运动，从动件只能做往复摆动	如下图所示为导杆机构在牛头刨床中的应用，曲柄2为主动件，通过滑块3带动导杆4摆动，并带动构件5及刨刀6，使刨刀做往复直线运动，进行刨削加工
移动导杆机构	在曲柄滑块机构中，若取滑块3为机架，则可得移动导杆机构，该机构又可称为定块机构		当主动件杆1回转时，杆2绕 C 点摆动，杆4仅相对固定滑块做往复移动	如下图所示为移动导杆机构在手动抽水机中的应用，当摇动手柄1时，活塞杆4在缸体3（即固定滑块）内上下往复移动，从而达到抽水的目的
曲柄摇块机构	在曲柄滑块机构中，若取连杆2为机架，则可得曲柄摇块机构。此时，滑块只能绕点 C 摆动，称为摇块		若杆1做整周回转或摆动时，导杆4相对滑块3移动，并一起绕 C 点摆动	吊车升降机构中，液压缸的缸体相当于摆块，活塞杆相当于摇杆。当液压油推动活塞杆向上移动时，使起重臂 AB 绕 B 点旋转，吊钩上升，吊起重物

另外，导杆机构及其演化形式还应用于回转式油泵、双作用式水泵、自动翻转卸料机构等机械中。

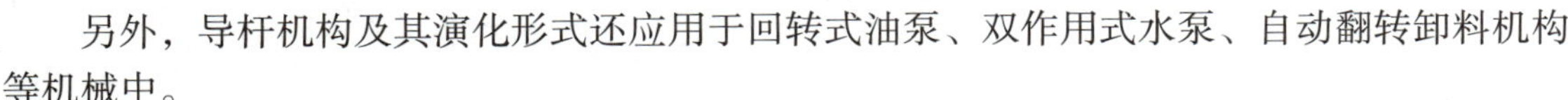

图 9–2 所示的牛头刨床刨削运动机构实际上是由曲柄 4、滑块 5、导杆 3 等构件组成的摆动导杆机构。它是曲柄摇杆机构演化到曲柄滑块机构后进一步演化成的一种形式。该机构中机架（床身）长度大于曲柄（连架杆之一）的长度，曲柄为主动件，做整周回转运动，通过滑块带动导杆往复摆动（在床身 1 处导杆的导槽中设置了滑块 2，使导杆摆动时能上下移动），从而带动刨刀做往复直线运动，完成刨削动作，实现刨削加工。图 9–2 所示牛头刨床刨削时曲柄转过的角度大于刨刀空回行程时曲柄所转过的角度，即刨削工作行程用的时间

比空回行程的时间长，所以刨头刨削工作时的速度小于空回行程的运动速度，该机构具有急回特性（将在模块九课题二中详细介绍）。

练习题

1. 什么是铰链四杆机构？它有哪几种基本类型？是根据什么条件进行分类的？
2. 什么是曲柄滑块机构？它由什么机构演化而来？
3. 试说明牛头刨床刨削运动机构的运动特点。

课题二 平面连杆机构的设计

学习目标

◎ 了解曲柄存在的条件及相应的推论。
◎ 了解急回特性及行程速比系数。
◎ 了解死点位置及应用。
◎ 能够按要求设计简单的平面四杆机构。

任务引入

图 9-5 所示牛头刨床摆动导杆机构中，若已知 $L_{AB}=500$ mm，行程速比系数 $K=1.5$，试设计此摆动导杆机构。

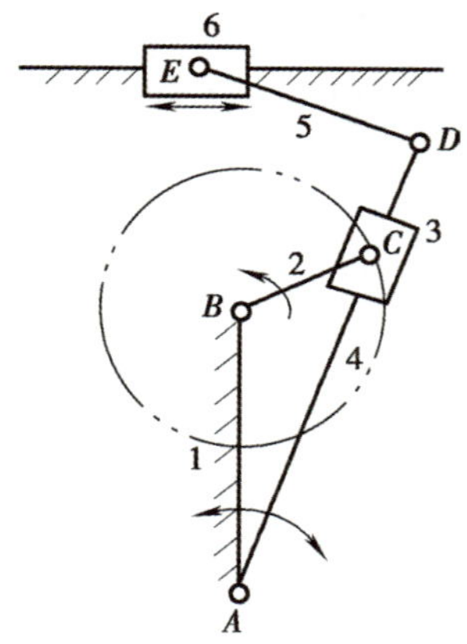

图 9-5　牛头刨床摆动导杆机构

1—机架　2—曲柄　3—滑块　4—导杆　5—连杆　6—刨头

任务分析

如图 9-5 所示为牛头刨床摆动导杆机构的运动简图。摆动导杆机构属于铰链四杆机构的一种演化形式，遵循铰链四杆机构的运动特性。

设计牛头刨床刨削运动机构，其实质是按照工作要求，确定机构各构件的长度尺寸，并分析其工作过程。本任务重点讲解平面连杆机构中曲柄存在的条件及其运动特性（如急回特性、死点位置等）。

相关知识

一、曲柄存在的条件

铰链四杆机构的三种基本形式的区别在于机构中是否存在曲柄和有几个曲柄，这与机构中各构件的长度尺寸有关。下面来确定机构中有曲柄的条件。

在图 9-6 所示的机构中，设构件 AB、BC、CD、AD 的长度分别为 a、b、c、d。若构件 AB 能绕固定铰链中心 A 做整周转动，那么 AB 杆与 BC 杆一定有共线（拉直或重叠）的两个特殊位置，如图 9-6 中虚线所示。

下面就这两个位置时各构件的几何关系来分析曲柄存在的条件。

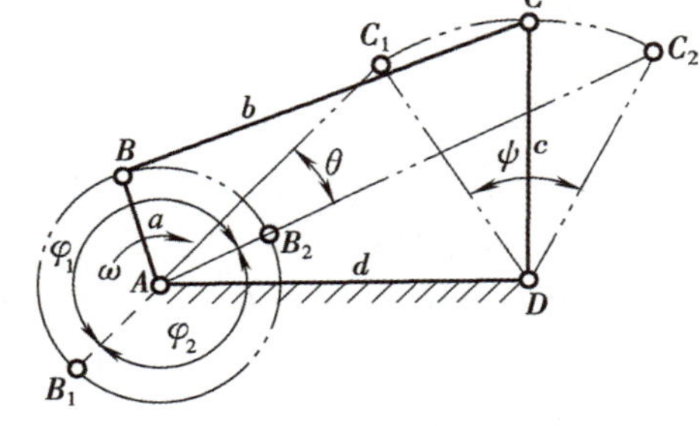

图 9-6 曲柄摇杆机构

由形成三角形三边的长度条件：任一边的长度都小于其他两边长度之和，可得：

在 $\triangle AC_2D$ 中：$a+b<c+d$

在 $\triangle AC_1D$ 中：$d<b-a+c$ 即 $a+d<b+c$

$c<b-a+d$ 即 $a+c<b+d$

将以上三式中的每两式相加，化简后即得：

$$a<b, \quad a<c, \quad a<d \tag{9-1}$$

若构件 AB、BC 共线，构件 CD、AD 也共线，即机构中出现四构件共线的特殊情况（见图 9-7），则上面的不等式变为等式：$a+b=c+d$，$a+d=b+c$，$a+c=b+d$。

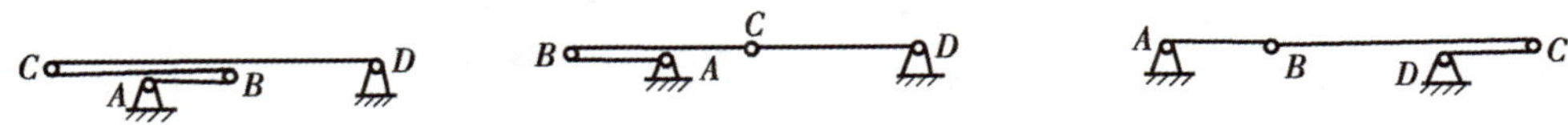

图 9-7 铰链四杆机构四构件共线

通过以上对曲柄摇杆机构中各杆件长度尺寸关系的分析，可知铰链四杆机构中曲柄存在的条件是：

（1）连架杆与机架中必有一杆是最短杆。

（2）最短杆与最长杆长度之和必小于或等于其余两杆长度之和。

上述两个条件必须同时满足，否则铰链四杆机构中无曲柄存在。

所以，若已知铰链四杆机构中各杆件的长度关系，可以根据以上所述条件判断机构中是否有曲柄存在。那么，又如何得到其他的铰链四杆机构的基本形式呢？综上所述，可以得到如下推论：

铰链四杆机构中有曲柄存在时，以最短杆为连架杆时，则得曲柄摇杆机构；以最短杆为机架时，则得双曲柄机构；以最短杆为连杆时，则得双摇杆机构，如图 9-8 所示。

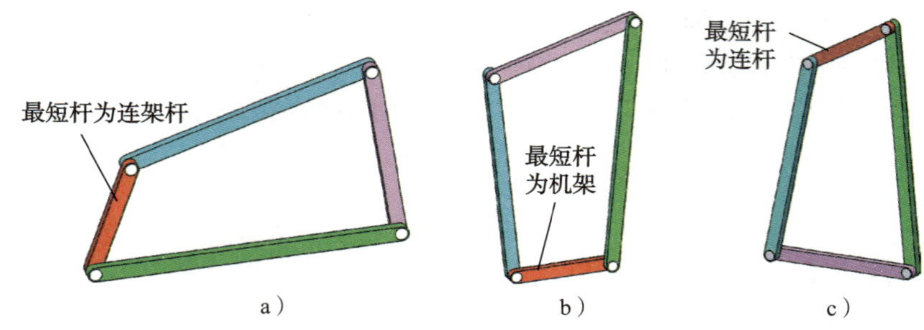

图 9-8 铰链四杆机构的基本形式

a）曲柄摇杆机构 b）双曲柄机构 c）双摇杆机构

铰链四杆机构中无曲柄存在时，则不论以哪一杆为机架，均可得双摇杆机构。应指出的是：该双摇杆机构中的连杆只能做摆动，而前者所得的双摇杆机构中的连杆可做整周运动。

二、急回特性和行程速比系数

在如图 9-6 所示的曲柄摇杆机构中，当曲柄 AB 为主动件并以等角速度 ω 回转时，摇杆 CD 为从动件做往复摆动。如前所述，曲柄 AB 在回转一周的过程中有两次与连杆 BC 共线，这时摇杆 CD 分别位于两个极限位置 C_1D 和 C_2D。当曲柄自 AB_1 顺时针转过角 φ_1 至 AB_2 位置时，摇杆自 C_1D 摆至 C_2D（工作行程），设所需时间为 t_1，点 C 的平均速度为 v_1；当曲柄由 AB_2 继续顺时针转过角 φ_2 至 AB_1 位置时，摇杆自 C_2D 摆至 C_1D（空回行程），所需时间为 t_2，点 C 的平均速度为 v_2。这样，曲柄回转一周，摇杆往复摆动的两极限位置 C_1D 和 C_2D 之间的夹角 ψ 称为摇杆的摆角，与之相对应的曲柄两极限位置 AB_1 和 AB_2 之间所夹的锐角 θ 称为极位夹角。由于 $\omega=\varphi_1/t_1=\varphi_2/t_2$，而 $\varphi_1(180°+\theta)$ 大于 $\varphi_2(180°-\theta)$，所以 t_1 大于 t_2。而 $v_1=\overset{\frown}{C_1C_2}/t_1$，$v_2=\overset{\frown}{C_1C_2}/t_2$，所以 v_2 大于 v_1。由此可知，当曲柄等速回转时，摇杆往复摆动的速度不同，摇杆摆动时空回行程的平均速度大于工作行程的平均速度（即 $v_2>v_1$），机构的这种性质称为急回特性。

为了表述急回特性的相对程度，通常用行程速比系数 K 来衡量，即：

$$K=\frac{v_2}{v_1}=\frac{\text{从动件空回行程的平均速度}}{\text{从动件工作行程的平均速度}}=\frac{\dfrac{\overset{\frown}{C_1C_2}}{t_2}}{\dfrac{\overset{\frown}{C_1C_2}}{t_1}}=\frac{t_1}{t_2}=\frac{\varphi_1}{\varphi_2}=\frac{180°+\theta}{180°-\theta} \tag{9-2}$$

由上式可得：

$$\theta=180°\cdot\frac{K-1}{K+1} \tag{9-3}$$

根据以上所述可知，机构有无急回特性取决于行程速比系数 K 或极位夹角 θ。

若 $\theta=0$，$K=1$，机构无急回特性；若 $\theta>0$，$K>1$，机构有急回特性，且 θ 越大，机构的急回特性越显著。

四杆机构的这种急回特性，可以使空回行程的时间缩短，有利于提高生产率。牛头刨床的刨削机构和摇摆式输送机构都利用了这一特性。

三、死点位置

在图 9-9 所示的曲柄摇杆机构中，若取摇杆 *CD* 为主动件，则摇杆在两极限位置时，通过连杆加于曲柄的力 **F** 将经过固定铰链 *A* 的中心，该作用力对 *A* 点的力矩为零，故曲柄 *AB* 不会转动，而使整个机构处于静止状态，通常把机构的这种位置称为死点位置。

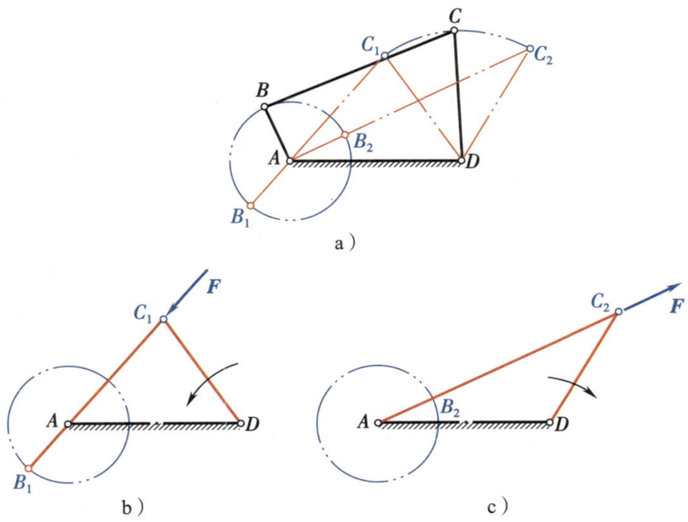

图 9-9　曲柄摇杆机构的死点位置

对于传动机构，死点是不利的，而且该位置的运动方向不确定，须采取相应的措施克服。常用的方法是利用从动件本身的质量或附加转动惯量较大的构件，依靠其惯性作用通过死点位置。例如，缝纫机在运动中就是靠皮带轮的惯性来通过死点位置的。

在工程实际中，机构的死点位置可以被利用来实现某些工作要求。如图 9-10 所示的连杆式快速夹具就是利用死点位置来夹紧工件的，从而保证了工件的可靠夹紧。若要使机构脱离死点位置，须向上扳动手柄，松开工件。

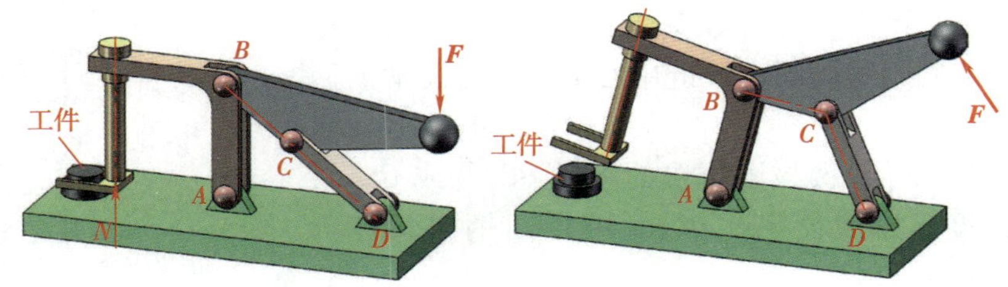

图 9-10　连杆式快速夹具（利用死点位置夹紧工件）

任务实施

1. 知识应用示例

按行程速比系数 K 设计曲柄摇杆机构。已知曲柄摇杆机构中摇杆 L_{CD} 的长度及摇杆摆角 ψ 和行程速比系数 K。用作图法设计该曲柄摇杆机构。

设计的实质是确定铰链中心 A 点的位置，再确定其他三杆的尺寸 L_{AB}、L_{BC} 和 L_{AD}。其设计步骤如下：

（1）由给定的行程速比系数 K，按式：$\theta=180°\dfrac{K-1}{K+1}$求出极位夹角 θ。

（2）任选固定铰链中心 D 的位置，由摇杆长度 L_{CD} 和摆角 ψ，作出摇杆两个极限位置 C_1D 和 C_2D。

（3）连接 C_1 和 C_2，作$\angle C_1C_2O=\angle C_2C_1O=90°-\theta$，$C_2O$ 与 C_1O 相交于 O 点，由图 9-11 可见，$\angle C_1OC_2=2\theta$。

（4）以 O 为圆心，OC_1 或 OC_2 为半径作圆，在此圆上任取一点 A 作为曲柄的固定铰链中心。连接 AC_1 和 AC_2，因同一圆弧的圆周角是圆心角的一半，故$\angle C_1AC_2=\angle C_1OC_2/2=\theta$。

（5）因极限位置处曲柄与连杆共线。故 $AC_2=L_{BC}+L_{AB}$，已知 $L_{BC}=L_{AB}+L_{AC_1}$，从而得曲柄长度$L_{AB}=(AC_2-AC_1)/2$。再以 A 为圆心和以 L_{AB} 为半径作圆，交 C_1A 的延长线于 B_1，交 C_2A 于 B_2，即得$B_1C_1=B_2C_2=L_{BC}$及 $AD=L_{AD}$，如图 9-11 所示。

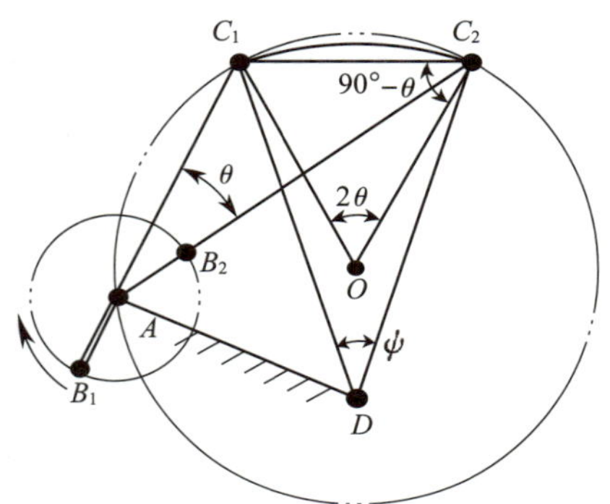

图 9-11 曲柄摇杆机构

由于 A 点是$\triangle C_1OC_2$ 外接圆上任选的点，所以若仅按行程速比系数 K 设计，可得无穷多的解。A 点位置不同，机构传动角的大小也不同。若欲获得良好的传动质量，可按照最小传动角最优或其他辅助条件来确定 A 点的位置。

2. 设计牛头刨床摆动导杆机构

（1）由已知条件可知极位夹角 $\theta=180°(K-1)/(K+1)=180°(1.5-1)/(1.5+1)=36°$。又由平面几何知识可知极位夹角 θ 与导杆摆角 ψ 相等，即 $\psi=\theta=36°$。

（2）设作图比例为 1∶10。

（3）任取一点作为固定铰链中心 A，作$\angle C_1AC_2=\psi$，并作其角平分线。再由 A 点起在其上按作图比例尺 μ_L 截取 $AB=500/\mu_L$，则得另一固定铰链中心 B，即为曲柄的回转中心。

（4）过点 B 作导杆两极限位置的垂线 BC_1（或 BC_2），量取该线段长度，按照设定比例 μ_L 可得曲柄的长度为 $\mu_LL_{BC_1}$，如图 9-12 所示。

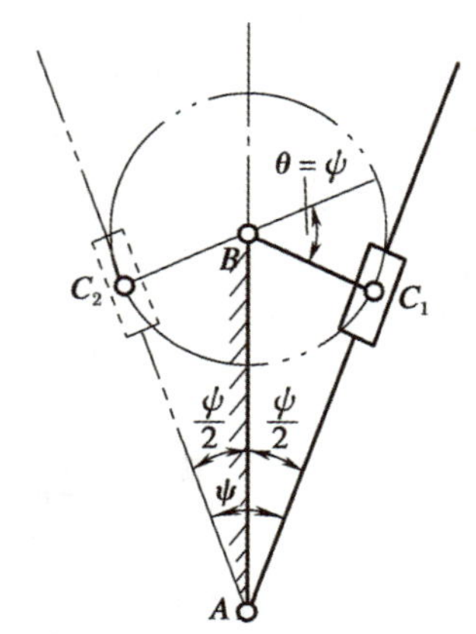

图 9-12 按给定行程速比系数设计牛头刨床摆动导杆机构

知识链接

按给定的连杆的三个位置设计平面四杆机构

如图 9-13 所示，已知连杆的三个预定位置 B_1C_1、B_2C_2 和 B_3C_3，角标 1、2、3 表示位置序号，要求设计此平面四杆机构。

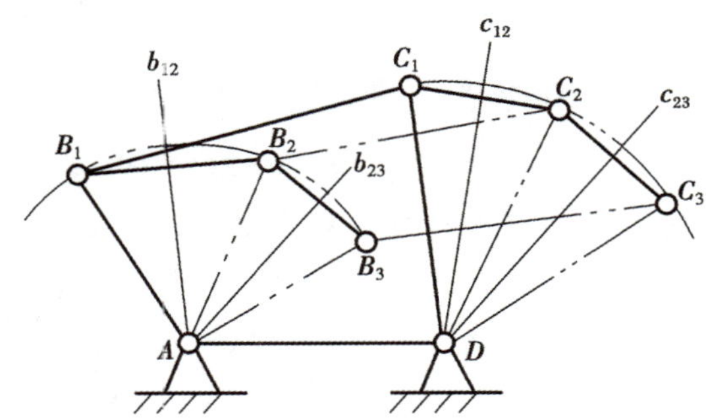

图 9-13　给定连杆的三个位置设计平面四杆机构

由于连杆的三个位置已确定，即确定了连杆的长度，该问题转化为求解另外三个杆件的长度，即实质是求出机架的铰链中心位置。又因为已知连杆上的铰链中心 B、C 的运动是简单的圆弧运动，它们的圆心分别是固定铰链的中心 A、D，圆弧的半径即为连架杆的长度，所以可按如下步骤求得：

1. 连接 B_1、B_2 和 B_2、B_3，并分别作它们的垂直平分线 b_{12} 和 b_{23}，则 b_{12} 和 b_{23} 的交点即为铰链 B 三个位置时所对应的圆心，也就是四杆机构的固定铰链中心 A。

2. 连接 C_1、C_2 和 C_2、C_3，并分别作它们的垂直平分线 c_{12} 和 c_{23}，其交点即为四杆机构的另一个固定铰链中心 D。

3. 连接铰链 A 和 D 及 BC 的任一位置 B_1C_1、B_2C_2 或 B_3C_3，即为所设计的平面四杆机构的机构简图。根据作图时所取的比例尺，可确定各杆的实际尺寸。

由以上求解过程可知，给定连杆 BC 的三个位置，可以唯一地确定机架的位置，即只有一种设计答案；如给定连杆 BC 的两个位置 B_1C_1、B_2C_2，则机架的两铰链中心 A、D 的位置可在 B_1B_2 和 C_1C_2 的垂直平分线上任意选择，因此有无穷多解，这时须结合某些给定的附加条件才能得到确定解（本课题不再详细举例）。

根据给定连杆位置设计平面四杆机构在生产中的应用实例很多，如加热炉的炉门启闭机构、钢轨翻转机构、振实式造型机的翻转机构等。

练习题

1. 在铰链四杆机构中，曲柄存在的条件是什么？

2. 已知一铰链四杆机构，机构中各杆的尺寸 $AB=450$ mm，$BC=400$ mm，$CD=300$ mm，$DA=200$ mm。试判断该机构能够获得哪些基本类型的铰链四杆机构。

3. 设计一偏置式曲柄滑块机构，如题图 9-1 所示，已知行程速比系数 $K=1.4$，滑块的冲程 $H=60$ mm，连杆长度 b 与曲柄 a 之比：$b/a=\lambda=3$。求曲柄长度 a，连杆长度 b 及偏心距 e。

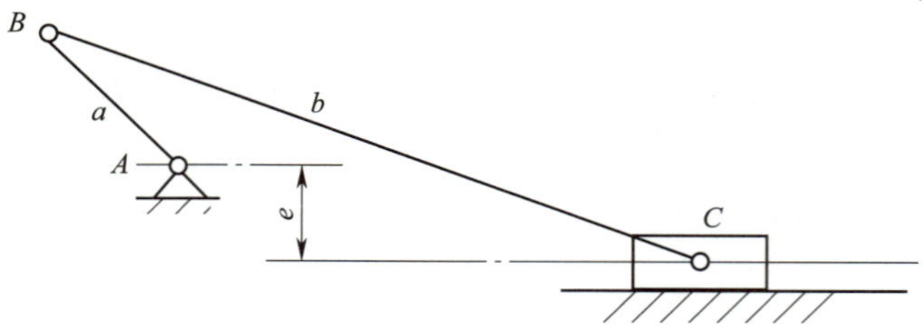

题图 9-1　偏置式曲柄滑块机构

4. 设计一铰链四杆机构，已知其摇杆 DC 的行程速比系数 $K=1$，摇杆长度 $L_{DC}=150\ \text{mm}$，摇杆的两个极限位置与机架所构成的夹角 $\psi'=30°$，$\psi''=90°$。求曲柄长度 L_{AB} 及连杆长度 L_{BC}。

模块小结

1. 平面连杆机构

由若干个构件通过低副连接，且所有构件在同一个平面或相互平行的平面内运动的机构，称为平面连杆机构。由四个构件通过低副连接而成的平面连杆机构，称为平面四杆机构。

2. 铰链四杆机构的类型

（1）当平面四杆机构中各构件之间都是用转动副连接时，则称该机构为铰链四杆机构。

（2）铰链四杆机构的三种类型：曲柄摇杆机构、双曲柄机构和双摇杆机构。

3. 铰链四杆机构的演化

当铰链四杆机构尺寸关系做某种特殊变化或取不同杆件为机架时，可演化出曲柄滑块机构、曲柄摇块机构、转动导杆机构、摆动导杆机构和移动导杆机构。

4. 铰链四杆机构基本性质及基本类型判别方法

如果最短杆件与最长杆件长度之和小于或等于其余两杆件长度之和，当最短杆件为连架杆时，则构成曲柄摇杆机构；当最短杆件为机架时，则构成双曲柄机构；当最短杆件为连杆时，则构成双摇杆机构。

如果最短杆件与最长杆件长度之和大于其余两杆件长度之和，则无论以哪一杆件为机架，均构成双摇杆机构。

5. 图解法设计铰链四杆机构

（1）按给定行程速比系数及两极限位置设计铰链四杆机构。

（2）按给定连杆的位置和长度设计铰链四杆机构。

模块十

凸轮机构

课题一　凸轮机构的认知

学习目标

◎ 了解凸轮机构的基本组成及应用特点。
◎ 了解凸轮机构的基本类型及应用。

任务引入

如图 10-1 所示为内燃机配气机构及其机构运动简图，试分析其运动规律。

任务分析

内燃机配气机构通过气阀杆 2 的上下运动来启闭气门，从而实现发动机的换气功能。设计配气机构时，一要保证好的充气性能，进排气的时间要足够；二要使配气正时恰当，气泵损失小。

为了实现上述功能，在配气机构中运用到了盘形凸轮机构，如图 10-1 所示，在凸轮转动一周的过程中，带动气阀杆做上下往复运动，从而带动活塞在上止点、下止点（汽车专业术语）之间运动，可及时完成换气功能。

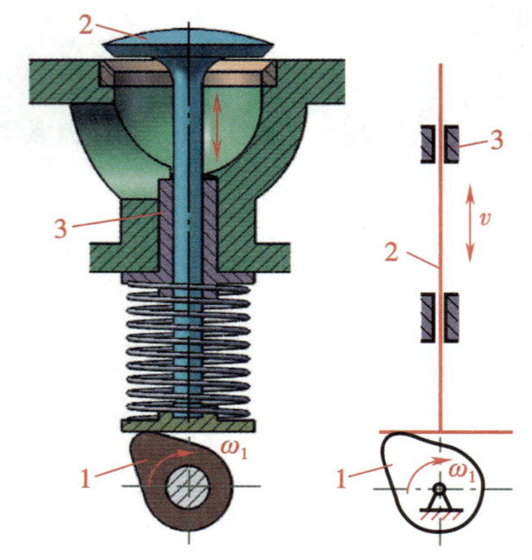

图 10-1 内燃机配气机构及其机构运动简图

1—凸轮 2—气阀杆 3—导套（机架）

在实际生产生活中，很多机械上都运用到了凸轮机构。本任务重点讲解凸轮机构的组成、类型、应用特点等。

相关知识

一、凸轮机构的基本组成及应用特点

1. 凸轮机构的基本组成

如图 10-2 所示，凸轮机构一般由凸轮、从动件和机架三个基本部分组成。在凸轮机构中，凸轮通常作为主动件，做等速连续转动，借助其轮廓曲线（或凹槽）使从动件做相应的运动（移动或摆动）。

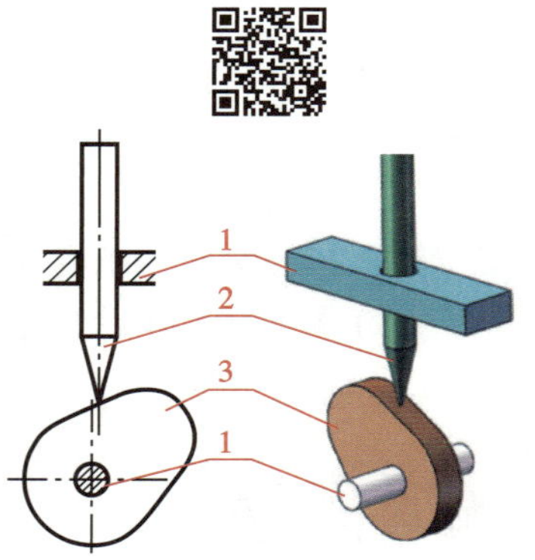

图 10-2 凸轮机构的基本组成

1—机架 2—从动件 3—凸轮

2. 凸轮机构的应用特点

（1）凸轮机构结构简单、紧凑，设计方便，只需要设计适当的凸轮轮廓便可使从动件得到预期的运动。

（2）凸轮机构可以高速启动，动作准确可靠。

（3）凸轮机构是高副机构，凸轮与从动件间为点或线接触，单位面积上承受的压力较大，易磨损，使用寿命短。

（4）凸轮的轮廓加工比较困难，从动件的行程不能过大，否则会使凸轮变得笨重。

凸轮机构一般适用于实现特殊运动规律且传力不太大的场合，在自动机床进刀机构、上料机构、制动机构以及印刷机、纺织机、插秧机、闹钟和各种电气开关中得到了广泛应用。

二、凸轮机构的基本类型及应用

凸轮机构的分类方法很多，一般按照凸轮的形状、从动件端部结构形式及其运动形式和凸轮与从动件维持高副接触（锁合）的方式来分类，具体分类及应用见表 10-1、表 10-2 和表 10-3。

表 10-1 按凸轮的形状分类

类型名称	概念	结构示意图	主要应用	备注
盘形凸轮	仅具有径向轮廓线尺寸变化并绕其轴线旋转的凸轮称为盘形凸轮		盘形凸轮是一个具有变化半径的圆盘形构件，结构简单，是最基本的凸轮形式 在盘形凸轮机构中，由于从动件的运动范围太大会引起凸轮径向尺寸变化过大，不利于机构的正常工作，因此，盘形凸轮机构一般用于从动件运动范围较小的场合	盘形凸轮有两种类型：盘形外轮廓凸轮机构（利用凸轮外轮廓推动从动件运动）和盘形槽凸轮机构（利用凸轮曲线沟槽推动从动件运动）
移动凸轮	当盘形凸轮的回转半径无穷大（或回转中心趋于无穷远）时，即成为移动凸轮		移动凸轮通常做往复直线移动，多用于靠模仿形机械中	移动凸轮机构可以作为盘形凸轮机构的演化形式
柱体凸轮	轮廓曲线位于圆柱面上或圆柱端部并绕其轴线旋转的凸轮称为柱体凸轮		从动件可以通过直径不大的柱体凸轮获得较大的运动范围	柱体凸轮有两种类型：槽形圆柱凸轮（又称圆柱凸轮，是指柱体表面开有曲线沟槽的凸轮）和端面圆柱凸轮（又称端面凸轮，是指柱体端面上有曲线轮廓的凸轮）

表 10-2 按凸轮机构从动件端部结构形式及其运动形式分类

类型名称	运动形式及运动简图		主要特点
	移动	摆动	
尖底（顶）从动件			结构简单、运动灵敏、承载能力低，尖底（顶）能与任意复杂的凸轮轮廓保持接触，从而实现从动件的任意运动。但因尖底（顶）易磨损，故只适用于低速、轻载的场合

续表

类型名称	运动形式及运动简图		主要特点
	移动	摆动	
滚子从动件	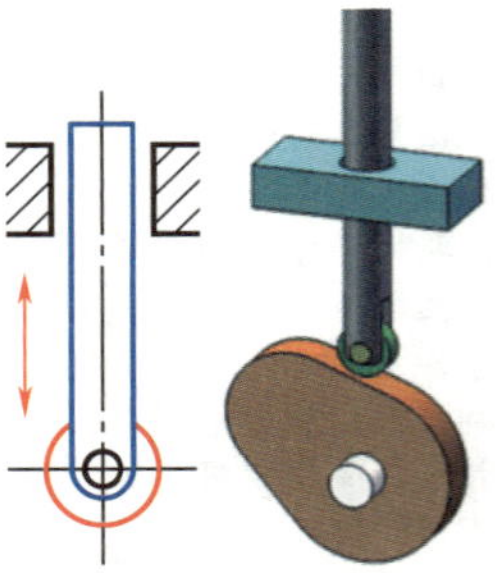	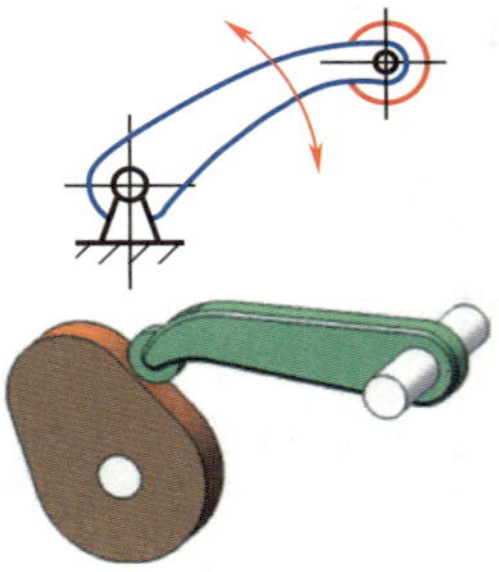	滚子与凸轮之间为滚动摩擦，摩擦阻力小，磨损较小，承载能力较大，使用寿命长，应用最普遍。但滚子轴处有间隙，运动规律有一定限制，故不适用于高速凸轮机构
平底从动件	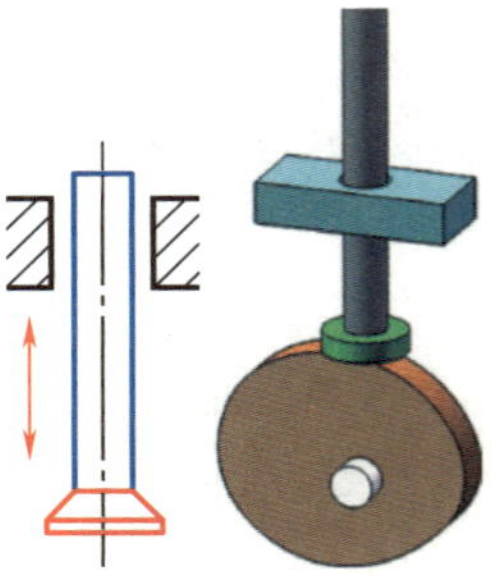	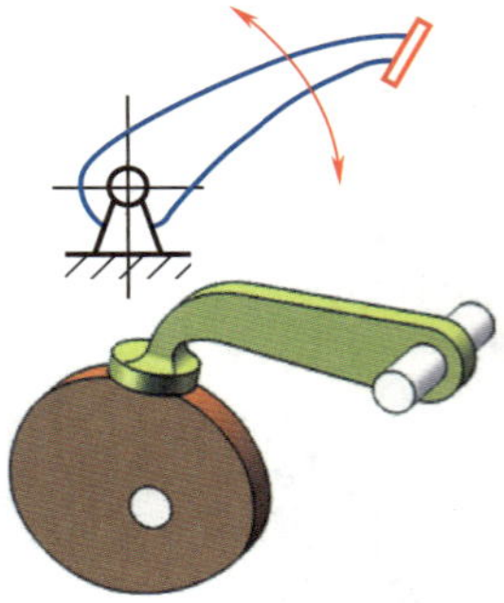	从动件的底面与凸轮之间容易形成楔形油膜，能减少磨损，受力比较平稳，承载能力较大，但平底不能与凹形轮廓曲线的凸轮相配，运动规律受到限制，常用于高速凸轮机构中
曲面底（含球面）从动件	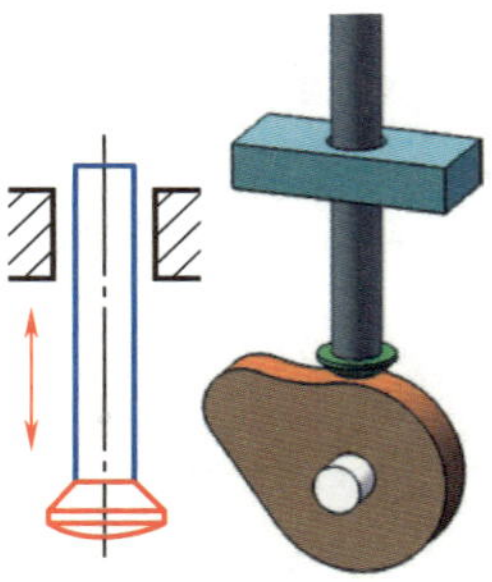	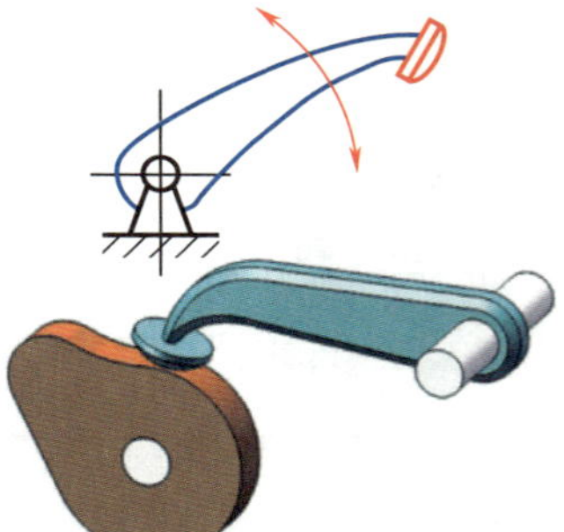	介于滚子从动件和平底从动件之间

表 10-3　　按凸轮与从动件维持高副接触（锁合）的方式分类

类型名称	图例	主要特点
力锁合	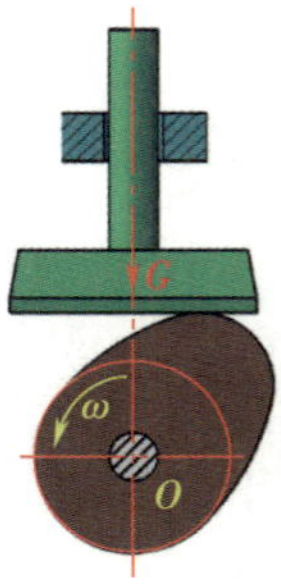 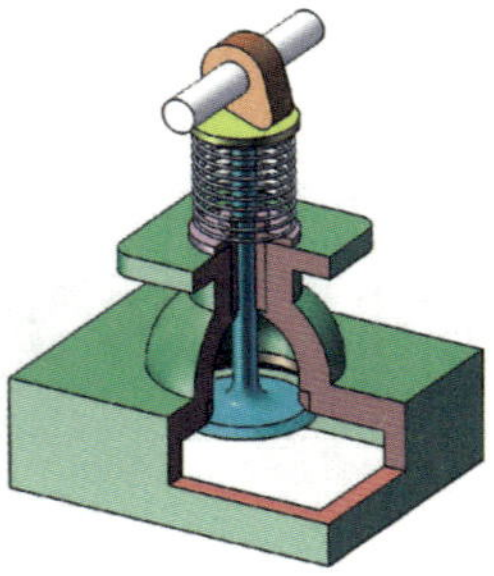	利用从动件重力、弹簧力或其他外力保持从动件与凸轮接触

续表

类型名称	图例	主要特点
形锁合		利用高副接触的特殊几何结构保持从动件与凸轮接触

凸轮机构的类型较多，按照不同要求，凸轮机构有着不同的分类形式。若凸轮与从动件的相对运动是平面运动，即从动件在垂直于凸轮轴线的平面内运动（往复移动或摆动），则该机构属于平面凸轮机构，如盘形凸轮机构、移动凸轮机构均属于平面凸轮机构；若凸轮与从动件的相对运动是空间运动，即从动件在平行于凸轮轴线的平面内运动，则该机构属于空间凸轮机构，如柱体凸轮机构就属于空间凸轮机构。若移动从动件的轴线通过凸轮机构的回转中心，则称为对心凸轮机构；若移动从动件的轴线不通过凸轮机构的回转中心，则称为偏置凸轮机构。

以上介绍了凸轮机构的几种分类方法。将不同类型的凸轮和从动件组合起来，就可以得到各种不同形式的凸轮机构，如对心尖底（顶）移动从动件盘形凸轮机构（见图 10-3）、偏置滚子移动从动件盘形凸轮机构（见图 10-4）等。

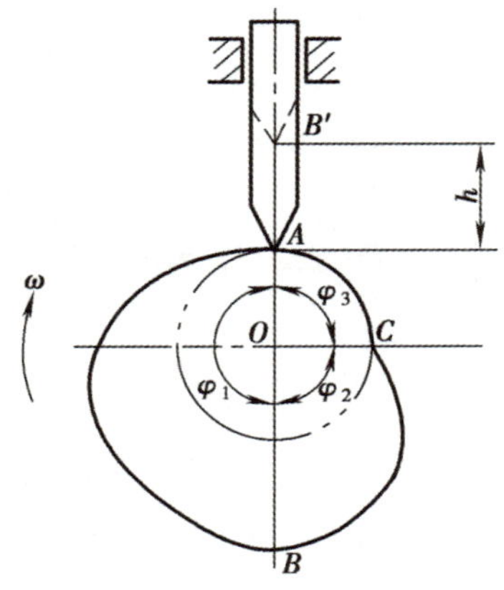

图 10-3　对心尖底（顶）移动从动件盘形凸轮机构

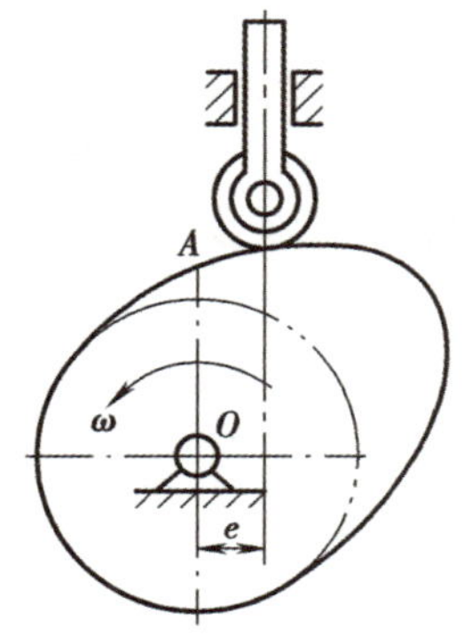

图 10-4　偏置滚子移动从动件盘形凸轮机构

[例 10-1]　如图 10-5 所示为自动车床走刀机构，试分析如何实现其运动规律。

首先，分析自动车床走刀机构是怎样实现动作顺序和要求的。

（1）快进（快速前）：为了迅速接近工件，缩短空行程时间。

（2）工进（工作进给）：为了获得良好的加工质量，进给速度应该稳定。

（3）快退（快速退回）：使刀具快速退回到原来

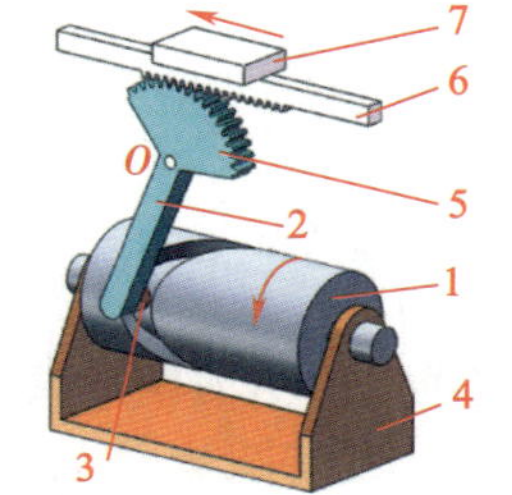

图 10-5　自动车床走刀机构

1—凸轮　2—从动件（摆杆）　3—滚子　4—机架　5—扇形齿轮　6—齿条　7—刀架

的位置。

为实现上述要求，宜采用空间圆柱凸轮机构。当具有凹槽的圆柱凸轮 1 回转时，凹槽的侧面推动从动件（摆杆）2 末端的滚子 3，使摆杆绕轴 O 摆动，摆杆另一端的扇形齿轮与刀架下部的齿条相啮合，使刀架实现进刀和退刀运动。进刀和退刀的运动规律取决于凹槽的曲线形状，其锁合形式为形锁合。

任务实施

图 10-1 所示内燃机配气机构实际上是一种对心平底移动从动件盘形凸轮机构，凸轮 1 连续转动，当径向尺寸变化的凸轮轮廓与气阀杆 2 的平底接触时，气阀杆产生上下移动，而以凸轮回转中心为圆心的圆弧段轮廓与气阀杆接触时，气阀杆静止不动，从而按预定的规律和时间要求打开或关闭气门，完成配气要求。

练习题

1. 什么是凸轮？什么是凸轮机构？凸轮机构的基本组成有哪些？
2. 凸轮机构中，从动件有哪些常用的类型？分别有怎样的应用特点和应用场合？
3. 观察靠模车削机构，试分析如何实现其运动规律。

课题二 凸轮轮廓曲线的设计

学习目标

◎ 了解凸轮机构的工作过程。
◎ 了解凸轮机构从动件常用的运动规律。
◎ 能够根据工作条件，利用反转法设计凸轮轮廓曲线。

任务引入

如图 10-6 所示为偏置尖底移动从动件盘形凸轮机构。已知该机构中凸轮以等角速度 ω 顺时针回转，其基圆半径为 $r_0 = 30$ mm，从动件导路的偏距 $e = 5$ mm，从动件的行程 $h = 20$ mm，从动件的位移线图如图 10-6 所示。试设计该凸轮轮廓曲线。

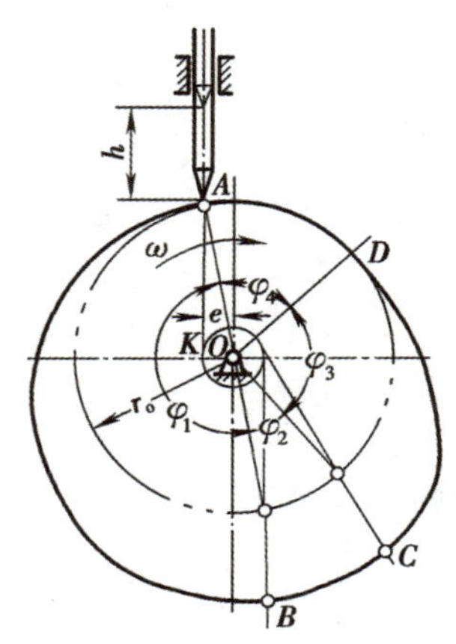

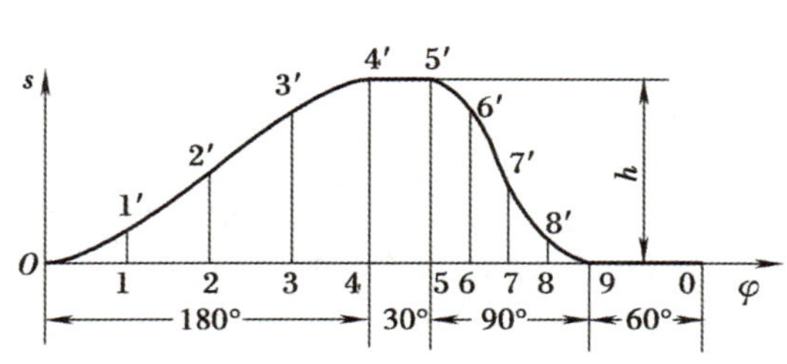

图 10-6 偏置尖底移动从动件盘形凸轮机构及从动件位移线图

任务分析

从图 10-6 所示的从动件位移线图中可以清楚地看出凸轮机构的运动轨迹分为四段，分别为上升段、休止段、下降段、休止段，即从动件上升—停止—下降—停止。

在从动件上升和下降的过程中，可以根据实际需要设计适当的凸轮轮廓从而实现从动件预期的运动规律。

本任务通过对凸轮机构工作过程、相关参数的讲解，掌握从动件常用的运动规律，并能根据预期的运动规律设计出凸轮的轮廓曲线。

相关知识

一、凸轮机构的工作过程和有关参数

1. 凸轮机构的工作过程

如图 10-6 所示的凸轮机构，凸轮以顺时针方向等速回转时，当凸轮转过曲线弧 *AB* 时，从动件由 *A*（最低位置）向上移到 *B*（最高位置），凸轮继续转过圆弧 *BC* 时，从动件在最高位置静止不动，凸轮继续转过曲线弧 *CD* 时，从动件从最高位置下降到最低位置，凸轮继续转过圆弧 *DA* 时，从动件在最低位置静止不动。凸轮继续回转时，从动件将重复前面所述的上升—停止—下降—停止的运动。

2. 凸轮机构的概念及参数

在凸轮机构的一个工作过程运动循环中，涉及一些基本概念和基本参数。

（1）基本概念

1）从动件位移线图。从动件位移线图是指从动件位移 s 与凸轮转角 φ（或时间 t）之间的对应关系坐标图，如图 10-7 所示。

2）从动件运动线图。从动件运动线图是指从动件速度 v 和加速度 a 与凸轮转角 φ（或时间 t）之间的对应关系坐标图，如图 10-8 所示。

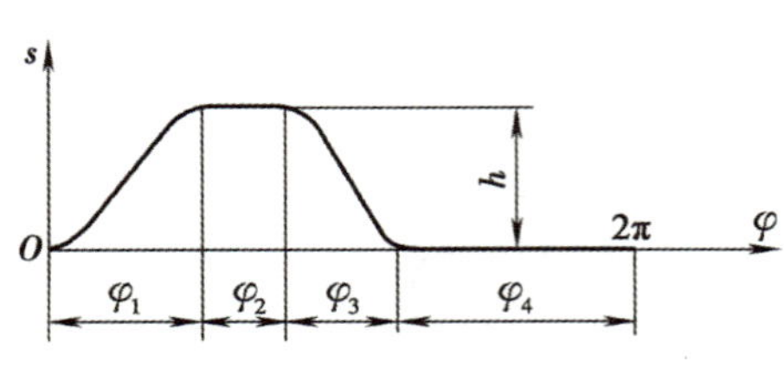

图 10-7　从动件位移线图

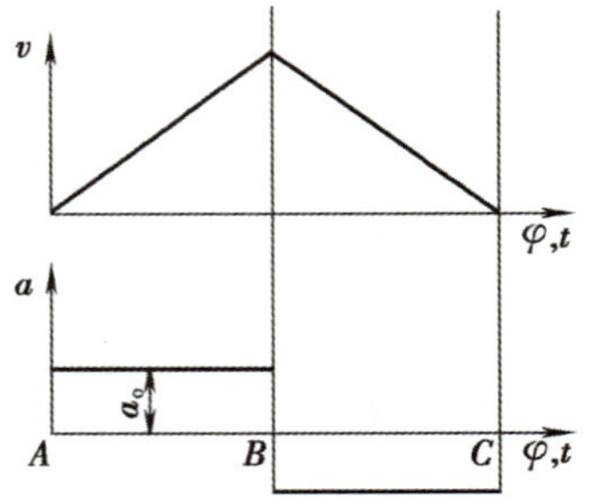

图 10-8　从动件运动线图

（2）基本参数

凸轮机构及其工作过程中涉及的基本参数见表 10-4。

表 10-4　　凸轮机构及其工作过程中的基本参数

参数名称	概　　念	图　　例
基圆	以凸轮转动中心为圆心，以凸轮理论轮廓曲线上的最小向径 r_0 为半径所画的圆称为基圆，如右图所示，其中 r_0 称为基圆半径	偏置尖底从动件盘形凸轮机构的工作过程示意图；凸轮机构工作过程中的从动件位移线图
推程	从动件从距离凸轮转动中心的最近点向最远点的运动过程称为推程，如右图所示的 $A \to B$，又可称为升程	
推程运动角	从动件实现推程对应凸轮转过的角度，称为推程运动角，如右图所示的 φ_1	
回程	从动件从距离凸轮转动中心的最远点向最近点的运动过程称为回程，如右图所示的 $C \to D$	
回程运动角	从动件实现回程对应凸轮转过的角度，称为回程运动角，如右图所示的 φ_3	
休止角	从动件在相应位置静止不动时对应凸轮转过的角度，称为休止角 如右图所示，从动件距离凸轮转动中心最远点静止不动时对应凸轮转过的角度 φ_2 称为远休止角；从动件距离凸轮转动中心最近点静止不动时对应凸轮转过的角度 φ_4 称为近休止角	
行程	从动件在推程或回程中移动的距离或从动件的最大位移称为行程，用 h 表示，如右图所示	

二、从动件常用的运动规律

从动件运动规律是指从动件的位移、速度、加速度与凸轮转角（或时间）之间的函数关系。凸轮机构从动件的运动规律很多，下面介绍两种最常用的运动规律（见表 10-5）。

表 10-5 凸轮机构从动件的常用运动规律

规律名称	概念	运动方程	位移、运动线图	运动特点及应用
等速运动规律	凸轮做匀速转动时，从动件上升（或下降）的速度为一常数的运动规律称为等速运动规律	$s=\frac{v}{\omega}\varphi$ v=常数 $a=0$	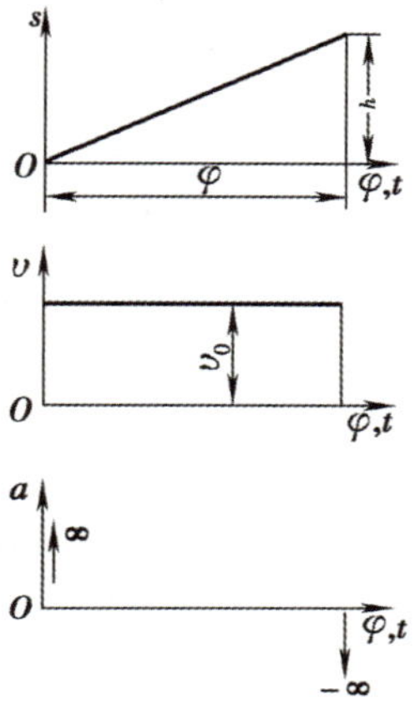 s, O, φ, h, φ,t; v, O, v_0, φ,t; a, O, ∞, φ,t, −∞	从动件存在速度突变，引起刚性冲击（无穷大的惯性力引起的冲击），导致凸轮机构的强烈振动。故该规律适用于低速、轻载和精度要求不高的场合
等加速等减速运动规律	凸轮做匀速转动时，从动件上升（或下降）的前半段行程做等加速运动，后半段行程做等减速运动，这样的运动规律称为等加速等减速运动规律	$s=\frac{a}{2\omega^2}\varphi^2$ $v=\frac{a}{\omega}\varphi$ a=常数	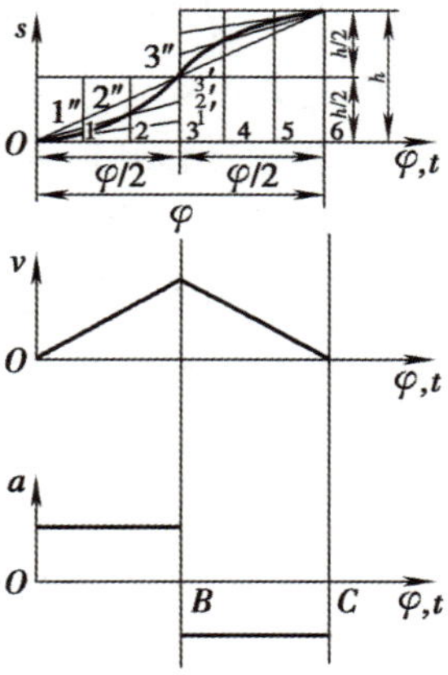 s, O, 1″, 2″, 3″, 1, 2, 3, 4, 5, 6, 1′, 2′, 3′, h/2, h/2, h, φ/2, φ/2, φ, φ,t; v, O, φ,t; a, O, B, C, φ,t	从动件在启动点、1/2 行程处及最高点处存在加速度的突变，引起柔性冲击（有限的惯性力发生突变引起的冲击）。故该运动规律适用于凸轮中速、低速回转，从动件质量不大和轻载的场合

任务实施

1. 应用反转法设计凸轮轮廓曲线

凸轮轮廓曲线决定了从动件的运动规律，反之从动件的运动规律也决定了凸轮的轮廓曲线。从动件的运动规律主要由从动件的位移线图和运动线图来表达。若已知从动件的运动规律以及其他具体条件（如凸轮的转向、基圆半径等），通常用图解法设计凸轮轮廓曲线，其基本原理是反转法原理。如图 10-9 所示的凸轮机构中，假想整个机构以方向相反的角速度 $(-\omega)$ 绕轴心 O 转动，显然凸轮与从动件之间的相对运动并未改变，但此时凸轮将固定不动，机架和从动件一方面以角速度（$-\omega$）绕轴心 O 转动，同时从动件又以原有的运动规律相对机架做往复运动。由于从动件尖顶始终与凸轮轮廓相接触，所以反转后尖顶的运动轨迹就是凸轮轮廓曲线。根据这一原理，可作出各种类型凸轮机构的凸轮轮廓曲线。

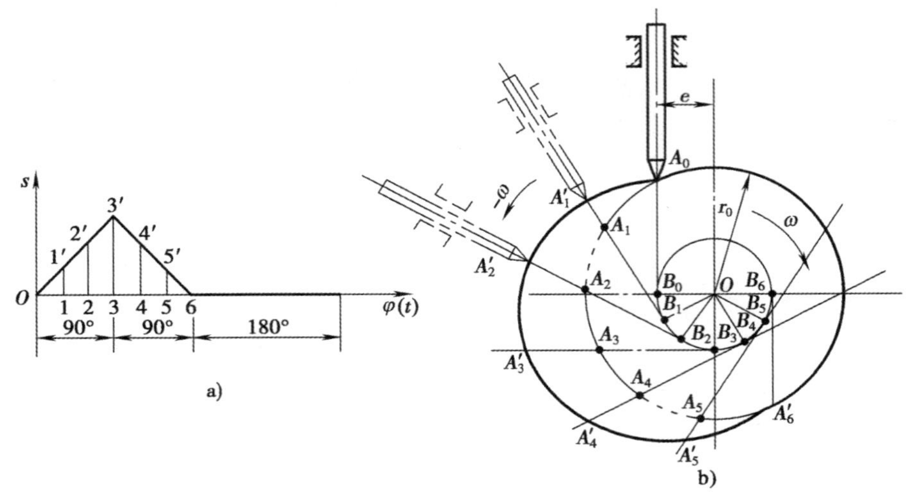

图 10-9　反转法原理

如图 10-10 所示，具体作图方法和步骤如下：

（1）以 r_0 为半径作基圆，以 e 为半径作偏距圆，过点 K 作从动件导路与偏距圆相切，导路与基圆的交点 B_0（C_0）便是尖底从动件的初始位置。

（2）将位移线图 s—φ 的推程运动角和回程运动角分别作四等分。

（3）自 OC_0 开始，沿 ω 的相反方向取推程运动角（180°）、远休止角（30°）、回程运动角（90°）、近休止角（60°），在基圆上得 C_4、C_5、C_9 诸点。将推程运动角和回程运动角分别作与位移线图中推程运动角和回程运动角对应的等分，得 C_1、C_2、C_3 和 C_6、C_7、C_8 诸点。

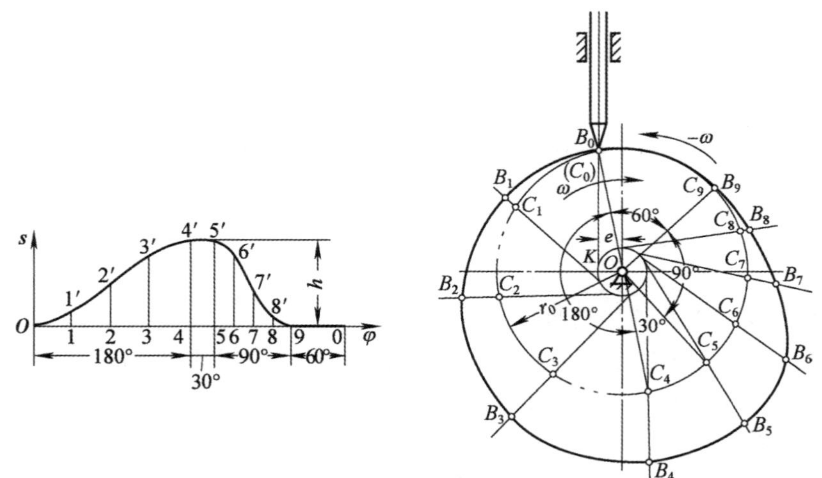

图 10-10　尖底（顶）偏置移动从动件盘形凸轮的设计

（4）过 C_1、C_2、C_3、C_4、C_5、C_6、C_7、C_8、C_9 作偏距圆的一系列切线，它们便是反转后从动件导路的一系列位置。

（5）沿以上各切线自基圆开始量取从动件相应的位移量，即取线段 $C_1B_1 = 11'$，$C_2B_2 = 22'$，…，得反转后尖底的一系列位置 B_1、B_2、B_3、…。

（6）将 B_0、B_1、B_2、B_3、…连成光滑曲线（B_4 和 B_5 之间以及 B_9 和 B_0 之间均为以 O 为圆心的圆弧），便得到所求的凸轮轮廓曲线。

2. 应用反转法原理设计凸轮轮廓曲线的注意事项

（1）由于设计凸轮轮廓采用的方法是反转法，所以在基圆圆周上按位移曲线图截取分点时，一定要按（$-\omega$）方向截取，否则不符合预定的运动规律。

（2）绘制同一凸轮轮廓时，有关长度方面的尺寸，包括行程、基圆半径、偏距、滚子半径等必须采用同一长度比例尺。

（3）等分推程角和回程角时，取的分点越多，设计出的凸轮轮廓越精确。实际设计时可根据对凸轮工作准确程度的要求来决定。

（4）连接各分点的曲线必须圆滑。

知识链接

其他凸轮轮廓曲线的设计

一、移动从动件盘形凸轮轮廓的设计

如图 10-11 所示为对心尖底移动从动件盘形凸轮机构，已知该机构中凸轮以等角速度 ω 逆时针回转，其基圆半径为 r_0，以及从动件的位移线图。要求绘制此凸轮的轮廓曲线。具体作图方法和步骤如下：

1. 选取适当的比例尺，以 r_0 为半径作凸轮的基圆，从动件与基圆的交点 $A_0(A_{11})$ 即为尖底从动件的起始位置。

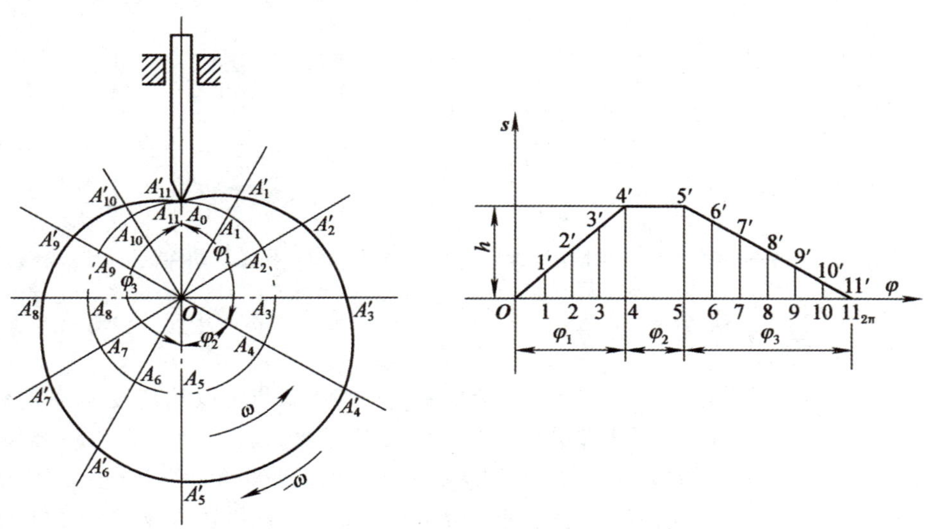

图 10-11 对心尖底移动从动件盘形凸轮的设计

2. 将从动件位移线图 $s—\varphi$ 的运动角作若干等分（图示推程运动角 φ_1 分为四等份，回程运动角 φ_3 分为六等份）。

3. 自 OA_0 开始，沿 ω 的相反方向取推程运动角 φ_1、远休止角 φ_2、回程运动角 φ_3，在基圆上得 A_4、A_5 诸点。并将推程角和回程角分成与位移线图对应的等份，在基圆圆周上得 A_1、A_2、A_3 和 A_6、A_7、A_8、A_9、A_{10} 诸点。

4. 分别连接 OA_1、OA_2、…、OA_{11}，并将其延长，然后分别在其延长线上截取线段 $A_1A_1'=11'$，$A_2A_2'=22'$，…，得反转后尖底的一系列位置 A_1'、A_2'、…。

5. 将点 A_0、A_1'、A_2'、…、A_{11}' 用光滑的曲线连接起来（A_4' 和 A_5' 之间为以轴心 O 为圆心的圆弧），即为所求的凸轮轮廓曲线。

如果采用滚子从动件，则如图 10-12 所示，首先把滚子的中心看作尖底从动件的尖底，先作出其移动轨迹曲线Ⅰ（该曲线称为凸轮的理论轮廓），再以Ⅰ上各点为中心画一系列滚子，最后作这些滚子的内包络线Ⅱ（与各滚子相切的曲线），便得到滚子从动件凸轮的实际轮廓曲线，或称为工作轮廓。由作图过程可知，在滚子从动件凸轮设计中，r_0 是指理论轮廓线的基圆半径。

由以上两种盘形凸轮的设计可知，当偏距 $e=0$ 时，即可得对心移动从动件盘形凸轮机构。这时，偏距圆的切线化为过点 O 的径向射线，其设计方法同上。

如果采用平底从动件，凸轮实际轮廓的求法也与上述相仿。如图 10-13 所示，将从动件的导路中心线与平底交点看作尖底，按照上述方法作出一系列点 A_1、A_2、A_3、…，然后过这些点画出一系列平底，得一直线族，再作出该直线族的包络线，便可得到平底从动件凸轮的实际轮廓曲线。

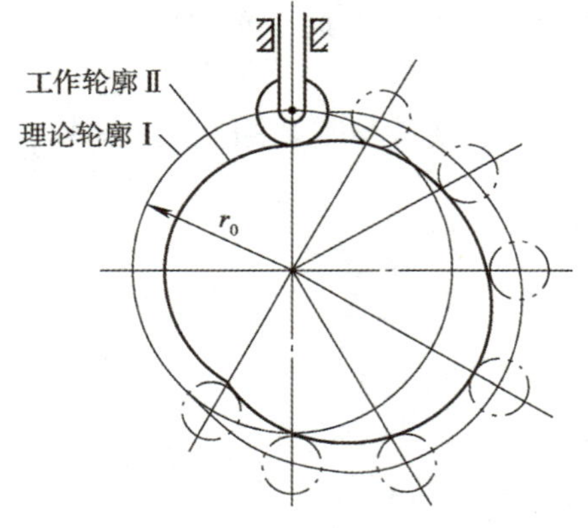

图 10-12　滚子移动从动件盘形凸轮轮廓的设计

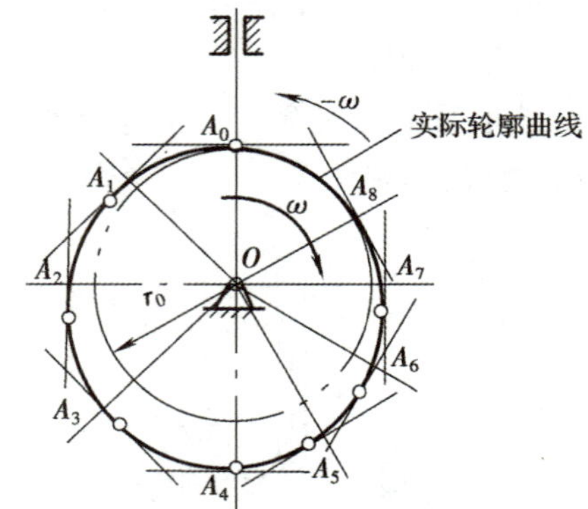

图 10-13　平底从动件盘形凸轮轮廓的设计

二、摆动从动件盘形凸轮轮廓的设计

如图 10-14 所示为尖底摆动从动件盘形凸轮机构，已知凸轮以角速度 ω 顺时针回转，其基圆半径为 r_0，凸轮与摆动从动件的中心距为 a，从动件长度为 L，从动件最大摆角为 ψ_{max}，从动件的位移线图如图 10-13a 所示，其纵坐标表示从动件的角位移 ψ，也表示从动件上任一点所走的弧长（如果在作位移线图时，取 $MN=L\psi_{max}$，则图中纵坐标的长度即等于尖底 B 所走的弧长 S_B）。要求绘制此凸轮的轮廓曲线。

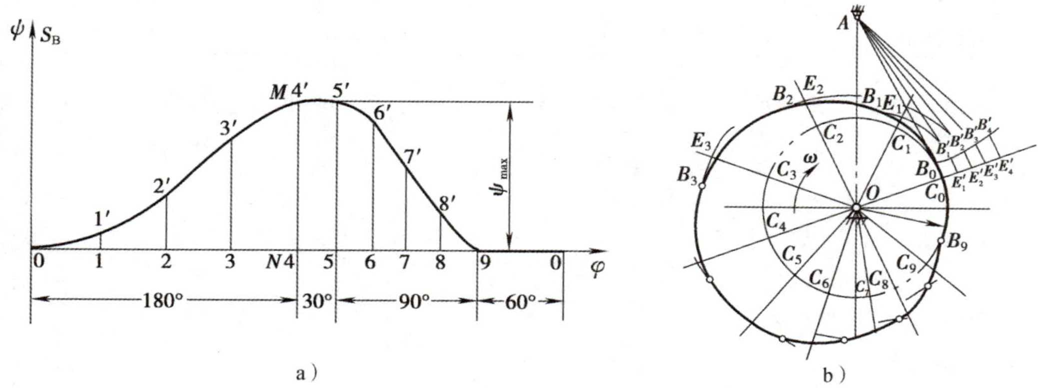

图 10-14 尖底摆动从动件盘形凸轮轮廓的设计

具体作图方法和步骤如下：

1. 根据给定的 r_0、a 和 L 作出从动件的初始位置 AB_0。再根据 ψ—φ 线图画出从动件的一系列位置 AB_1'、AB_2'、AB_3'、…，使得$\overset{\frown}{B_0B_1'}=11'$，$\overset{\frown}{B_0B_2'}=22'$，…。

2. 从基圆上任一点 C_0 开始，沿（$-\omega$）方向将基圆分为与位移线图横轴对应的等份，得 C_1、C_2、C_3、…，过以上各点作径向射线 OC_0、OC_1、OC_2、OC_3、…。

3. 以 O 为中心，以 OB_1' 为半径画圆弧，分别交 OC_0 和 OC_1 于 E_1' 和 E_1，在圆弧上截取 $E_1B_1=E_1'B_1'$ 得点 B_1。用同样的方法，在以 OB_2' 为半径的圆弧上截取 $E_2B_2=E_2'B_2'$ 得点 B_2；在以 OB_3' 为半径的圆弧上截取 $E_3B_3=E_3'B_3'$ 得点 B_3；…。

4. 将 B_0、B_1、B_2、B_3、…用光滑曲线连接起来便得到凸轮轮廓曲线。

同前所述，如果采用滚子或平底从动件，那么上述 B_1、B_2、B_3、…点为滚子中心或平底与导路中心线交点的运动轨迹，过这些点作一系列滚子或平底，最后作其包络线，便可求得凸轮的实际轮廓曲线。

练习题

1. 解释术语

（1）凸轮的基圆。

（2）凸轮机构的行程。

（3）凸轮机构的休止角。

（4）凸轮机构从动件位移线图。

2. 什么是等加速等减速运动规律？该规律有什么应用特点？

3. 一凸轮机构，其行程为 20 mm，推程角为 180°，远休止角为 30°，回程角为 90°，近休止角为 60°，从动件采用等速运动规律，画出其从动件位移线图。

4. 试设计盘形凸轮轮廓曲线。已知凸轮基圆半径为 50 mm，凸轮以等角速度 ω 逆时针回转，运动规律如下：

凸轮转角	0~180°	180°~300°	300°~360°
从动件运动规律	等加速等减速上升 30 mm	等速下降回到原位	停止

当从动件为尖顶且导路中心线通过凸轮转动中心时，绘制该机构凸轮的实际轮廓曲线。

模块小结

1. 凸轮机构的组成

凸轮、从动件和机架。

2. 凸轮机构的应用特点

3. 凸轮机构的分类

按凸轮形状分：盘形凸轮、移动凸轮、圆柱凸轮。

按从动件端部结构形式分：尖底、滚子、平底。

按从动件运动形式分：移动、摆动。

按锁合方式分：力锁合、形锁合。

按机构中各构件的相对运动分：平面凸轮机构、空间凸轮机构。

4. 从动件常用运动规律

等速运动规律、等加速等减速运动规律。

5. 盘形凸轮轮廓曲线的设计

（1）反转法基本原理。

（2）以移动从动件盘形凸轮轮廓的设计、摆动从动件盘形凸轮轮廓的设计为例，说明图解法设计凸轮轮廓曲线的基本步骤。

模块十一

步进运动机构

在机械中，特别是在各种自动和半自动机械中，除了前面讨论过的平面连杆机构、凸轮机构和齿轮机构外，还经常会使用将主动件的连续转动变为从动件周期的时动时停的单向运动机构。具有周期性停歇间隔的单向运动称为步进运动。输出运动具有步进运动特性的机构称为步进运动机构（即单向周期性间歇运动机构）。步进运动机构的类型很多，本模块介绍几种常用的步进运动机构。

课题一 棘轮机构

学习目标

◎ 了解棘轮机构的工作原理、类型、应用及特点。

◎ 了解棘轮机构的主要参数及几何尺寸。

◎ 能够合理运用棘轮机构解决实际问题。

任务引入

如图 11-1 所示为牛头刨床工作台横向进给运动，摇臂齿轮轴做连续的旋转运动，将动力和运动传递给横梁内的水平进给丝杠，使工作台在水平方向做自动进给，实现周期性的运动和停歇。

实现时动时停的单向步进运动就要用到棘轮机构，试分析牛头刨床中棘轮机构（步进运动机构）的运动特性。如果给出牛头刨床工作台的横向进给螺杆的导程及棘轮齿数，试计算出棘轮的最小转动角度以及牛头刨床的最小横向进给量。

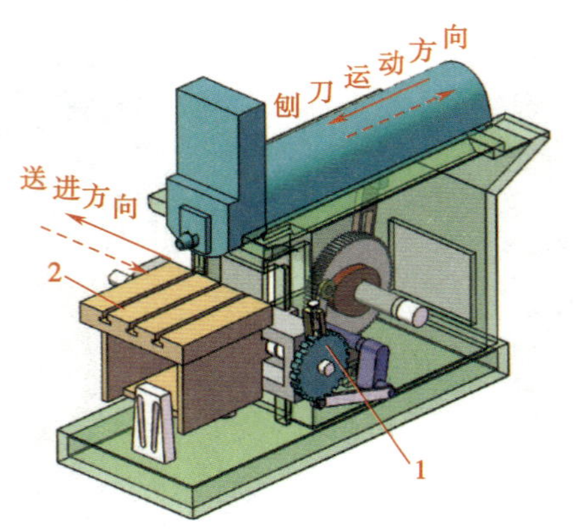

图 11-1 牛头刨床工作台横向进给机构
1—棘轮机构 2—工作台

任务分析

如图 11-1 所示的牛头刨床横向进给机构，通过刨刀左右方向的往复运动，带动工件在前后方向做周期性的运动和停歇，以便把工件按工艺要求加工出多条直槽。

这种时动时停的周期性运动可以通过步进运动机构来完成。常用的步进运动机构有棘轮机构和槽轮机构等。牛头刨床中棘轮的最小转动角度以及牛头刨床的最小横向进给量的计算，需要掌握牛头刨床棘轮机构的运动特性、几何参数及几何尺寸的计算公式等内容。

相关知识

一、棘轮机构的工作原理

如图 11-2 所示为外啮合棘轮机构。棘轮 2 通常呈锯齿形，并与轴 4 固连，棘爪 3 与摇杆 1 用转动副 A 连接，摇杆 1 空套在轴 4 上。通常以摇杆为主动件，棘轮为从动件。当摇杆 1 连同棘爪 3 逆时针方向转动时，棘爪 3 插入棘轮的相应齿槽，推动棘轮转过某一角度。当摇杆 1 返回做顺时针方向转动时，棘爪 3 在棘轮齿背上滑过，这时，簧片 6 迫使止回棘爪 5 插入棘轮的相应齿槽中，阻止棘轮顺时针转动，而使棘轮静止不动。由此可知，当主动件摇杆 1 连续往复摆动时，棘轮 2

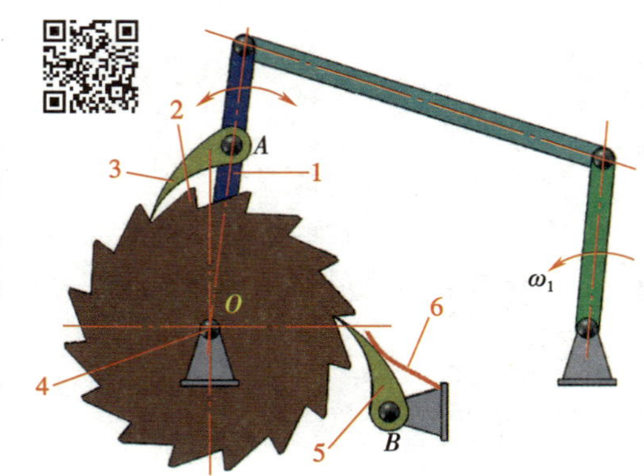

图 11-2 棘轮机构的组成
1—摇杆 2—棘轮 3—棘爪
4—轴 5—止回棘爪 6—簧片

只做周期性单向步进运动。

二、棘轮机构的类型和特点

常见棘轮机构的类型及特点见表 11-1。

表 11-1 棘轮机构的类型及特点

类型	齿啮式	摩擦式	
		楔块式	滚子式
外接式			
内接式			
特点	运动可靠，但棘轮转角只能有级调节，且主动件摆角要大于棘轮运动角。有噪声，易磨损，不宜用于高速的场合	运动不准确，但转角可无级调节。噪声小，适用于低速轻载的场合	特点同楔块式。内接式常用于超越离合器

三、棘轮机构的应用

1. 实现步进运动

棘轮机构广泛应用于机床设备及自动化机械中，如自动机床的进给机构、分度机构、送料机构等都是利用棘轮机构来实现步进运动的。

2. 实现制动功能

如图 11-3 所示为起重设备中常用的防止逆转的棘轮机构。鼓轮 3 和棘轮 4 用键连接于轴上，当轴按图示方向回转时鼓轮提升重物 5，棘爪 2 在同步转动的棘轮齿背表面滑过，到达需要高度时，轴、鼓轮和棘轮停止转动，此时棘爪在弹簧 1 的作用下嵌入棘轮的齿背内，可防止鼓轮逆转，从而保证起重工作安全可靠。

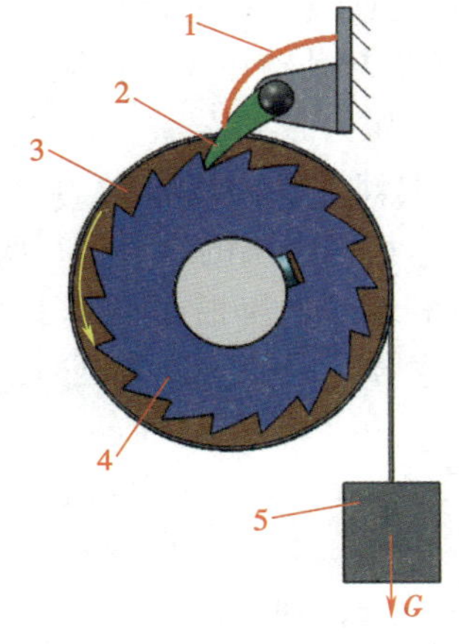

图 11-3 起重设备中防止逆转的棘轮机构

1—弹簧 2—棘爪 3—鼓轮 4—棘轮 5—重物

3. 实现超越功能

如图 11-4 所示为自行车后轴上的棘轮机构。设外圈 3 和内圈 5 均按顺时针方向转动，当内圈 5 转速大于外圈 3 转速时，棘爪 4 将在棘轮齿背上滑过，从而实现内圈的超越运动；当外圈 3 转速欲超过内圈 5 转速时，由于棘爪 4 的作用，迫使内圈与外圈同速转动。

图 11-4 自行车后轴上的棘轮机构

1—主动轮 2—链条 3—外圈 4—棘爪 5—内圈

四、棘轮机构的主要参数及几何尺寸

1. 主要参数

（1）齿数 z

齿数与步进运动的运动转角有关，在没有特殊要求的情况下，齿数 z 一般在 8～30 的范围内选取。

（2）模数 m

模数的大小决定轮齿的强度，因此模数 m 应通过强度计算确定，然后查找手册选用标准值。

（3）棘轮齿面倾角 α

棘轮机构工作时，为保证棘爪顺利地进入棘轮齿槽而又不从齿槽中滑出，必须使棘轮齿面有一个倾角 α。如图 11-5 所示，为使棘爪受力最小，必须使棘轮的齿顶 A 点和棘爪的转动中心 O_2 的连线与棘轮的半径 O_1A 垂直，即 $\angle O_1AO_2=90°$。当棘爪与棘轮在 A 点接触即将进入齿槽时，棘轮对棘爪的正压力 $\boldsymbol{N}$ 可分解为切向力 $\boldsymbol{P}$ 和径向力 $\boldsymbol{T}$。径向力 $\boldsymbol{T}$ 是把棘爪推向齿根的力，$T=N\sin\alpha$。摩擦力 $\boldsymbol{F}$ 有使棘爪从齿面滑出的趋势，很明显：$F=Nf$。为了保证棘爪顺利地落入齿根而不至于滑出，必须使径向力 T 大于摩擦力 F 的径向分力，即：

$$T>F\cos\alpha$$

将 $T=N\sin\alpha$，$F=Nf$ 代入上式，经简化得：

$$\tan\alpha>f$$

令 $f=\tan\varphi$，则：

$$\tan\alpha>\tan\varphi$$

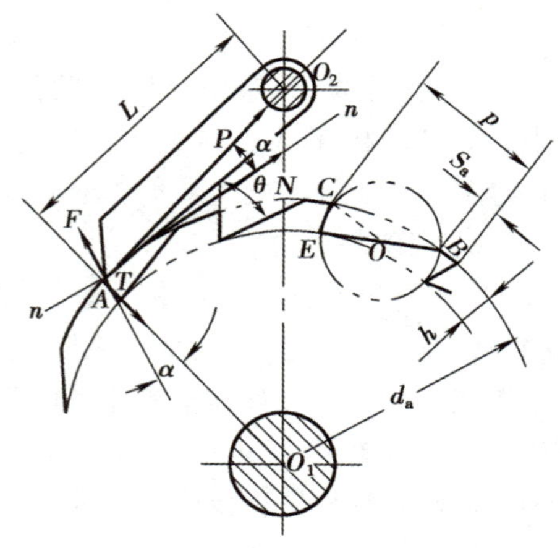

图 11-5 棘爪顺利进入棘轮齿槽的条件

即 $$\alpha>\varphi$$

式中 f——摩擦因数；

φ——摩擦角，(°)。

钢材的摩擦因数 $f\approx0.2$，则 $\varphi\approx11°30'$。通常取 $\alpha\approx20°$。

2. 主要几何尺寸

(1) 齿顶圆直径 d_a $\quad d_a=mz$

(2) 齿高 h $\quad h=0.75\ m$

(3) 齿根圆直径 d $\quad d=d_a-2h$

(4) 齿顶厚 S_a $\quad S_a=m$

(5) 齿距 p $\quad p=\pi m$

(6) 齿槽夹角 θ $\quad \theta=55°$或$60°$

(7) 棘爪长度 L $\quad L=2p$

任务实施

1. 分析牛头刨床中棘轮机构的运动特性

图 11-6 所示为牛头刨床上用于控制工作台横向进给的齿式棘轮机构。它与图 11-2 所示棘轮机构的组成、结构和工作原理基本相同，其区别在于：为了满足刨床工作台双向进给的工作要求，棘轮需要能实现双向步进转动。具体工作原理如下：当棘轮机构中的棘爪 6 处于图 11-6a 所示的位置时，摇杆 1 做逆时针摆动，可拨动棘轮 2 和固连在棘轮上的横向进给丝杠轴逆时针转过一定角度，并带动丝杠螺母和固连在丝杠螺母上的刨床工作台横向移动一定的距离（进给量）；当摇杆往回（顺时针）摆动时，棘爪在棘轮的齿背上滑过，棘轮停止转动，工作台停止移动，从而实现了刨床工作台的正向步进进给运动。若通过手把 4 提起棘爪，并转过 180°后放下，如图 11-6b 所示，则可实现刨床工作台的反向步进工作进给。若将棘爪从图 11-6a 或图 11-6b 位置提起，并转过 90°后放下，如图 11-6c 所示，则由于手把

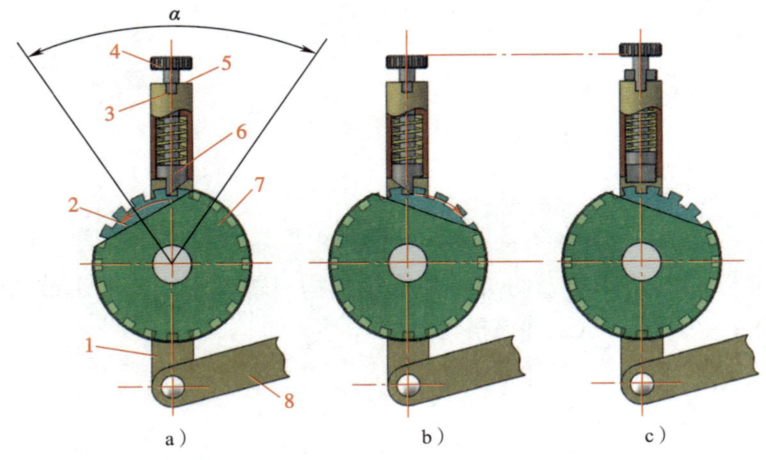

图 11-6 牛头刨床工作台横向进给棘轮机构

a) 棘轮逆时针步进转动 b) 棘轮顺时针步进转动 c) 棘轮停止不转动

1—摇杆 2—棘轮 3—边 4—手把 5—壳体平台 6—棘爪 7—遮板 8—连杆

的边 3 被架在壳体平台 5 上，使棘爪与棘轮脱离接触，则摇杆往复摆动时，棘爪不再拨动棘轮转动，于是刨床工作台停止横向进给运动。

2. 几何参数计算

调节曲柄的长度可以改变摇杆摆角 α 的大小，从而改变摇杆往复摆动一次过程中棘轮转过的齿数 z，实现对进给量的调节。此外改变遮板 7 相对棘轮的位置，可以罩住部分原来要被推动的棘齿，从而可以使棘爪每次拨动棘轮转过的齿数在 1 到 z 之间任意调节。

若齿数为 40，横向进给螺杆的导程为 3 mm，则棘轮的最小转动角度 φ 为：

$$\varphi = \frac{1}{40} \times 360^\circ = 9^\circ$$

最小横向进给量 f 为：

$$f = \frac{1}{40} \times 3\ \text{mm} = 0.075\ \text{mm}$$

练习题

在棘轮机构中，已知棘轮的齿数 $z=15$，模数 $m=5$ mm，试确定该机构的几何尺寸。

课题二 槽轮机构

学习目标

◎ 了解槽轮机构的组成、工作原理及应用。
◎ 了解槽轮机构的主要参数及几何尺寸。
◎ 能够按要求计算槽轮机构的几何尺寸。

任务引入

如图 11-7 所示为转塔车床及刀架转位槽轮机构，转塔车床上采用单圆销六槽槽轮机构，已知中心距 $a=70$ mm，试设计该槽轮机构。

任务分析

转塔车床与普通卧式车床的区别是转塔车床没有尾座和丝杠，而在尾座的位置上有一个可以装夹多把刀具的刀架。刀架通过轴与六槽槽轮连接，如图 11-7b 所示，当拨盘 7 每转一周，圆销进出一次槽轮径向槽，驱动槽轮 8（即刀架）旋转 60°，从而将下一工序要用的刀具转换到工作位置。这样，拨盘转动 6 周，刀具自动更换 6 次，从而完成工件的整个加工过程。

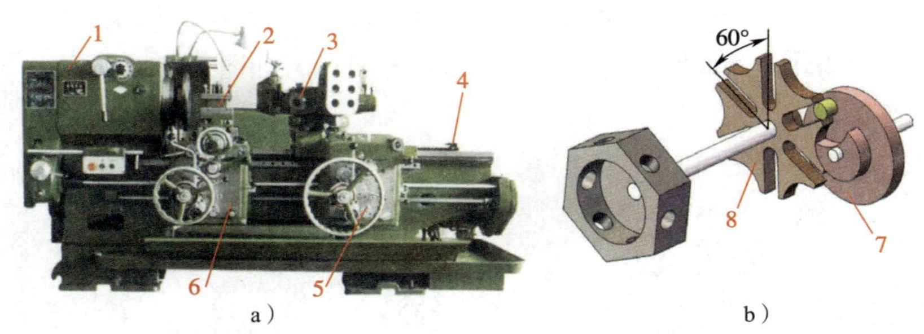

图 11-7　转塔车床及刀架转位槽轮机构

a）转塔车床　b）转塔车床刀架

1—主轴箱　2—横向刀架　3—转塔刀架　4—定程装置　5、6—溜板箱　7—拨盘　8—六槽槽轮

从上面的实例可以看出，刀架转位机构是步进运动机构中槽轮机构的一种应用，要想设计时动时停的槽轮机构，需要掌握槽轮机构的工作原理、主要参数，从而计算槽轮机构的几何尺寸。

相关知识

一、槽轮机构的组成、工作原理及应用

1. 槽轮机构的组成和工作原理

图 11-8a 所示为一单圆销外啮合槽轮机构，它由销轮 1、槽轮 2 和机架 3 组成。图中主运动为销轮以匀角速度 ω_1 逆时针转动，当其圆销 A 刚进入从动槽轮的径向槽时，销轮上的外锁止弧 $\overset{\frown}{abc}$ 的尖点 a 刚好到达槽轮上的内锁止弧 $\overset{\frown}{efg}$ 的中点 f，即槽轮刚被解除锁定，因此在圆销 A 的拨动下，槽轮开始顺时针转动；当销轮转过 $2\varphi_1$（槽轮相应转过 $2\varphi_2$）角时，圆销 A 刚从槽轮的径向槽中脱出，如图 11-8b 所示，此时销轮上的外锁止弧 $\overset{\frown}{abc}$ 的尖点 c 到达槽轮另一段内锁止弧 $\overset{\frown}{e'f'g'}$ 的中点 f'，开始锁住槽轮，因此销轮继续转动而槽轮停止不动。

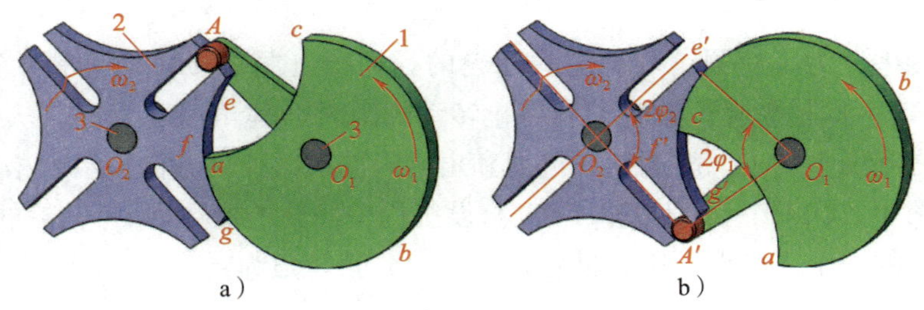

图 11-8　单圆销外啮合槽轮机构

a）圆销刚进入槽轮径向槽　b）圆销开始脱出槽轮径向槽

1—销轮　2—槽轮　3—机架

当销轮继续转过 $360°-2\varphi_1$，回到起始位置时，又重复上述传动过程，开始进行第二个工作循环。销轮连续匀速转动，即可带动槽轮做单向步进转动。

上述槽轮机构，销轮转一周，槽轮转动一次，而且两者的转向相反。若在销轮上安装多个圆销，则销轮转一周，槽轮就转动多次，称为多圆销外啮合槽轮机构，如图 11-9 所示。当需要槽轮与销轮的转向相同时，可采用内啮合槽轮机构，如图 11-10 所示。

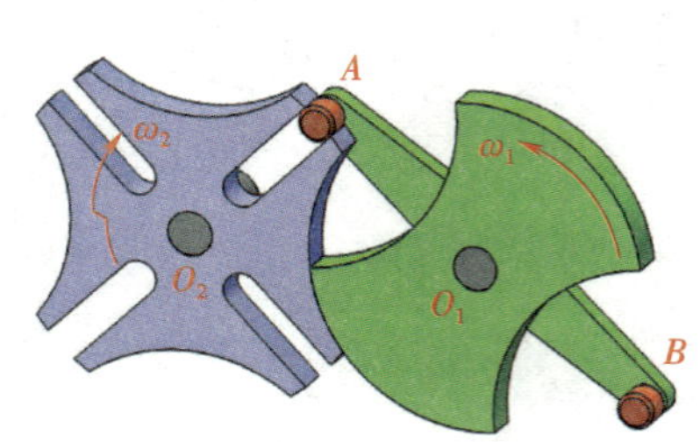

图 11-9 双圆销外啮合槽轮机构

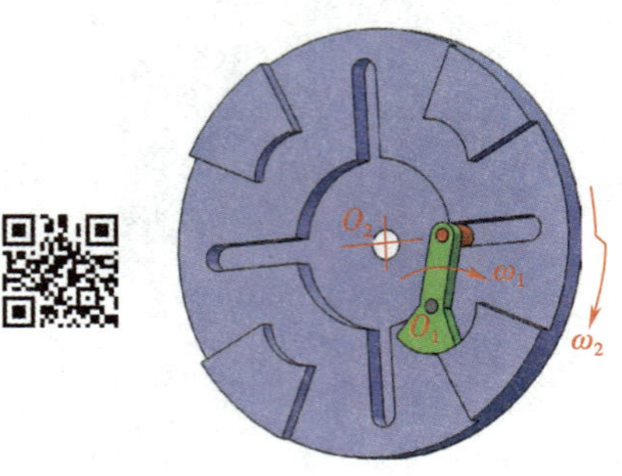

图 11-10 内啮合槽轮机构

2. 槽轮机构的特点及应用

槽轮机构的特点是结构简单、工作可靠、运转平稳、制造方便，但不能像棘轮机构那样，可以改变转动角度的大小，所以一般用于要求间歇地转过一定角度的装置中，如转塔车床转塔刀架的转位装置（见图 11-7）和电影放映机的送片装置（见图 11-11）。

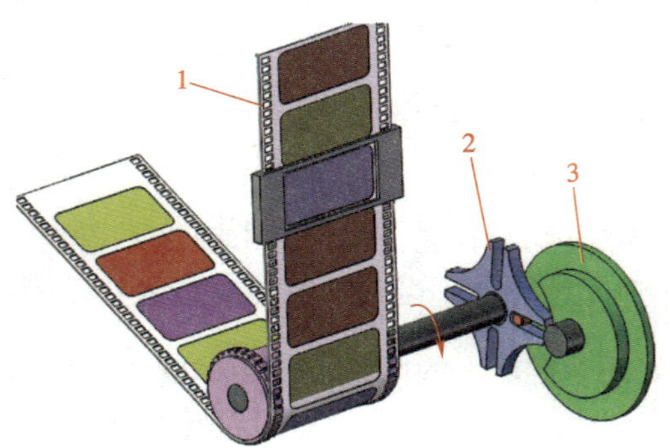

图 11-11 电影放映机送片装置中的槽轮机构

1—电影胶片 2—槽轮 3—销轮

二、槽轮机构的运动系数

在槽轮机构中，为了使圆销开始进入槽轮的径向槽（见图 11-8a）和从径向槽中脱出（见图 11-8b）时，即槽轮在开始转动和终止转动的瞬时，其角速度为零，从而避免圆销与槽轮的径向槽之间发生冲击，故圆销在进槽和出槽时的瞬时速度方向应沿着槽轮径向槽的中心线，即要求图中 $\angle O_1AO_2=\angle O_1A'O_2=90°$。设机构中槽轮的槽数为 z，销轮的销数为 1，则在销轮转过一周的一个工作循环中，槽轮转动一次，其转角为：

$$2\varphi_2=\frac{360°}{z} \tag{11-1}$$

根据四边形（O_1AO_2A'）的四内角之和为 360°，可以得到槽轮转角为 $2\varphi_2$ 时对应的销轮转角为：

$$2\varphi_1 = 360° - \angle O_1AO_2 - \angle O_1A'O_2 - 2\varphi_2 = 360° - 90° - 90° - \frac{360°}{z} = 180° - \frac{360°}{z} \tag{11-2}$$

在槽轮机构的一个工作循环中，槽轮的运动时间 t 与销轮的运动时间 T 之比称为机构的运动（特性）系数，用 τ 表示。由于销轮为匀速转动，其运动时间和转角成正比，故有：

$$\tau = \frac{t}{T} = \frac{2\varphi_1}{360°} = \frac{180° - 360°/z}{360°} = \frac{z-2}{2z} \tag{11-3}$$

一般情况下，对于圆销数为 K 的多圆销槽轮机构，则有：

$$\tau = \frac{t}{T} = K\frac{z-2}{2z} \tag{11-4}$$

由于槽轮机构中槽轮必须做间歇转动（不能停止或连续转动），因此槽轮的运动时间 t 必须大于零而小于销轮的运动时间 T，即槽轮机构的运动系数 τ 必须大于 0 而小于 1，可用下式来表达：

$$1>\tau=\frac{t}{T}=K\frac{z-2}{2z}>0 \tag{11-5}$$

三、外啮合槽轮机构中的主要参数及几何尺寸

1. 槽轮槽数 z 的确定

由式（11-5）可知 $K\frac{z-2}{2z}>0$，得 $z-2>0$，$z>2$；又由于槽数 z 必须为正整数，所以 $z=3$、4、5、6…。为了槽轮的加工方便，其槽数不宜过多，且不宜为奇数，故通常取 $z=4$ 或 $z=6$。

2. 销轮圆销数 K 的确定

由式（11-5），$K\frac{z-2}{2z}<1$，可得 $K<\frac{2z}{z-2}$

（1）当 $z=4$ 时，$K<\frac{2\times4}{4-2}=4$，即可取 $K=1\sim3$。

（2）当 $z=6$ 时，$K<\frac{2\times6}{6-2}=3$，即可取 $K=1\sim2$。

3. 槽轮机构的几何尺寸

在设计计算这种槽轮机构时，首先应根据工作要求确定槽轮的槽数 z、主动拨盘的圆销数 K 以及中心距 a。然后按表 11-2 计算其几何尺寸。

表 11-2 外啮合槽轮机构的几何尺寸计算（参见图 11-12）

名称	符号	单位	计算公式及说明
圆销转动半径	R	mm	$R=a\sin\frac{\pi}{z}$（a 为中心距，单位为 mm）
圆销半径	r_1	mm	$r_1\approx R/6$
槽顶高	r_2	mm	$r_2=a\cos\frac{\pi}{z}$

续表

<table>
<tr><th>名称</th><th>符号</th><th>单位</th><th>计算公式及说明</th></tr>
<tr><td>槽底高</td><td>b</td><td>mm</td><td>$b \leqslant a-(R+r_1)$</td></tr>
<tr><td>槽深</td><td>h</td><td>mm</td><td>$h=r_2-b$</td></tr>
<tr><td>锁止弧半径</td><td>R_x</td><td>mm</td><td>$R_x=K_x r_2$，其中 K_x 为：
<table>
<tr><td>z</td><td>3</td><td>4</td><td>5</td><td>6</td><td>8</td></tr>
<tr><td>K_x</td><td>1.4</td><td>0.7</td><td>0.48</td><td>0.34</td><td>0.2</td></tr>
</table></td></tr>
<tr><td>槽顶口壁厚</td><td>e</td><td>mm</td><td>$e=R-(r_1+R_x)$，一般应使 $e>(3\sim5)$ mm</td></tr>
<tr><td>锁止弧张开角</td><td>γ</td><td>(°)</td><td>$\gamma=\frac{2\pi}{K}-2\varphi_1=2\pi\left(\frac{1}{K}+\frac{1}{z}-\frac{1}{2}\right)$</td></tr>
</table>

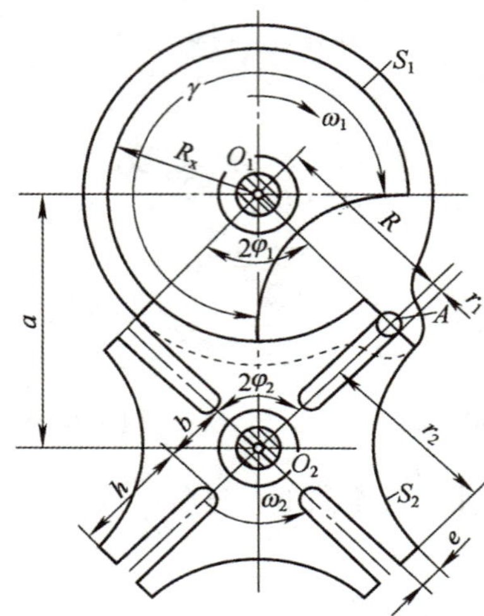

图 11-12 外啮合槽轮机构几何尺寸

任务实施

计算槽轮机构各部分几何尺寸：

1. 圆销转动半径

$$R=a\sin(\pi/z)=70\ \text{mm}\times\sin(180°/6)\approx 35\ \text{mm}$$

2. 圆销半径 r_1

$$r_1\approx R/6=35\ \text{mm}/6\approx 5.83\ \text{mm}，取\ r_1=6\ \text{mm}$$

3. 槽顶高 r_2

$$r_2=a\cos(\pi/z)=70\ \text{mm}\times\cos(180°/6)\approx 60.62\ \text{mm}$$

4. 槽底高 b

$$b\leqslant a-(R+r_1)=70\ \text{mm}-(35+6)\ \text{mm}=29\ \text{mm}，取\ b=27\ \text{mm}$$

5. 槽深 h

$$h=r_2-b=60.62\ \text{mm}-27\ \text{mm}=33.62\ \text{mm}$$

6. 锁止弧半径 R_x

$$R_x=K_x r_2=0.34\times60.62\text{ mm}\approx20.6\text{ mm}，取 R_x=21\text{ mm}$$

7. 槽顶口壁厚 e

$$e=R-(r_1+R_x)=35\text{ mm}-(6+21)\text{ mm}=8\text{ mm}[e>(3\sim5)\text{mm}，合适]$$

8. 锁止弧张开角 γ

$$\gamma=2\pi\left(\frac{1}{K}+\frac{1}{6}-\frac{1}{2}\right)=360°\times\left(1+\frac{1}{6}-\frac{1}{2}\right)=240°$$

9. 绘制槽轮机构简图（略）

知识链接

不完全齿轮机构

不完全齿轮机构是由普通渐开线齿轮机构演化而成的一种步进运动机构。它与普通渐开线齿轮机构的不同之处是轮齿不布满整个圆周，如图 11-13 所示。当主动轮 1 的有齿部分与从动轮轮齿啮合时，推动从动轮 2 转动；当主动轮 1 的有齿部分与从动轮脱离啮合时，从动轮停歇不动。因此，当主动轮连续转动时，从动轮获得时动、时停的间歇运动。图 11-13a 所示为外啮合不完全齿轮机构，其主动轮 1 转一周时，从动轮 2 转 1/6 周，从动轮每转一周停歇六次。当从动轮停歇时，主动轮 1 上的锁止弧 S_1 与从动轮 2 上的锁止弧 S_2 相互配合锁住，以保证从动轮停歇在预定的位置。图 11-13b 所示为内啮合不完全齿轮机构。与普通渐开线齿轮机构一样，外啮合不完全齿轮机构两轮转向相反；内啮合不完全齿轮机构两轮转向相同。当轮 2 的直径为无穷大时变为不完全齿轮齿条机构，如图 11-13c 所示，这时齿条做往复移动。

与普通渐开线齿轮机构一样，当主动轮匀速转动时，其从动轮在运动期间也保持匀速转动。但是，当从动轮由停歇而突然达到某一转速，以及由某一转速突然停止时，机构会产生刚性冲击。

不完全齿轮机构从动轮每转一周的停歇时间、运动时间及每次转动的角度变化范围比较大，设计较灵活。但由于其存在一定的冲击，故多用于低速、轻载的场合，如用在自动进给和自动包装等机械中，以及用于各种计数器（如电度表的计数机构）中。

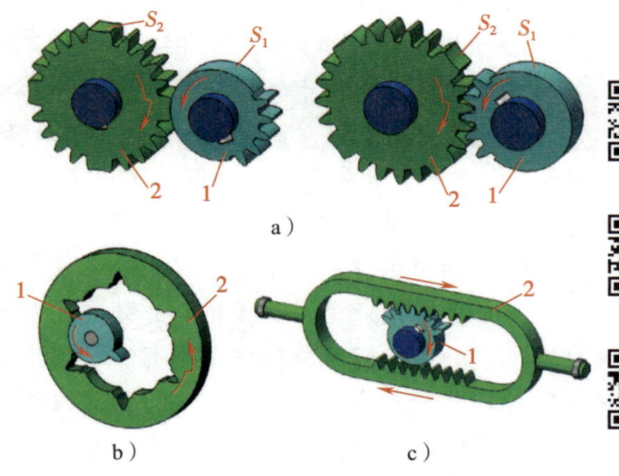

图 11-13 不完全齿轮机构

a）外啮合不完全齿轮机构

b）内啮合不完全齿轮机构 c）不完全齿轮齿条机构

1—主动轮 2—从动轮

练习题

1. 为什么槽轮机构的运动系数 τ 必须大于 0 而小于 1？

2. 一自动车床利用单圆柱销六槽机构转位。若每个工位完成加工所需的时间为 30 s，求槽轮的转位时间 t 和机构的运动系数 τ。

模块小结

1. 步进运动机构的一般概念

步进运动机构是当主动件做连续运动时，从动件能够产生周期性的时动时停的单向运动机构。步进运动机构的这种运动特点常应用在周期性的进给机构、送料机构和转位、分度等工作场合。

2. 棘轮机构的工作原理与调节方法

棘轮机构的基本构件为棘轮和棘爪。棘轮通常具有单向齿，以键固定在输出轴上，棘爪铰接于摇杆上，摇杆可绕棘轮轴自由转动。当摇杆顺时针转动时，棘爪在棘轮轮齿上滑过，棘轮不转动；当摇杆逆时针转动时，棘爪插进棘轮轮齿间，推动棘轮转过一定角度。

棘轮机构的运动调节，一般采用两种方法：

一是通过调节摇杆摆动角度的大小来调节棘轮转角的大小，主要通过改变曲柄的长度来实现。

二是用遮板来调节棘轮转角的大小。遮板用来遮盖棘轮上的轮齿，棘轮转动的是未被盖住的轮齿所对应的角度。

3. 棘轮机构的应用

棘轮机构广泛应用于机床设备及自动化机械中，如自动机床的进给机构、分度机构、送料机构等。

用作制动器的棘轮机构，如起重设备中常用的防止逆转的棘轮机构。

用作超越离合器的棘轮机构，如自行车后轮轴的内啮合齿式棘轮机构。

4. 棘轮机构的几何尺寸计算

5. 槽轮机构的组成和工作原理

典型的槽轮机构由槽轮、圆销、曲柄和机架组成。

槽轮机构以曲柄为主动件，槽轮为从动件。在曲柄连续回转运动中，当圆销进入槽轮的径向槽时，槽轮开始转动，直到圆销脱出径向槽才停止转动，时动时停，实现预定的间歇运动。

6. 槽轮机构的应用特点

(1) 槽轮的旋转方向

外啮合槽轮机构，其槽轮的旋转方向与曲柄的旋转方向相反；内啮合槽轮机构，其槽轮的旋转方向与曲柄的旋转方向相同。

(2) 槽轮间歇运动次数

单圆销作用时，曲柄每转一周，槽轮间歇运动一次；双圆销作用时，曲柄每转一周，槽轮间歇运动两次。

(3) 槽轮机构与棘轮机构的比较

槽轮机构的运动要比棘轮机构平稳，因为主动圆销在进入和退出槽轮径向槽时，没有刚性冲击，所以可用在转速较高的装置中。但由于槽轮转动的角速度变化很大，因而惯性力也大，故不适宜用于转速过高的场合。

7. 步进齿轮机构

步进齿轮机构是在一对啮合齿轮中，把主动轮做成欠齿，形成不完全齿轮传动。只有在主动轮有齿部分转到和从动轮轮齿啮合时，从动轮才开始转动；在主动轮有齿部分不与从动轮轮齿啮合时，从动轮又停止转动。从而形成步进运动。